大学生の 知 の情報スキル

ICT
skills for
academic study

Windows10・Office 2016対応

森 園子 編著

池田 修
谷口厚子
永田 大
守屋康正 著

共立出版

Windows, Microsoft Office, Word 2016, Excel 2016, PowerPoint 2016, OneDrive, Microsoft Edge, Internet Explorer は, 米国 Microsoft Corporation の米国およびその他の国における登録商標または商標です。
その他, 本書に掲載した会社名, 製品名などは各社の登録商標または商標です。

はじめに

■大学生の知の情報ツール, そしてスキル

大学に入学前事前教育や, 初年次教育が取り入れられるようになって10年程が経ちました。そこでは, 主として大学組織の説明や, 大学での講義の受け方及び, 学習の仕方といった内容が取り扱われています。これらの初年次教育が盛んに行われる背景としては, さまざまな要因が挙げられていますが, 最も大きな要因は, コンピュータやスマートフォン, インターネットの普及によるものであると, 筆者は思っています。従前においても, 『知的生産の技術』(梅棹忠夫著, 岩波書店)等に代表されるように, 知的活動方法や技術に関する内容はしばしば取り扱われてきました。しかし今, それが大きく取り上げられるのは, コンピュータやスマートフォン, インターネットの普及によって, それらの方法が大きく変化しているからです。これらの情報端末やネットワーク・システムは, 従前の資料の検索や手書きの文書作成に替わるツールとして, 今, 知的活動や社会における業務方法を大きく変えているのです。

最近では, AI(人工知能), 深層学習といった新しい技術による, 大きな社会変革が進み, 職業・雇用形態・産業構造までもが変わりつつあります。このAIや深層学習を支える技術は, コンピュータとネットワーク, そしてデータ解析技術です。これからの社会を考えるためには, AIや深層学習, そしてその根本となるコンピュータの構造やその利用方法, 技術を理解しなければなりません。一方, 携帯電話やスマートフォンの利用者が増大し, 最近ではパソコンを持たない大学生も見られるようになりました。携帯電話やスマートフォンは, さまざまな情報検索, mail, ゲームなどができる非常に便利な情報ツールです。しかし, これらの情報機器をツールとして用いる場合でも, 整った客観的な文章, しっかりとした情報検索, 数理的なデータ分析, ビジネスにおける業務等は, 現時点ではやはりコンピュータでしかできないのです。これからを生きる皆さんは, スマートフォンや移動体通信と共に, コンピュータに関する知識や技術を身に付けなければなりません。

本書では, このコンピュータやネットワーク・システムについての理解, そして大学生の知の情報スキル向上という側面に焦点を当て編集をしました。

■大学での知の活動

大学ではさまざまな知的活動を行っていきます。まず, 講義を受講しますが, 講義は話を聞いてそれで終わりという訳ではありません。正確な知識や理解を得るためには, 情報検索と収集が必要ですし, 内容がある程度まとまってくると, レポートや論文を書くことが求められます。クラスやゼミナールで発表し, 教員や他の学生諸君と議論をする機会も多くあります。そのため, 発表資料の作成や発表の仕方も学ばなければなりません。大学におけるこのような知的活動には, コンピュータやインターネットが欠かせない必須アイテムです。従って, 大学での知的活動は, このコンピュータをどのくらい駆使できるかということにかかってくるのです。

このような観点に焦点を当て, 本書は, 以下のような構成としました。執筆者とともに記しておきます。

第1章	大学生における知の活動	森 園子・永田 大
第2章	Word2016 を使った知のライティングスキル	永田 大・谷口厚子・森 園子
第3章	Excel2016 による知のデータ分析とその表現	森 園子・池田 修・谷口厚子
第4章	PowerPoint2016 による知のプレゼンテーションスキル	守屋康正・森 園子
第5章	Google を用いた知の情報検索とクラウドコンピューティング	永田 大・森 園子

■本書で学ぶ学生諸君へ

このテキストは,「コンピュータに初めて触れる」または「少し知っているけれどもより進んだ知識や操作を習得したい」という学生諸君を対象として, コンピュータ技術および, 基礎的な知識が得られるよう編集しました。

なお, 本書で用いた各種の課題, 練習問題および総合練習問題のファイルは, 下記 URL にアップロードされています。御活用ください。

URL:http://www.kyoritsu-pub.co.jp/bookdetail/9784320124257

この知の情報スキルは, 皆さんの新しい可能性を大きく広げてくれることでしょう。1 年間の講座を終えた後も, 時々開いてみてください。

本書で学び, 知の情報ツールとしてのコンピュータやネットワークに関する知識と技術を身に付けた皆さんが, 自らの新しい世界を開いてくれることを, そして, 本書が皆さんの良き礎, 書となることを願っています。

本書の執筆に当たっては, 時間が限られていたこともあり, 不足・不備な箇所が多々あることと思います。本書をお使いになられた各先生方の御指南を受け, 進化する ICT とともに本書もさらなる進化を目指しております。

末筆ながら, 御多忙中執筆に当たってくださった各先生方, さらに今回の企画と編集を進めてくださった, 共立出版の寿日出男氏ならびに中川暢子氏に, 心より感謝の言葉を申し上げます。

2017 年 10 月

拓殖大学政経学部

森 園子

目　　次

第1章
大学における知の活動　*1*

1.1　大学における知の活動 ………………………………………………… *2*
　1.1.1　情報収集とコンピュータ　*3*
　　(1)　大学図書館の利用　*3*
　　(2)　大学図書館におけるオンラインデータベース　*4*
　　(3)　インターネットによる Web 検索　*6*
　　(4)　ブラウザと検索エンジンの利用　*7*
　1.1.2　Google を用いた検索技術　*10*
　　(1)　基本的な検索方法　*10*
　　(2)　さまざまな検索方法　*10*
　　(3)　文字以外の情報を使った検索　*13*
　　(4)　検索結果を利用する上での注意点　*17*
　1.1.3　オンラインストレージとファイルホスティング　*18*
　　OneDrive の活用
　　(1)　Microsoft アカウントの作成と OneDrive アカウント設定　*18*
　　(2)　OneDrive へのファイル保存と Word Online での閲覧・編集　*19*
　　(3)　ファイルの共有と編集　*21*
　1.1.4　レポートを書いてみよう　*23*
　　(1)　アイディアツリーの作成　暫定的に目次を考えよう　*23*
　　(2)　表やグラフを入れよう　図表・グラフリテラシー　*23*
　1.1.5　調べた内容を発表しよう　*25*

1.2　情報倫理とセキュリティ──情報化社会と向き合うために ………………… *26*
　1.2.1　インターネット閲覧でウイルス感染　*26*
　　(1)　定義ファイル　*27*
　　(2)　ウイルススキャン機能　*28*
　1.2.2　電子メールの利用について考えてみよう　*29*
　　(1)　電子メールを利用したフィッシング　*29*
　1.2.3　情報発信について考えてみよう　*31*
　　(1)　ブログ等の情報発信におけるトラブル　*31*
　　(2)　匿名性と個人特定　*32*
　1.2.4　情報コンテンツやサービスの利用について考えてみよう　*34*
　　(1)　コンテンツ・サービスと著作権　*34*
　　(2)　ネットショッピングと情報の暗号化　*37*

1.2.5 アカウントとファイルの管理について考えよう　*38*

(1) アカウントの重要性　*38*

(2) ファイルの管理　*40*

1.3 コンピュータの基礎知識 ……………………………………………………… *41*

1.3.1 いろいろなコンピュータ　*41*

1.3.2 ハードウェアとソフトウェア　*42*

1.3.3 OS(オペレーティングシステム)とアプリケーションソフト　*43*

(1) OS の種類　*44*

(2) コマンドプロンプト　*44*

(3) アプリケーションブラウザ　*45*

(4) アプリケーション　オフィスソフト(オフィススイート)　*46*

(5) 互換性とバージョン情報　*46*

(6) Windows のフォルダ構成とファイルの保存　*48*

1.3.4 Windows に付属しているソフトを使ってみよう　*50*

(1) ファイル形式と拡張子　*52*

(2) 圧縮と解凍　*53*

1.3.5 コンピュータにおける文字入力と変換　*54*

(1) ローマ字入力とかな入力　*54*

(2) 漢字への変換方法　*54*

(3) ひらがな, カタカナ, 半角, 英数文字への変換方法　*55*

(4) 手書き入力と特殊記号の入力　*56*

1.3.6 文字入力とタイピング　*57*

●総合練習問題　*58*

第2章
Word 2016 を使った知のライティングスキル　*61*

2.1 Microsoft Word 2016 の基本操作 …………………………………………… *62*

2.1.1 Microsoft Word 2016 の画面構成と基本操作　*62*

2.1.2 ファイルを開く／ファイルの保存　*63*

(1) ファイルを開く　*63*

(2) ファイルの保存　*64*

2.1.3 ファイルの印刷　*67*

(1) 印刷イメージの確認　*67*

(2) ファイルの印刷　*68*

2.2 文書作成の基礎 ………………………………………………………………… *71*

2.2.1 書式設定　文字に書式を設定しよう　*71*

2.2.2 文書のページレイアウト設定と段落書式　*73*

目　次　**vii**

　　2.2.3　ヘッダーとフッターの利用　*78*

　　2.2.4　段組みを組む　*81*

2.3　**文字列の検索／置換** ………………………………………………… *83*

　　2.3.1　検索機能　*83*

　　2.3.2　置換機能の活用　*85*

2.4　**画像や図形の編集** …………………………………………………… *87*

　　2.4.1　画像の挿入と拡大／縮小／折り返し　*87*

　　　　(1)　挿入した画像を拡大／縮小／回転させる　*87*

　　　　(2)　文字列の折り返し　*88*

　　2.4.2　図形ボタンを利用して, 図を描いてみよう　*91*

　　2.4.3　SmartArt の利用と操作　*94*

　　2.4.4　文字の効果の利用　*97*

2.5　**表とグラフの作成と編集** …………………………………………… *99*

　　2.5.1　表の作成と編集　*99*

　　　　(1)　表と罫線の操作　*100*

　　　　(2)　表のレイアウト　*102*

　　2.5.2　グラフの作成と編集　*106*

2.6　**レポート・論文を書くときに利用する機能** ……………………… *110*

　　2.6.1　スタイルの利用　*110*

　　2.6.2　目次の作成と利用　*111*

　　2.6.3　脚注と図表番号　*114*

　　　　(1)　脚注　*114*

　　　　(2)　図表番号　*114*

　　2.6.4　ナビゲーションウィンドウによる目次の検討　*119*

●総合練習問題　*122*

第3章

Excel 2016 による知のデータ分析とその表現　*131*

3.1　**データ分析とその表現**…………………………………………………… *132*

　　　　(1)　情報やデータの収集　*132*

　　　　(2)　収集したデータを整理する(情報やデータの加工)　*133*

　　　　(3)　情報やデータの表現と伝達／図表・グラフリテラシー　*133*

3.2　**Excel 2016 の基本操作──データ入力とセルの取扱い** …………… *134*

　　3.2.1　Excel 2016 の起動と基本操作画面　*134*

　　　　(1)　各ツールの機能　*135*

　　　　(2)　ファイルの新規作成／ファイルを開く／ファイルの保存　*137*

　　3.2.2　データの入力と表示形式　*138*

viii 目　次

　　　　(1) セルに数字を入力してみよう　*139*

　　　　(2) さまざまなデータ入力の表示形式　*139*

　　　　(3) セルの参照　*140*

　　　　(4) セルを使って計算をしてみよう　*140*

　　　　(5) 行や列の挿入と削除　*141*

　　　　(6) セルの列幅や行の高さの調整　*141*

　　　　(7) セルの移動とコピー　*141*

　　　　(8) ［セルの書式設定］ダイアログボックスによる一括設定　*142*

　　　3.2.3　オートフィル機能の活用（連続データの入力）　*143*

　　　　(1) データのコピー　*143*

　　　　(2) 連続データをコピーしてみよう　*143*

　3.3　表の作成と印刷 ……………………………………………………………… *144*

　　　3.3.1　表の作成とシートの取り扱い　*144*

　　　3.3.2　条件付き書式でセルの値を強調する　*147*

　　　3.3.3　Excel の印刷機能　*149*

　　　　(1) 印刷範囲の指定と印刷　*150*

　3.4　Excel 関数の利用──数式と関数を使って計算をする ……………… *152*

　　　3.4.1　基本的な関数の利用　*152*

　　　　(1) 合計点を求めよう──SUM 関数の利用　*153*

　　　　(2) 平均点を求めよう──AVERAGE 関数の利用　*154*

　　　　(3) 最高点を求めよう──MAX 関数の利用　*155*

　　　　(4) 最低点を求めよう──MIN 関数の利用　*155*

　　　　(5) 順位を求めよう──RANQ.EQ 関数の利用　*156*

　　　　(6) 評定を求めよう──IF 関数の利用　*157*

　　　3.4.2　相対参照／絶対参照／複合参照　*159*

　　　3.4.3　関数のネスト　*162*

　　　3.4.4　その他の関数の利用──関数の応用　*170*

　　　　(1) SUMIF 関数の利用　*170*

　　　　(2) COUNTIF 関数の利用　*172*

　　　　(3) VLOOKUP 関数の利用　*174*

　　　3.4.5　エラーのチェックと対処方法　*176*

　3.5　グラフの作成と編集 ………………………………………………………… *178*

　　　3.5.1　はじめに,棒グラフを描いてみよう　*178*

　　　3.5.2　グラフの要素と編集　*180*

　　　3.5.3　ドーナツグラフと円グラフ　*187*

　　　3.5.4　2軸上の,棒グラフと折れ線グラフの複合グラフ　*191*

　　　3.5.5　散布図　*195*

　3.6　データの並べ替えと抽出 …………………………………………………… *198*

　　　3.6.1　データの並べ替え　*198*

　　　3.6.2　2つの条件で並び替える　*199*

3.6.3　データの抽出　*202*

3.7　Excel データベースとしての取扱い──ピボットテーブルとクロス集計…　*208*

　　3.7.1　クロス集計　ピボットテーブルの利用　*208*

　　　　（1）レポートフィルターによるリストの絞り込み　*212*

　　　　（2）ピボットテーブルのグループ化による集計　*215*

●総合練習問題　*219*

第4章
PowerPoint2016 による知のプレゼンテーションスキル　*223*

4.1　PowerPoint2016 の基本画面 …………………………………………………… *224*

　　4.1.1　PowerPoint 活用の狙い　*224*

　　4.1.2　PowerPoint2016 の起動と操作画面　*224*

4.2　スライドデザインとレイアウトの選択 ……………………………… *226*

　　4.2.1　スライドデザインの選択　*226*

　　4.2.2　レイアウトの設定　*229*

4.3　文字の入力と図形の作成 …………………………………………………… *230*

　　4.3.1　文字の入力　*230*

　　4.3.2　箇条書きと段落番号　*231*

　　　　（1）箇条書き　行頭文字の挿入　*231*

　　　　（2）段落番号の挿入　*233*

　　4.3.3　文字の装飾と図形の作成　*236*

　　　　（1）文字の装飾　ワードアートの利用　*236*

　　　　（2）図形の作成と編集　*238*

　　　　（3）図表の作成　SmartArt グラフィックの利用　*239*

4.4　図やサウンド,ビデオを挿入する …………………………………… *242*

　　4.4.1　図を挿入する　*242*

　　　　（1）ファイルから図を挿入する　*242*

　　　　（2）オンライン画像から図を挿入する　*243*

　　4.4.2　サウンドを挿入する　*244*

　　4.4.3　ビデオファイルを挿入する　*246*

4.5　表とグラフの作成 ……………………………………………………………… *248*

　　4.5.1　表の作成と挿入　*248*

　　4.5.2　グラフの作成と挿入　*252*

4.6　効果的なプレゼンテーション──アニメーション効果と画面切り替え…… *255*

　　4.6.1　アニメーションの設定　*255*

　　4.6.2　画面切り替えの設定と利用　*259*

4.7　スライドの編集とプレゼンテーションの実行 ………………………… *261*

x｜目　次

　　　4.7.1　スライドの表示　*261*
　　　　　（1）［プレゼンテーション表示］グループによるスライド表示　*261*
　　　　　（2）スライドの編集　*262*
　　　4.7.2　プレゼンテーションの実行　*264*
　　　　　（1）ポインタオプションの利用　*266*
　　　　　（2）プレゼンテーション実行中のスライドの選択　*267*
　4.8　プレゼンテーション資料の作成 ……………………………………………… *269*
　　　4.8.1　スライドの印刷と発表資料印刷の設定　*269*
　　　　　（1）スライドの印刷　*269*
　　　　　（2）発表時の配布資料の印刷　*270*
　　　　　（3）発表者用のメモ書きの印刷　*271*
　　　4.8.2　ヘッダーとフッターの挿入　*271*
　　　4.8.3　ページ設定　*272*
　●総合練習問題　*273*

第5章
Google を用いた知の情報検索とクラウドコンピューティング　*277*

　5.1　Google の起こした情報革命…………………………………………………… *278*
　　　5.1.1　Google を支える情報基盤　*278*
　　　5.1.2　Google のビジネスモデル　*279*
　　　5.1.3　Google を活用しよう　*280*
　5.2　Google を利用したクラウドコンピューティング ……………………… *282*
　　　5.2.1　利用するその前に──利用規約の確認とアカウントの取得　*282*
　　　　　（1）利用規約を確認しよう　*282*
　　　　　（2）Google アカウントの取得　*284*
　　　5.2.2　Gmail を使ってみよう　*284*
　　　5.2.3　Google ドライブを使ってみよう　*287*
　　　　　（1）［文書］の利用　文書の作成／書式設定　*288*
　　　　　（2）画像や表の挿入　*289*
　　　　　（3）文書の保存──ファイル名の変更　*291*
　　　　　（4）クラウドならではの機能　*291*
　　　5.2.4　Google スライド　*293*
　5.3　Google を利用したインターネット上のファイル共有と共同作業 ……… *298*
　　　5.3.1　資料や情報をインターネット上で共有しよう　*298*
　　　5.3.2　インターネット上の共同作業　*300*
　　　5.3.3　インターネット上でリアルタイムにディスカッションをしよう　*303*
　5.4　スマートフォンからの Google の利用とリアルタイムな情報収集 ……… *306*

5.4.1　スマートフォンからの利用　*306*

　　　(1)　スマートフォンから Google を利用する　*306*

　　　(2)　スマートフォンからハングアウトを利用する　*306*

5.4.2　リアルタイムな情報収集　*307*

●総合練習問題　*308*

索　引 ……………………………………………………………………………*309*

第 1 章

大学における知の活動

1.1　大学における知の活動

1.2　情報倫理とセキュリティ
　　　──情報化社会と向き合うために

1.3　コンピュータの基礎知識

1.1　大学における知の活動

　大学では,さまざまな知の活動を行っていく。まず,各分野の講義を受講するが,講義は話を聞いてそれで終わりという訳ではない。講義内容について自分の頭で考えることが大切である。得られた知識を正確なものとするために,それらの専門用語について調べたり,情報やデータを得ることが必要となってくる。調べた内容や理解がある程度まとまってくると,文書として表現することが望ましい。大学では,レポートとして,この文書を求められる場合が多い。文書として表現する際には,事象を客観的に捉えたり,その説得力を増すために数理的な分析や表現を用いることが有効である。このため,データを集めて分析したり,表やグラフを活用することが必要となってくる。

　さらにクラスやゼミナールでは,その文書を基に発表して,教員や他の学生諸君と議論することが多い。大学では,このような活動を繰り返すことで,専門的な内容に対する理解をさらに深め,確実なものにしていくのである。それらの流れを大まかな図で表すと,以下のようである。

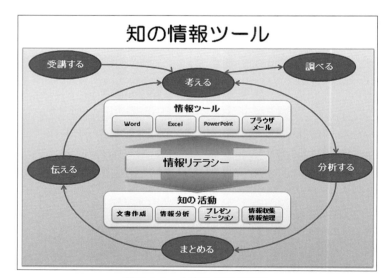

図1.1.1　大学生の知の活動

■大学における知の情報ツール

　1.1で述べた,大学における知的活動を行うには,コンピュータやインターネットの利用が欠かせないアイテムである。

　従前においても,知的活動方法やその技術に関する内容は,しばしば取り扱われてきた。また,現在においてもアカデミックスキルやレポート・論文の書き方として,さまざまなところで述べられているところである。しかし,今,これらの活動が従前の活動と大きく異なるのは,パソコンやインターネッ

・従前の知的活動方法の指南書として『知的生産の技術』(梅棹忠夫 著,岩波新書)は非常に有名である。

・アカデミックスキルをさらに学びたい人のために参考図書を挙げると以下のようである。
・『レポート・論文・プレゼン スキルズ』,石坂春秋著,くろしお出版(2003)
・『知のツールボックス 改訂版』,専修大学出版企画委員会編,専修大学出版局(2009)
・『知へのステップ』,学習技術研究会編著,くろしお出版(2002)
・『アカデミック・スキルズ──大学生のための知的技法入門 第2版』,佐藤望他著,慶應義塾大学出版会(2012)
・『広げる知の世界─大学でのまなびのレッスン』,北尾謙治他 著,ひつじ書房(2005)
・『ザ・マインドマップ』,トニー・ブザン著,神田昌典訳,ダイヤモンド社(2009)

トの普及によって,活動の仕方が大きく変化しているという点である。前出図 1.1.1 の情報収集・情報整理では図書館におけるオンラインデータベースの利用やインターネット検索が主流であるし,文書作成においては Word を,情報の整理や数理的な分析においては Excel を,発表資料の作成においては PowerPoint を活用する。つまり,これらの情報ツールをどのくらい駆使できるかということが,大学における知の活動の鍵を握ることになる。本書では,このような大学生の知的活動を,特にコンピュータやインターネットが関わる側面に焦点を当てて説明する。本書の構成を示すと,以下の図 1.1.2 のようである。

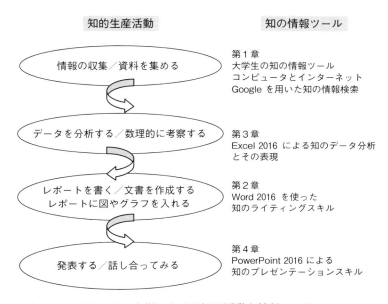

図 1.1.2　大学における知の活動と情報ツール

1.1.1　情報収集とコンピュータ

ここでは,情報検索と収集等の活動について,有用なポイントを述べる。

(1) 大学図書館の利用

大学の図書館には,図書,参考図書(辞書・事典・百科事典・年鑑・統計資料・白書),新聞,学術雑誌,DVD および VTR 等の視聴覚資料等があり,常時閲覧できる。図書館では,資料を探す・書架にある資料を見る・図書を借りる・資料を入手する・学外の図書館を利用する・わからないことを図書館員に聞くなどの活動ができる。積極的に利用しよう。

多くの図書館の資料は,日本十進分類法(NDC：Nippon Decimal Classification)で分類されている(図 1.1.3)。また,調べる時には,一次資料を優先的に調べるようにしよう。

4 | 第1章 大学における知の活動

一次資料と二次資料
一次資料とは,その資料を作成した著者が直接調査し考察した資料であり,たとえば論文・著者が直接書いた図書・新聞記事・調査レポート等がある。それに対して,二次資料とは,一次資料を元に第三者が作成した資料・解説書をいう。たとえば,翻訳・抄録・百科事典・ハンドブック・解説書等である。
調べる時は,一次資料を優先的に調べるようにしよう。

開架式と閉架式
図書館の閲覧方式には,開架式と閉架式がある。開架式の場合,閲覧者はその資料のある書架まで直接行くことができるが,閉架式の場合はできない。閉架式の場合は,見たい資料を蔵書目録で書名番号や図書名を確認し,図書館員に依頼して持ってきてもらうことが必要である。

課題1

実際に開架式の書架に行き,その分類方法と,図書に貼られているシールに記載されている分類番号(請求番号)を確認しよう。

日本十進分類法(図書目録)

000 総記	300 社会科学	600 産業
010 図書館	310 政治	610 農業
020 図書・書誌学	320 法律	620 園芸・造園
030 百科事典	330 経済	630 蚕糸業
040 一般論文集・雑書	340 財政	640 畜産業・獣医学
050 逐次刊行物	350 統計	650 林業
060 学会・博物館	360 社会学・社会問題	660 水産業
070 新聞・ジャーナリズム	370 教育	670 商業
080 双書・全集	380 風俗習慣・民俗学	680 運輸・交通
090 その他の資料	390 国防・軍事	690 通信事業
100 哲学	400 自然科学	700 芸術
110 哲学各論	410 数学	710 彫刻
120 東洋思想	420 物理学	720 絵画
130 西洋哲学	430 化学	730 版画
140 心理学	440 天文学	740 写真術
150 倫理学	450 地学	750 工芸
160 宗教	460 生物学	760 音楽
170 神道	470 植物学	770 演劇
180 仏教	480 動物学	780 体育・スポーツ
190 キリスト教	490 医学	790 諸芸・娯楽
200 歴史	500 工学	800 語学
210 日本	510 土木工学	810 日本語
220 アジア	520 建築学	820 中国語
230 ヨーロッパ	530 機械工学	830 英語
240 アフリカ	540 電気工学	840 ドイツ語
250 北アメリカ	550 海事工学	850 フランス語
260 南アメリカ	560 採鉱冶金学	860 スペイン語
270 オセアニア	570 化学工業	870 イタリア語
280 伝記	580 製造工業	880 ロシア語
290 地理	590 生活科学・家政学	890 その他諸国語
		900 文学
		900 文学総記
		910 日本文学
		920 中国文学・東洋文学
		930 英米文学
		940 ドイツ文学
		950 フランス文学
		960 スペイン文学
		970 イタリア文学
		980 ロシア文学
		990 その他諸国文学

図1.1.3　日本十進分類法(NDC：Nippon Decimal Classification)

(2) 大学図書館におけるオンラインデータベース

　大学の図書館では,国会図書館や他大学図書館の蔵書,ニュースや時事情報,百科事典等を独自のオンラインデータベースで検索することができる(脚注図)。

・大学図書館のデータベース
各大学の図書館が契約しているので,内容は各大学によって異なる。

■資料の検索方法　　キーワードの入力

これらの資料の検索には,いくつかのキーワードを入力して検索するが,このキーワードはなるべく短い方がヒットする確率が高い。

・図書館が契約しているデータベースの一部

> 例

1. 日本の半導体産業の問題点を探る
   キーワード：×日本の半導体産業　　○日本,半導体
2. 日本のコンビニエンスストアの売上額の推移を探る
   キーワード：×日本のコンビニエンスストアの売上額
   　　　　　　○コンビニエンスストア　売上額

調べもので困ったら,レファレンスカウンターの図書館員に相談しよう。主なデータベースを用途別に挙げると,以下のようである。

■図書や書籍を調べる

図書や書籍を調べるには,第1にOPAC(Online Public Access Catalog)が挙げられる。さらに,BOOKPLUS(日本の図書を検索できるDB),Webcat plus(日本の大学図書館の蔵書を検索できるDB, http://webcatplus.nii.ac.jp)などがある。

・**OPAC**

OPACはオパックまたはオーパックと読む。同じOPACでも大学によりパソコンの検索画面や操作方法が異なる。

■ニュースや時事情報を調べる

ニュースや時事情報を調べるには,朝日新聞DB 聞蔵Ⅱビジュアル・読売新聞DB ヨミダス歴史館・日経新聞DB 日経テレコン21(図1.1.4)などがある。

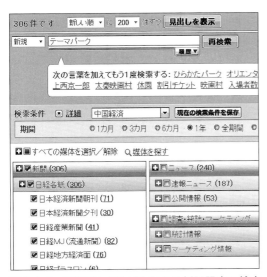

図1.1.4　日経テレコン21による新聞記事の検索

■百科事典データベースを活用する

　百科事典も有用である。日本大百科全書他, 英和・和英・時事等各種事典約30種を集録したJapanKnowlegde＋や, ブリタニカ国際大百科事典・ブリタニカ国際年鑑を集録したブリタニカ・オンラインなどがある。

(3) インターネットによる Web 検索

　インターネットを利用すると, 学内外のすべてのパソコンから, さまざまな情報を収集することができる。ここでは, 国立国会図書館のホームページ (http://www.ndl.go.jp/) を見てみよう。

> **課題2**
> 国立国会図書館のデータベースを利用しよう。

＜操作方法＞

① Microsoft Edge を起動させ, URL に http://www.ndl.go.jp/ と入力し, [Enter]キーを押す。
② 表示された国会図書館のホームページの[資料の検索]をクリック(図1.1.5)。
③ 表示されたプルダウンメニューの[NDL-OPAC(蔵書検索・申し込み)]をクリック(図1.1.5)。

図1.1.5　国立国会図書館のホームページ

④ NDL-OPAC 国立国会図書館蔵書検索・申込システムのページが表示されるので, [蔵書検索]をクリック。
⑤ 蔵書検索のページが表示される。登録利用者IDを持っている場合は, IDとパスワードを入力する。持っていない場合は, [検索機能のみを利用する(ゲストログイン)]をクリックする。さらに, 表示された画面で, [詳細検索]タグをクリックする(図1.1.6)。調べたい図書や資料のタイトル, 著者等を入力し, 図書・電子資料・雑誌・新聞等の書籍の種類にチェックマークを入れて, [検索]ボタンを押す。

⑤わからない時は, 空白でよい。

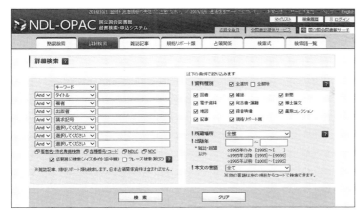

図1.1.6　国立国会図書館データベースの検索画面

(4) ブラウザと検索エンジンの利用

　ブラウザとは，Webページを閲覧するためのアプリケーションソフトであり，Microsoft Edge, Internet Explorer (IE), Chrome, Safari, Firefox 等がある。また，検索エンジンとは，インターネット上の情報をキーワードを入力して検索することができるプログラムのことである。
　検索サイトは，以下のような「キーワード型（ロボット型）」と「ディレクトリ型」と呼ばれる2種類のサイトに大別できる。

■キーワード型（ロボット型）

　検索ロボットと呼ばれる検索サイトのプログラムが，インターネット上を自動的，機械的に巡回して，Webページのキーワードや情報を収集・点検する。Googleはキーワード型の代表的な検索サイトである。

■ディレクトリ型

　一般的に人間がWebサイトを調べ，情報をある種のカテゴリに分類して，階層構造で情報（ホームページ等）を収集する。Yahooはディレクトリ型の代表的な検索サイトだとされてきた（脚注図）。

　従来，ロボット型は情報量は多いが情報の質が低く，ディレクトリ型は情報量は少ないが情報の質が高いとされていた。ロボット型は，コンピュータで機械的・自動的に収集するため，情報量が非常に多い反面，時として，ユーザにとって必要な情報を絞り込むことが困難であったためである。まだホームページ数が少なく大手企業や研究機関等が中心だった時代には，カテゴリ別に分類されているディレクトリ型は有用であった。
　しかしながら，近年では，ディレクトリ型の検索サイトの利用は少なくなっている。対象とする情報量が膨大になったため，分類・検索することが困難になったためである。一方，ロボット型の情報収集・集計の技術が上がり，情

・検索ロボットはクローラとも呼ばれる。

・**Yahoo! Japan**（http://www.yahoo.co.jp）のトップページの右上にある［カテゴリ一覧］（下図）をクリックすると，Yahooが提供するカテゴリの一覧が表示される。

報の質が格段に向上したため，適切な検索結果を得られるになり，ロボット型が主流になっている。

■ブラウザの世界的なシェア

一般にWindows環境であればInternet Explorer (IE)，Mac環境であればSafariが標準で搭載されているので，これらを利用する人が多い。他にもFirefox, Chrome, Operaなどのブラウザがある。現在のWebブラウザの世界におけるシェア（図1.1.7）と検索エンジンのシェア（図1.1.8）を示すと以下のようである。ブラウザや検索エンジンにはそれぞれ特徴がある。検索する際には，いくつかのブラウザやサイトを調べよう。

・**Microsoft Edge**はWindows10から標準搭載されたため，今後シェアを伸ばすと思われる。

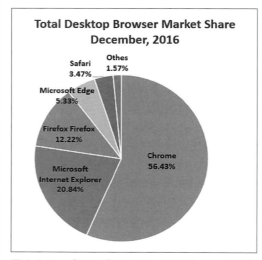

図1.1.7　ブラウザの世界におけるシェア（2016年上期）
[出典：Net Applications社　http://marketshare.hitslink.com/]

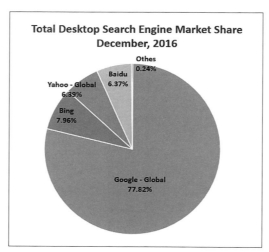

図1.1.8　検索エンジンの世界におけるシェア（2016年上期）
[出典：Net Applications社　http://marketshare.hitslink.com/]

インターネットでの情報は，多くはその発信元が匿名であるため，記述内容に対する責任感が希薄になりやすい。また，情報は，記述する人の考え方によってまとめられるため，その人の思想や考え方が反映された文章となる。このように情報は，発信者によりフィルタリングされているという点を考慮しなければならない。情報の信憑性は，最終的に自分で判断する必要があるが，情報の発信者の匿名性が高ければ高いほど，信憑性は低くなる傾向がある。論文や書籍，マスメディア，インターネット上の情報の信頼性と，情報としての新鮮さの関係を示すと以下のとおりである。

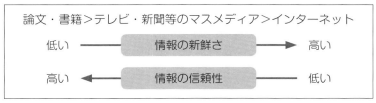

図1.1.9　情報の新鮮さと信頼性

■検索の仕方　キーワードを入力して検索する

検索で利用するキーワードにも注意が必要である。検索サイトは入力したキーワードをもとに検索しているため，そのキーワード自体が偏っていれば，偏った結果が検索されることになる。

課題3

ダイエットというキーワードと失敗談，成功談，それぞれで検索して結果を見比べてみよう。

＜操作手順＞
① Google等の検索サイト（https://www.google.co.jp/）を表示する。
② キーワードに「ダイエット」と「失敗談」と入力して検索する。
③ 同じく，「ダイエット」と「成功談」と入力して検索結果を比較する。

■ 練習 ■

1．適切なキーワードを考えてみよう。ダイエットの例では，どのようなキーワードを使うのがよいか考えてみよう。
2．適切なキーワードで検索した場合でも，さらに気をつける点がないか考えてみよう。

・**Wikipedia**
Wikipediaというサイトでは，インターネット上にフリーな百科事典としてさまざまな情報が掲載されている。Wikipediaは，その方針に同意していれば，誰もが記述することができる。誤った情報が記述された場合には，気がついた人が修正している。そのため，多くの人が利用するページは，有用な情報が正しく書かれていることが多いが，逆にあまり利用されないページは，誤った表現や偏った情報が記載されていても，修正されにくく，信憑性の低い情報が掲載されている可能性が強い。

・Wikipediaの引用には注意すること。内容は，個人が趣味的に記載している場合が多いので，情報源を確認すること。

・さらに個人のブログの内容はその情報源の信頼性を確認すること

・① Googleについては，1.1.2または第5章を参照のこと。

・**練習1のヒント**
体験談，統計情報等が良い。
・**練習2のヒント**
そもそも，マイナスな情報は公開されにくい。プラスの情報や都合の良い情報だけが世の中に出回るということを意識しておきたい。失敗したことなど人に話したくないからである。面白い情報や不安をあおるような情報のほうが広まりやすい。この点についても，意識して情報を扱う必要がある。

1.1.2　Googleを用いた検索技術

(1) 基本的な検索方法

検索を行う際には，その内容に関係する単語すなわち，キーワードを検索ボックスに入力する。キーワードは複数入力すると基本的に「AND」条件で検索となる。つまり，入力した複数のキーワードのすべてにマッチする情報だけが表示される。また「OR」条件による検索も可能である。キーワードに入力した，いずれかの言葉を含むページを検索する場合に利用する。

以下，検索を行う際のポイントを述べる。

● **Point1　入力するキーワードはできるだけ短くする**

たとえば，コンビニエンスストアにおける年間売上高の推移に関するデータを検索する場合，そのままの文を入力するのではなく，「コンビニエンスストア　売上高　推移」と短い単語にして入力する方がヒットする確率が大きい。その際，Webページで表示されている単語を思い浮かべて，表示されている可能性の高い語句を使用する。

● **Point2　入力するキーワードの数をできるだけ少なくし，必要な情報を説明できるように考える**

前述のようにAND検索では，入力されたすべてのキーワードにマッチする情報を検索していくので，キーワードの数を追加するほど結果が限定され，表示される情報が少なくなく可能性がある。そこで，欲しい情報を逃さないようにするには，入力する単語の数をできるだけ少なくした方が多くの情報が表示される。

● **Point3　より説明的な単語を選ぶ**

一般的な単語より，できるだけ固有の単語を使うと，関連のある結果が得られる可能性が高くなる。例えば，ひまわりがセシウムを吸収する仕組みについて知りたい時は，花とか，植物，放射性物質等を入力するのではなく，固有名詞のひまわり，セシウムと入力した方がヒットする確率が高い。

(2) さまざまな検索方法

Googleでは，通常の検索以外に，以下のようなさまざまな検索ができる。
画像検索／動画検索／地図検索／ニュース検索／論文検索／書籍検索／ブログ検索／トレンド検索等

これらの検索を行うには，トップページの ▦ [アプリ]から[もっと見る]→[さらにもっと]と選択する。また，キーワードで検索後，検索結果の上に表示されるメニュー（ウェブ・画像・動画・ニュース・地図・もっと見る）から選択してもよい（図1.1.10）。

・**「OR」検索**
「ロンドン or パリ or チケット」のようにorでキーワードを連結する。

・**さらに高度な検索方法を知りたい場合**は，ウェブ検索のヘルプを参照するとよいだろう。ウェブ検索のヘルプは，トップページ下部の右下の[設定]→[ヘルプ検索]で表示できる。

・**「とは」検索**
たとえば，「OS とは」，「リテラシーとは」などと入力して，その用語や言葉の意味を検索する方法で，その解説文やページを容易に探すことができる。

・**トレンド検索とは**，過去や現在の検索キーワードの検索回数に関する情報を得ることができる。流行や潮流を把握するために役立つ。

・**画像検索**
画像検索では，キーワードを入力して，そのキーワードに関する画像を検索することができる。初めて聞いたモノの名前等は，イメージ検索で画像を見ると，より理解が深まる。

1.1 大学における知の活動 | 11

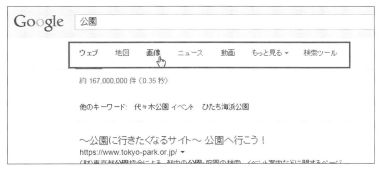

図 1.1.10　検索結果から他の検索へ

論文検索と書籍検索

論文検索と書籍検索（Google ブックス）も同様に利用してみよう。論文検索や書籍検索（Google ブックス）は，Google のサービスの一覧からアクセスすることができる。

課題 4

論文検索で学術情報を検索しよう。キーワードは自由でよい。

＜操作方法＞

① ブラウザを起動し，Google（https://www.google.co.jp）にアクセスする。
② ▦ ［アプリ］をクリックして，［もっと見る］（図 1.1.11）→［さらにもっと］とクリックし，Google のサービスの一覧画面を表示する（図 1.1.12）。

図 1.1.11　［アプリ］から［もっと見る］　　図 1.1.12　［もっと見る］から Google のサービス一覧へ

③ 表示されたサービスの一覧ページから，［Scholar］をクリックする（図 1.1.13）。

・**画像検索で画像を探す場合に**は，以下のように検索する。
① ブラウザを起動し，Google（https://www.google.co.jp）にアクセスする。
② キーワード入力して検索をする。
③ 表示された検索結果のすぐ上に表示されるメニューから［画像］を選択する（下図）。

④ キーワードに関連する画像が表示される（下図）。

キーワード「コンピュータ」で画像検索した結果

・**ニュース検索**
ニュース検索を行うには以下のように操作する。
① ブラウザを起動し，Google（https://www.google.co.jp）にアクセスする。
② キーワード入力して検索をする。
③ 表示された検索結果のすぐ上に表示されるメニューから［ニュース］を選択すると，キーワードに関するニュースが表示される（下図）。

キーワード「Linux」でニュース検索した結果

- Googleのトップページで「論文検索」とキーワードを入力して，検索結果からGoogleの公式ページを探す方法もある。

図1.1.13 論文検索(Scholar)へ

- ④ここではキーワードとしてGoogleを入力している。

・**書籍検索**
Googleブックスで書籍検索をする場合，以下のように操作する。
① ブラウザを起動し，Google (https://www.google.co.jp) にアクセスする。
② ▦ [アプリ]をクリックして，[もっと見る]→[さらにもっと]とクリックし，Googleのサービスの一覧画面を表示する。
③ Googleブックスのページでキーワードを入力し検索する。サービスの一覧から[ブックス]をクリックし，キーワードを入力して検索する。

- Googleのトップページで「**Googleブックス**」とキーワードを入力して，検索結果からGoogleの公式のページを探す方法もある。

・**Googleを用いた特殊な検索方法**
Googleを用いた検索方法について調べるには，以下のように操作する。
① ブラウザを起動し，Google (https://www.google.co.jp) にアクセスする。
② Googleトップページの文字入力ボックスに「ウェブ検索 ヘルプ」と入力し，[検索]ボタンをクリックする。
③ 表示された検索結果から，Googleの公式の説明を探してクリックする(下図)。

ウェブ検索のヘルプの探し方

④ 論文検索のページでキーワードを入力し検索する(図1.1.14)。

図1.1.14 キーワード「Google」で論文検索した結果

課題5

特殊な検索方法を試してみよう。どのような検索結果になるだろうか。検索結果の先頭に特別な結果が表示される。

- 100円をドルに
- 東京から羽田空港
- 3*3*pi ※(piは円周率のπ)
- 東京駅 地図
- 和英 リテラシー
- 英和 computer

> **課題6**
> 大学のページから PDF 形式で作成されている資料を探してみよう。

<操作方法>
① ブラウザを起動し，Google（https://www.google.co.jp）にアクセスする。
② 検索キーワードに「site:www.takushoku-u.ac.jp filetype:pdf リテラシー」と入力する。

（3）文字以外の情報を使った検索

Google では，文字以外の情報，たとえば音声データや画像データを使って情報を検索することができる。文字以外の情報を使って検索する方法には，次のようなものがある。

・位置情報をもとにその土地周辺の情報を検索
・画像データを使って，類似した画像を検索
・音声データをキーワードとして検索
・日本語を英語に翻訳して検索

■位置情報を使った検索：Google マップとストリートビュー

Google マップを使えば，出かけるときに事前に地図を見ることができる（図1.1.15）。通常の地図に加え，衛星写真もあるので，家にいながらさまざまな（上空からの）風景を見ることができる（図1.1.16）。また，ストリートビューと呼ばれる機能もある。これは，Google の車が町を走って撮影した画像が表示されるもので，身近な風景まで見ることができる（図1.1.17）。

電車の路線案内サービスでは，駅から駅というルートが表示されるが，Google マップでは，歩くルートも表示され「ドア to ドア」のルートの検索が可能である。

④ 下図のようにヘルプセンターが表示され，ウェブ検索に関する解説を読むことができる。

ウェブ検索のヘルプ

・ウェブ検索のヘルプの［検索結果をフィルタリングして絞り込む］の中にある［Google での検索のコツ］は参考になる。

・site は特定のサイト内だけを検索する方法。type は特定のファイルの種類だけ検索する方法。例では，www.xxxxxxx.xx.jp にある PDF ファイルで，"リテラシー" というキーワードにヒットするものが表示される。

・本章の課題では，操作方法の詳細な手順は記載していない課題も多い。大まかな手順だけを記している。なぜなら，頻繁に操作方法が変更になるためである。"やりたいこと"から考え，自分で操作を身につけるコツをつかもう。自分で分からない場合には，「詳しい人に聞く」「検索して調べる」「ヘルプをみて調べる」など工夫してみよう。

・文字データはテキストデータともいう。

・Google Chrome 以外のブラウザでは動作しない機能もある。

・**ストリートビュー**は，Google の車が町を走って撮影した画像が表示されるもので，身近な風景まで見ることができる。家や車，人物といった非常に細かい情報まで表示されている。そのためストリートビューはプライバシーや個人情報の問題について議論がなされている。

・**Google マップ**
① Google トップページで「成田空港」と入力し、検索結果のすぐ上に表示されるメニューから[地図]を選択する。
②画像[アプリ]から画像[地図]をクリックし、「成田空港」と入力する。

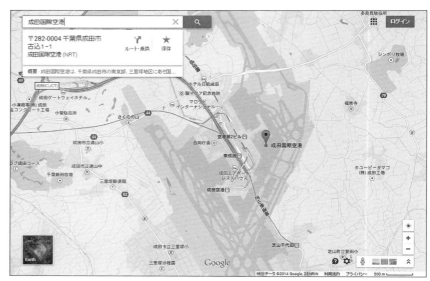

図 1.1.15　Google マップ（成田空港周辺の地図）

・**航空写真を見るには**
航空写真を見るには、表示された画面の左下にある[Earth]ボタンをクリックする。

図 1.1.16　図 1.1.15 と同じ場所の航空写真

・**ストリートビューの開始と操作**
① Google マップで「パリ エッフェル塔」と入力
②表示されたマップの画面で人の形をした人形マークを地図上にドラッグ＆ドロップすると、その場所からストリートビューが開始される（図 1.1.17）。

③人形マークと地図は、ストリートビュー画面の右下に表示されるので、この人形をドラッグすると、その人形がみているかのような風景が表示される。

図 1.1.17　Google ストリートビューで見たパリのエッフェル塔

課題7

東京タワーから東京スカイツリーまでのルートを検索してみよう。

＜操作手順＞
① Google マップを開く。
② マップ画面の左上のキーワード入力欄の下にある［ルート・乗換］をクリックする（図1.1.18）。

図1.1.18

③ 表示された画面で、出発地に「東京タワー」、目的地に「東京スカイツリー」と入力して検索する。
④ 車で行くルートを検索する場合は、画面左上の 🚗 をクリックする。同様に、徒歩で行くルートを検索する場合は、🚶 をクリックする（図1.1.19）。

・Google マップは［アプリ］から［地図］を選択する。

・Google のトップページで「東京タワーから東京スカイツリー」と入力して検索する方法もある（下図）。出発地と目的地を「から」で接続した検索キーワードを入力する。

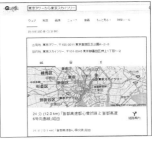

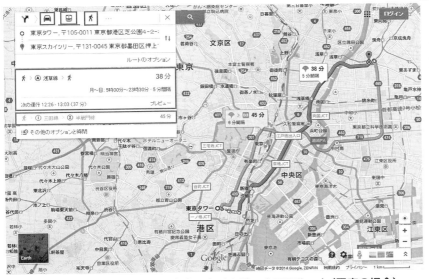

図1.1.19　東京タワーから東京スカイツリーまでのルート（電車の場合）

・できるだけ Google Chrome を使用すること。Google Chrome 以外のブラウザでは動作しない機能もある。

・ルート候補が複数ある場合には、それぞれの候補をクリックするとそのルートが表示される。

■ 練習 ■

自宅から大学までのルートを検索してみよう。

16 | 第1章 大学における知の活動

■Google Earth

さらに，Google Earth というアプリケーションも提供されている。Google Earth は，インストールが必要なアプリケーションのため，ダウンロード後，インストールして利用する。Google Earth では，衛星写真のデータや地図データが地球儀のような形で提供され，3D での建築物の表示も可能である。その技術は圧巻で，地球上のあらゆる有名スポットを気軽に見ることができる（脚注図）。

Google Earth 起動画面

> **課題8**
> Google Earth をダウンロードし，パリのエッフェル塔を見てみよう。

＜操作方法＞

① Google Earth をダウンロードする。
② Google Earth をインストールする。
③ デスクトップ上の Google Earth のアイコン  をクリック。Google Earth を起動させる。
④ キーワード入力ボックスに「パリ　エッフェル塔」と入力し，検索ボタンをクリックする。

・② Google Earth のダウンロード
Google のサービスの一覧から [Google Earth] をクリックし（下図の上），[Google Earth をダウンロード] をクリックする（下図の下）。

・ストリートビュー
画面右上マウスオーバーすると，ストリートビューの操作アイコンが表示される（下図）。

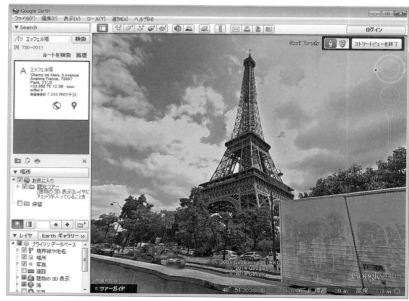

図1.1.20　Google Earth で見たパリのエッフェル塔

■ 練習 ■

上記課題と同様に，自分の大学や自宅付近の駅の名前等を入力し，地図や画像を見てみよう。

■音声／翻訳検索

練習

1. 音声検索や翻訳検索を使ってみよう。
2. 検索結果を更に絞り込む方法として，[検索ツール]という機能がある。利用してみよう。

ヒント　検索ツールを利用するには，以下のように操作する。

＜操作方法＞
① 検索画面で，キーワードを入力して検索する。
② 検索結果の上のメニューに表示される[検索ツール]をクリックする。
③ 言語・期間・場所などの条件を指定して，検索結果を絞り込むことができる（図1.1.21）。

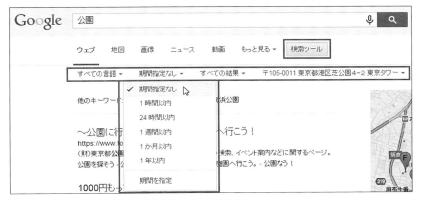

図1.1.21　検索ツール

（4）検索結果を利用する上での注意点

　検索サイトを利用する際には，検索結果の情報を鵜呑みにしないように注意する必要がある。例えば，Googleの検索サイトに表示された内容やランクの順位が「正しい」という保証はない。各サイトの内容も鵜呑みにせずに，書籍や専門家に聞いたり，自分で調べたりすることを怠ってはいけない。検索サイトを利用していると，検索して表示された結果があたかも「正しい」かのように表示される。しかし表示される結果は，ある種のルールによってランク付けされたというだけにすぎないのである。

　急速に情報化の進む現代にあって，情報や道具を自らが主体的に取捨選択し，上述の点に注意して，紹介したGoogleのサービスやインターネットを活用することが重要である。

・音声検索
マイクのアイコンをクリックすると音声検索が利用できる（下図）。

Android搭載のスマートフォンでも，利用することが可能である。

・翻訳検索
日本語で入力したキーワードを他の言語に翻訳して検索が行われる。見つかった結果も日本語に翻訳されて表示される。
入力したキーワードを翻訳して検索するには，以下のように操作する。
①日本語でキーワードを入力して検索し，②表示された検索結果画面の左側のメニューに表示される[検索結果ウェブ全体から検索]にある[翻訳して検索]をクリックする。

・検索ツールを使って検索する場合には概念の広いキーワードで検索してもよい。通常の検索で"公園"と入力すると，全国の公園が検索対象になるが，場所を指定すれば近辺の"公園"だけに絞られるためである。

1.1.3　オンラインストレージとファイルホスティング

最近,利用されている便利なインターネットの機能として,オンラインストレージがある。ファイルホスティングとも言う。オンラインストレージ(ファイルホスティング)とは,サーバーマシンのディスクスペースをユーザーに貸し出すサービスである。ユーザーはインターネット上にアクセスすれば,どこからでもファイルの読み込みや保存ができる。ネット上のファイルは共有することもできるので,共同作業や共同発表時にも有効である。USBメモリ等を持ち歩く必要が無くなるので便利であるが,ネットワーク障害に備えて,バックアップを取っておく必要があろう。また,第3者に読まれてしまう危険性も併せ持っているため,本当に重要な内容は,やはり保存しないようにした方が安全である。

・オンラインストレージには,たとえば,GoogleドキュメントDropBox, OneDrive等がある。

OneDrive の活用

OneDriveとは,Microsoft社が提供するオンラインストレージである。ここでは,OneDriveの設定や利用方法について説明する。

・OneDriveは特にWord・Excel・PowerPointなどのOffice製品との連携に適したサービスであり,スマートフォンアプリでもそれらのファイルを閲覧・編集することができる。

(1) Microsoft アカウントの作成と OneDrive アカウント設定

OneDriveを使うにはMicrosoftアカウントが必要である。Microsoftアカウントを持っていない場合は,以下の方法で新規に作成する。

・ストレージ容量は,5GBまでは無料で利用でき,Office365を利用していると1TB付与される(2016/12月時点)。

■**Microsoft アカウントの作成**
＜操作方法＞
① ブラウザを起動させ,URL に https://account.microsoft.com/about と入力。→表示されたページで[アカウントを作成]ボタンをクリック。
② 表示された[アカウント作成]ページ(脚注図)でID(メールアドレス)とパスワードを登録する。

・②アカウント作成ページ

■**OneDrive のアカウント設定**
OneDriveを利用するには,事前にOneDriveのアカウント設定をしておく必要がある。

・OneDrive アプリケーションをインストール
ここで,さらにOneDriveのアプリケーションをインストールしておこう。ブラウザを起動し「OneDriveアプリ」などのキーワードを入力して,ダウンロードページを開く。「ダウンロード」ボタンをクリック→ダウンロード及びインストールをする。

＜操作方法＞
① エクスプローラーを起動し,画面左側から[OneDrive]を選択する。
② 表示されたアカウント設定の画面(図1.1.22)で,Microsoftアカウントとして登録したメールアドレスを入力し設定する。

図1.1.22　OneDriveアプリにアカウント設定

③　設定を完了すると，自動的にファイルの同期処理が行われ，フォルダに ✓ がついた「同期完了」の状態となる（図1.1.23）。

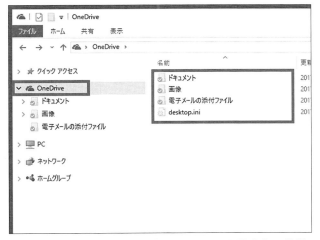

図1.1.23　OneDriveアプリのアカウント設定後の状態

(2)　OneDriveへのファイル保存とWord Onlineでの閲覧・編集

■OneDriveへのファイル保存：OneDriveへドキュメントを保存しよう

Wordなどで作成したファイルを保存する際に，保存先として[OneDrive]を選択すると，自動的に，[OneDrive]オンラインストレージにアップロードされる。

<操作方法>
①　Wordを起動し，任意の文章を作成する。

・③ファイルの同期処理を実行している時は，赤色のアイコンになる

・**同期処理とは**，クライアントとサーバのファイルを同一の状態にすることである。たとえば，パソコン（クライアント）でファイルを変更すると，オンラインストレージ（サーバ）に変更したファイルが反映される。逆に，オンラインストレージのファイルが変更されると，パソコンのファイルに反映される。

② ［ファイル］→［名前を付けて保存］→［OneDrive］を選択し，ファイル名を入力して，［保存］ボタンをクリックする（図 1.1.24）。

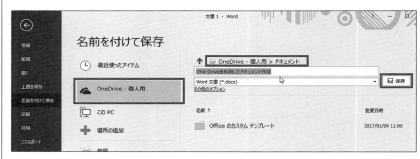

図 1.1.24　OneDrive にファイルを保存

■Word Online での閲覧・編集：Word Online でファイルを編集しよう

　［OneDrive］オンラインストレージにアップロードされたファイルは，各自のアカウントでログインすれば，インターネット上で，別のパソコンからも閲覧・編集できる。この機能は Word Online といい，ファイルの閲覧や簡易的な編集に非常に便利である。

＜操作方法＞
① OneDrive のページにアクセスする。
② 表示されたサインインのページで，ID（Microsoft ID とパスワード）を入力する。
③ 表示された OneDrive のページ（図 1.1.25）上で，該当するファイルをクリックする。

図 1.1.25　OneDrive にブラウザでアクセス

■ **Word Online** は通常 Word と異なり，機能が限定されており，また，多少レイアウトがずれるケースもある。シンプルなレイアウトの方が無難である。

■ **Microsoft Online**
Word Online に限らず，Excel や PowerPoint などにも Online 機能があり，それらを総称して Microsoft Online という。

・① **OneDrive のページへのアクセス**
ブラウザを起動し，http://onedrive.com と入力→［サインイン］をクリックする。

・③表示された OneDrive のページ（図 1.1.25）上で，［ファイル］→［ドキュメント］フォルダなど，作成したファイルを保存したフォルダに移動し，目的のファイルを探す（図 1.1.26）。

④ 開いた Word Online の画面上で文章を閲覧・編集する（図 1.1.26）。

図 1.1.26　Word Online での閲覧・編集

（3） ファイルの共有と編集

■ファイルの共有

OneDrive に保存したファイルは他の人と共有することができる。共有の仕方には、①指定したユーザに共有する方法、②特別なリンク先を知っている人が編集できる方法の2種類の方法がある。そのファイルを共有した人々は、ファイルの閲覧や編集ができる。

・共有設定はいつでも解除することが可能である。

・閲覧
特定のユーザに対して、閲覧だけができる（つまり編集はできない）設定にすることも可能である。

＜操作方法＞

① Word Online の画面右上にある [共有] をクリックする。

図 1.1.27　ファイルの [共有] ボタン

② 表示された画面（図 1.1.28）上で、[ユーザの招待] または [リンクの取得] を選択する。

　[ユーザの招待] の場合、[宛先] に共有したい相手のメールアドレスを入力する。招待したユーザーと共同で編集する場合は、[受信者に編集を許可する] を選択→[共有] ボタンをクリック（図 1.1.28）。すると、共有したい相手に、その旨のメールが送られる。

・②[リンクの取得] の場合
リンク先の URL が表示されるので、その URL を共同編集者に知らせる。
共同編集者は知らされた URL をクリックすると、そのファイルを共有し、共同編集することができる。

・ファイルの共有の停止
ファイルの共有を停止する場合には，すでに共有済みのユーザーを選択して，[共有を停止]に設定する。

・コメント機能
また，コメント機能を使って，修正意図を説明したり，アドバイスを書いたりして，ファイル内でコミュニケーションを行うことも可能である。

・ファイルの同期化
同期には時間がかかる場合がある。すぐに反映されない場合，少し待とう。

・スマートフォンでの閲覧・編集
スマートフォン用のOneDriveとMicrosoft Word・Excel・PowerPointでも閲覧・編集が可能である。AndroidであればPlay ストア，iPhoneであればApp Storeからアプリをダウンロードしよう。次の図はAndroidでWordファイルを編集しているものである。多少の違いはあるが，iPhoneでも同様のことができる。

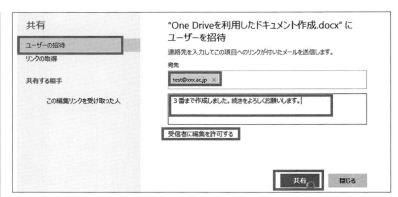

図1.1.28 ファイルの共有を設定

■共有したファイルのインターネット上での編集
共有したファイルは，通常のファイルと同様，閲覧・編集し，保存することが可能である。

<操作方法>
① 誰かからファイルが共有された場合にはメールが届く。メール本文の[OneDriveで表示]をクリックする。
② 起動されたブラウザ上のWord Onlineの画面で，[文書の編集]→[ブラウザーで編集]を選択する。すると通常のファイルと同様に編集できるようになる。

図1.1.29 Word Onlineで開いたファイルを編集モードにする

③ 最後にファイルを保存する。保存したファイルは自動的に同期され，共有した人のパソコンにも反映される。

1.1.4 | レポートを書いてみよう

(1) アイディアツリーの作成　暫定的に目次を考えよう

　レポートの書き方にはいろいろあるが,書式等については,ここでは触れない。ただ1つ有用なことは,**レポートを書く前に,書きたい内容のキーワードを書き出してみる**ことである。キーワードを書き出して,それらを関連付ける図を書いてみたり,暫定的に目次を作ってみることは文章の構成を考える上で,非常に有効である。あくまで,暫定的なものなので,これらの項目を削除したり,別の項目を追加したり,また順序を入れ替えても良い。目次は章・節・項というふうに以下のような階層構造になっている。

　1章
　　1章1節
　　　1章1節1項

　キーワードや,自分のおおまかな内容を,この**階層構造に沿って組み立ててみる**と,意外に簡単にレポートが作成できる。

　テーマは,最初に考えるものであるが,レポートを書いているうちに変化してくる場合もある。内容全体を振り返って,最後に考えるのも有効である。

(2) 表やグラフを入れよう　図表・グラフリテラシー

　図表やグラフは,レポートを書く上で欠かせない。データを数理的に処理し客観的に捉えたり表現することで,自分自身の思考も整理され,読む人に説得力を増す。表からは,詳細で正確なデータの数値がわかる。グラフは,その特徴が視覚的に表現されるので,これらの特徴を生かして使い分けることが大切である。

例 　**表とグラフの特性**

　下の表は,今年度の共立花子さんの生活費のようすを示したものである。実際に消費した正確なデータが詳細にわかる。

表1.1.1　共立花子さんの今年度生活費

	4月	5月	6月	7月	8月	9月	合　計
家　　　賃	43,000	43,000	43,000	43,000	43,000	43,000	258,000
水道・光熱費	7,800	8,300	6,530	9,700	8,700	9,200	50,230
食　　　費	30,000	35,000	35,700	38,750	42,000	45,000	226,450
交　通　費	13,350	9,500	12,600	13,400	8,800	14,800	72,450
教　養　費	22,500	18,000	10,030	7,000	7,500	8,500	73,530
レジャー費	3,500	4,600	12,500	18,250	5,600	9,850	54,300
そ　の　他	12,500	4,570	4,300	13,500	2,800	3,450	41,120
合　　　計	132,650	122,970	124,660	143,600	118,400	133,800	776,080

・目次の編集
目次の編集には,Wordのアウトライン機能やナビゲーションビュー,さらにPowerPointのアウトライン機能が有用である。

・レポートの書き方をさらに学びたい人へ
参考図書を挙げると,以下のようである。
①『レポート・論文・プレゼンスキルズ』石坂春秋 著,くろしお出版(2003)
②『知のツールボックス』専修大学出版企画委員会 編,専修大学出版局(2006)

■レポートのアウトライン作成におけるPowerPointの利用
　第4章 PowerPoint2016による知のプレゼンテーション・スキルでも触れるが,PowerPointはプレゼンテーション資料の作成に用いるのみならず,上述の暫定的な目次やキーワードの作成に適したソフトである。つまり,スライドや箇条書き機能を用いて,思考の論点を明確化し,順序立てて組み立てるのに有効である。是非,利用されたい。

表1.1.1をもとに，さまざまなグラフで表してみよう。グラフにもそれぞれの特性がある（図1.1.30）。それらの特性を見極めて使い分けることが重要である。

グラフの種類	グラフの用途・特徴
(1) 棒グラフ	データ量を比較する
(2) 折れ線グラフ	データの推移をみる
(3) 円グラフ・ドーナツグラフ	項目別の構成比率をみる
(4) 帯グラフ	項目別の構成比を比較する
(5) 散布図	2つの変化する量の傾向を分析する
(6) レーダーチャート	項目別のバランスを比較する
(7) 箱ひげ図	グループ別データの統計的特徴の表示

(1) 棒グラフ

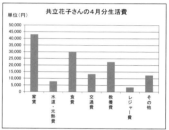

データ量を比較する

(2) 折れ線グラフ

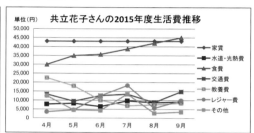

データ量の変化・推移をみる

(3) ドーナツグラフ

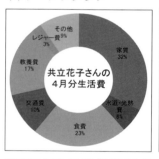

項目別の全体に対する構成比をみる

(4) 帯グラフ（横棒グラフ）

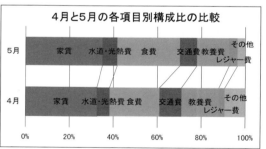

項目別構成比を比較する

(5) 散布図

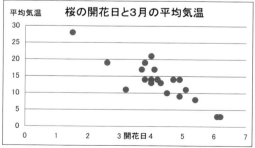

2つの変化する量の傾向を分析する

(6) レーダーチャート

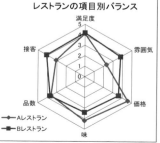

項目別のバランスを比較する

図 1.1.30 さまざまなグラフの特性

1.1.5 | 調べた内容を発表しよう

　最後に, 今まで調べたり書いたりしてまとめたものを発表しよう。プレゼンテーション資料の作成の流れは, 概ね以下の流れのようである。

1　**プレゼン内容の決定(伝えたいことの決定)**
　　何をプレゼンテーションするかを考え決定する。1つ大きなテーマを決めて, ポイントを3つくらいに絞っておくと良い。

2　**目次・構成の組み立て**
　　プレゼン内容をもとにして, 目次を組み立てる。ビジネス文書なら, 結論→背景(結論に至った経緯)→提案(結論から何を提案したいか)等。

3　**スライドの作成(内容を重視して作業)**
　　目次・構成を崩さないように意識しながら, 内容を記述する。

4　**デザイン等の設定(見た目を重視して作業)**
　　テーマやデザインの設定をする。フォントの種類や色・アニメーションの設定, 配置等, 見やすい資料を作成することが重要である。そのためには, フォントの大きさや色のバランスを工夫する。文字の大きさが小さかったり, 同系色だったりすると見えにくい。

5　**事前練習(想定質問も作成)**
　　発表を想定して実際にスライドショーを実行し, 時間を計測しながら発表の練習を行ってみる。リハーサルを事前に行い時間を把握することで, 安心して本番に対処できる。2ページで1分が一つの目安である。また, 発表後の質疑応答の際に質問されそうな内容を想定し, 解答を事前に考えておくことも重要である。

6　**事前準備(資料印刷等)**
　　通常は, PowerPoint のファイルを 1/2〜1/8 くらいで割付印刷して, 配布する。

7　**プレゼンテーション当日**
　　プレゼンテーションは, 発表と質疑応答で構成されることが多い。多くの場合, 発表15分, 質疑応答5分, 合計20分の時間構成である。ゆっくりと丁寧に話そう。

　ここでは, 今までの内容を振り返り, 実際に例題を通して知の活動を考えよう。

・1の補足
新商品の紹介であれば, 大きなテーマとしては, 「新商品紹介」で, ポイントに当たるのは新商品で特に伝えたい点, 「価格が安くなった」「○○が高性能になった」「カラーバリエーションが増えた」など, 3つくらいにポイントを絞っておく。

・3の補足
実際のプレゼンを行う際に, 言葉で説明する内容と, プレゼン資料に書いておく内容を意識して記述する。

・5の補足
スライドの内容を棒読みせずに, スライドにはポイントを記述して, 口頭での説明でプレゼンを進める。そのためには, スライドを印刷したものに説明する内容をメモしたものを用意しておくとよい。

1.2 情報倫理とセキュリティ
情報化社会と向き合うために

情報化が進み，私達の生活は非常に便利になった。しかし，利便性は危険性と表裏一体でもある。現在のコンピュータはインターネットに繋がっているため，コンピュータウイルスやスパムメール，ボット等，外部からの脅威に常にさらされている。ここでは，日常よく使う情報ツールとして次の5つを取り上げ，それぞれの項目における情報倫理とセキュリティについて考える。

- インターネット閲覧
- 電子メールの利用
- 情報発信
- 情報コンテンツやサービスの利用
- ファイルとアカウントの管理

1.2.1 インターネット閲覧でウイルス感染

インターネットを閲覧する際には，ウイルス感染に注意する必要がある。ウイルスは脆弱性とも呼ばれる，プログラムのミス（バグ）を利用して感染する。そのため，単にホームページを閲覧しただけでも，ウイルスに感染する可能性があると認識しなければならない。

コンピュータウイルスに感染したパソコンは，どんな状態になるのだろうか。パソコンやソフトが起動しない，パソコンの動作が異常に遅くなる，保存していたファイルが壊れる，アイコンがすべてパンダになるなど，愉快犯もある一方で，破壊型のウイルスもある。また，ボットと呼ばれるウイルスに感染すると，第三者がそのパソコンを操作することが可能となる。自分のコンピュータがウイルスに感染すると，さらに他人のコンピュータに感染を広める可能性がある。他人へ迷惑をかけないためにも，自らのコンピュータを守ることが大切である。

課題 1

ダミーウイルスをダウンロードしてみよう。

＜操作方法＞

① EICARのホームページ（https://www.eicar.org/）にアクセスする。
② ［DOWNLOAD ANTI MALWARE TESTFILE］という箇所を探して，ファイルをダウンロードする。
③ ウイルス対策ソフトが正しく動作していれば，下記のようなメッセージが表示され，ファイルが削除される（図1.2.1）。

・情報倫理を理解するためには，コンピュータの基礎知識が必要となる。不明な点が出てきた場合は，1.3「コンピュータの基礎知識」の項目を参照すること。

・スパムメールの悪意
お金を得るために，スパムメールを送信したり，中継として利用したり，クレジットカード情報を送信したりする。例えば，スパムメールは100万件送信して，1%の人がクリックし，0.1%の人が10万円振り込んでしまったとすると100万円の売上となる。

・ネットショッピングやネットオークションによるトラブルについては，1.2.3「情報発信について考えてみよう」で触れる。

・ダミーウイルス
EICAR（エイカー）と呼ばれるダミーウイルスファイルがある。"ダミー"なので，無害なファイルである。EICARは，ウイルス対策ソフトの動作確認用に利用され，すべてのウイルス対策ソフトでウイルスとして検知される。ウイルス対策ソフトが正しく動作しているか確認のために利用されているファイルである。

※注意※ この課題を行う場合には，事前にコンピュータの管理者に伝えておくこと

1.2 情報倫理とセキュリティ　情報化社会と向き合うために | 27

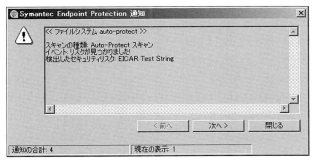

図1.2.1　EICARファイルの検出

(1) 定義ファイル

ウイルス対策ソフトは定義ファイルというウイルスをチェックするためのファイルを持っている。このファイルが最新でなければ，最新のウイルスに対してのチェックができない。通常は，自動的に更新される設定になっている。ここでは，使っているパソコンの定義ファイルが最新になっているか確認してみよう。

課題2

定義ファイルが最新のものか確認しよう。

＜操作手順＞
① デスクトップの下のタスクバーの右側からウイルス対策ソフトを起動する（脚注図）。
② 起動したウイルス対策ソフトの画面で，UPDATEや定義ファイル更新等の項目を実行する。
③ 定義ファイルが最新であれば，下記のようなメッセージが表示され，最新であることが確認できる（図1.2.2）。

・①起動方法は，ウイルス対策ソフトの種類によって異なる。

・**①ウイルス対策ソフトの起動例**

・このウイルススキャンソフトでは，「すべては最新版です。」と表示される。

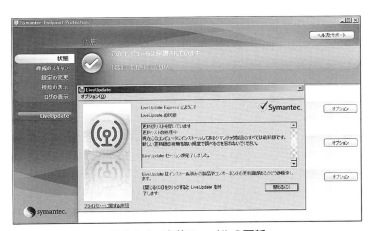

図1.2.2　定義ファイルの更新

(2) ウイルススキャン機能

インターネットでダウンロードしたファイルや，メールで受信した添付ファイルは，開く前にウイルス対策ソフトでスキャンすることで安全を確認できる。

課題3

ファイルをスキャンして安全を確認しよう。

＜操作手順＞

① スキャンするファイルを右クリックし，表示されたメニューから[ウイルススキャン]を選択する〔脚注図〕。
② スキャン結果が表示される。ウイルスが見つからなければ，正常に完了する（図1.2.3）。

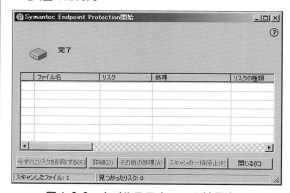

図1.2.3　ウイルススキャンの結果表示

■ 練習 ■

1．フルディスクスキャンをしてみよう。
2．ウイルス対策ソフトの他の機能を調べてみよう。
　　使っているウイルス対策ソフトにどのような機能があるだろうか？

インターネットに接続する際の心得として，ウイルスに感染しないための対策6カ条を以下に示しておく。

ウイルスに感染しないための対策6カ条

1　パソコンのOS（Windowsなど）やソフトを最新の状態にしておく。
2　ウイルス対策やスパイウェア対策などのセキュリティ対策ソフトの導入と，それらのソフトが使用する（ウイルス）定義ファイル等の更新を怠らないこと。
3　迷惑メールに書かれたURLにアクセスしない，添付されたファイルは開かない。

・ウイルス対策ソフトを導入しても，スキャン機能をOFFにしているということはないだろうか？スキャン機能は処理が重いが，OFFにしていては意味がない。

・スキャンの実行方法は，ウイルス対策ソフトの種類によって異なる。

①ウイルススキャンの実行

1のヒント
フルディスクスキャン
フルディスクスキャンをしてみよう。コンピュータの全部のファイルをスキャンしチェックすることで，安全を確認することができる。ただし，完了するまでに数時間必要である。

2のヒント
ウイルス対策ソフトの機能
ウイルススキャン機能の他に，外部からの侵入防止機能やフィッシング対策機能，受信メールのチェック機能等がある。最近は，これらの機能を一式搭載したソフトとして発売されており，統合セキュリティ対策ソフトとも呼ばれる。

・近年では，FacebookやTwitter等，個人と個人のつながりを利用したインターネットサービスがある。このようなケースで，相手のことが信頼できる場合は，情報の信憑性も上がる。

4　迷惑メールに分類されていなくても, 不審な件名, 知らない送信者から
　　のメールは容易に開かない。
5　不審な Web サイトや怪しい Web サイトを閲覧しないこと。そのよ
　　うなサイトからファイルをダウンロードしないこと。
6　上記の 3〜5 に該当しないメールの添付ファイルや, Web サイトから
　　ダウンロードしたファイル, 友人から貰ったファイル, いずれにおいて
　　も, まずウイルスチェックをすること。

1.2.2 　電子メールの利用について考えてみよう

　携帯メールやウェブメールなど, 一度は, 電子メールを使ったことがあるで
あろう。ここでは, 電子メールの利用について考える。

（1）電子メールを利用したフィッシング

　電子メールを利用していると, 迷惑メールやスパムメールと呼ばれる無作
為に送信されたメールを受信することがある。これらのメールは, フィッシ
ングという手法を使って, ウイルス感染させたり, 悪意のあるページへ導く。
興味を引くような文章であっても, 知らない相手からのメールは無視するこ
とが大切である。
　電子メールを利用する際の注意点をまとめると, 以下のようである。

・3　URL とは
URL とは「ユニフォームリソース
ロケータ」の略称で, インターネッ
ト上のホームページ等のアドレス
を表す。

・フィッシングとは
フィッシングとは, 電子メールの
本文に記述されたリンクをクリッ
クさせて悪意のあるページに導
き, 偽物の商品を購入させたり, 偽
のウイルス対策ソフトをダウン
ロードさせたり, ウイルス感染させ
たりする手法である。リンクをク
リックした途端にプログラムが実
行されてしまうこともある。

表 1.2.1　メールを利用する際の注意点

注意点	説　明
必ず届くとは限らない	電子メールはメールサーバを通じて送信される。そのため, サーバが故障した場合など, メールが届かない場合が稀に発生する。また, メールが届くまでにタイムラグが発生することもある。
知らない人からのメールを開かない。知人からのメールでも, 添付ファイルには注意	メールを利用したウイルスが多く存在する。ランダムにメールを送りつけて , ウイルスを感染させることがあるため, 知らない人からのメールは開かないようにする。また, 知人からのメールであっても, その知人がウイルスに感染していることを知らずにメールを送信している可能性もあるので, 知人からのメールでも, 添付ファイルには注意を払う必要がある。また, 送信者を偽ってメールを送信することも可能である。知人からのメールのようでも注意が必要となる。
メールは他人が覗き見できる	メールの文章は, インターネットを通って相手に届く。インターネットは誰もが利用できるネットワークであるので, 高度なテクニックによって, あなたのメールも覗き見される可能性がある。暗号化等の対策を講じることもできるが, 第三者に絶対に見られては困る内容は送らないようにする方がよい。
メッセージの容量（添付ファイルの容量）に注意する	相手のメールボックスにより, メールボックスのサイズが限られている。大きなメールを送ってしまうと, 相手が他のメールを受信できなくなることがある。1 MB を越えるようなメールを送る場合は, 相手に一度確認してからメールした方がよい。

30 | 第1章 大学における知の活動

| TO（宛先），CC（カーボン・コピー），BCC（ブラインド・カーボン・コピー）を使い分ける。 | TO, CC, BCC の意味を理解し, 正しく使い分けること。
■ TO：メールを送る相手のアドレスを指定する。複数のアドレスを指定することもできる。
■ CC：CC に入れた人にも同じメールが届く。宛先として送った人のほかに，メールを読んで欲しい人のアドレスを入れる。
■ BCC：BCC に入れた人にも同じメールが届く。TO, CC に入れた人には, BCC の人にもメールが送られていることはわからない。複数の人に送る場合, TO や CC には, 他の受信者のアドレスがわかるが, BCC のアドレスの人は, 他の受信者のアドレスがわからない。そのため, アンケート等で不特定多数の人に一斉に送信する場合には, 自分のアドレスを TO に指定して, そのほかのアンケート対象者のアドレスを BCC に指定する。

※返信が欲しい人は TO に, TO 以外の人で読んで欲しい人を CC に, BCC は特殊なケースと理解しておけばよい。 |

　電子メールを使ったコミュニケーションでは, マナーも重要である。友人同士のメールでは, くだけた感じで用件だけを記述すればよいが, 就職活動やビジネスではマナーが必須となる。

課題4

次のようなビジネスメールを送信してみよう。

○○株式会社第一営業部　△△様

お世話になっております。××です。
先日(4/3)の打ち合わせでは、お時間を頂きありがとうございました。
打ち合わせ時に課題となった商品デザインの件ですが、
今週中に見直して新しいデザイン案が完成する予定です。
つきましては、来週の前半で△△様のご都合のよろしい時間に再度打ち合わせをさせて頂きたいと考えておりますがいかがでしょうか。
よろしくお願い致します。

以上です。
****
□□株式会社第三技術部××
XXXXXX@XXX.co.jp

■ 練習 ■

1. 以下のような条件において, 用件を伝えるメールの文章を考えてみよう。
　① 就職を希望する企業の会社説明会に応募したが, 連絡がなく, 応募できているか確認したい。
　② 応募した企業は, 「○○株式会社」, 部署は「人事部」で, 担当者は, 「田中博」氏である。
　③ 会社説明会には, 6月1日にホームページから応募した。

2. 次のような条件において, メールを送信したい。宛先はどのようにすればよいか考えてみよう。（ゼミのグループ課題提出）

① ゼミのグループ課題を先生に提出したい。

② グループ課題は, Aさん, Bさん, Cさん, Dさんの4人で共同で完成させた。

③ 最終的に完成したファイルはAさんが持っていて, Aさんから先生に提出する。

④ 提出したことを同時にBさん, Cさん, Dさんにも伝えたい。

⑤ 先生のアドレスは, teacher@xxx.co.jp, Aさんのアドレスは, a-san@xxx.co.jp とする。

まとめ ⚠ 電子メールの利用における注意点

電子メールの利用に関する注意点について, 情報倫理とセキュリティの視点でまとめると, 次の通りとなる。

表1.2.2　電子メールの利用における注意点のまとめ

内　容	説　明
注意点	悪意のあるメールの受信（スパムメール, ウイルスメール, チェーンメール, フィッシングメール）。 アドレスを漏えいしてしまう。 メール文章のマナー, ニュアンスが伝わらない。
技術的対策	携帯電話では, 迷惑メール拒否設定をする。 スパムフィルタを利用する。 ウイルス対策ソフトを導入する。
トラブルを避ける行動	怪しいメール・身に覚えのないメールは開かない, 返信しない。 メール送信前にアドレスのチェックをする。 メールのプロパティで詳細情報を確認する。

1.2.3 | 情報発信について考えてみよう

(1) ブログ等の情報発信におけるトラブル

自分が情報発信者になった場合にも注意が必要である。ブログや Twitter を気軽に利用していないだろうか？ ブログや Twitter は情報の公開範囲を理解した上で, 利用する必要がある。日々のブログの内容には, 私的な情報や個人情報が公開されていることになる。

さらに, ブログや Twitter では, 日常のコミュニケーション以上に, マナーが大切である。相手の表情やその時の状況がわからないため, 本来の意図と違うように誤解され, トラブルになることがある。

・**情報の流出**
インターネット上に掲載することは, 全世界にオープンにすることに等しい。したがって, 個人情報やメールアドレス, 写真に写っている顔, ブログに掲載された写真などを許可なくインターネットに発信すれば, 私的使用から逸脱し, 肖像権の侵害や著作権法などの違反行為となる。インターネットに掲載する内容が, 公開されても問題がないデータや情報なのかを事前によく確認する必要がある。
また, メールアドレスも個人情報であり, 本人の許可を得ずに他人に教えてはならない。

また，一度ブログや Twitter で発言した内容は，消せないと考えた方がよい。たとえ，そのブログの発言を削除したとしても，他の誰かが保存していたり，検索サイトのキャッシュに保存されていたりするからである。

（2）匿名性と個人特定

インターネットは，匿名性はあるものの，ある程度は特定可能である。ネットワークに接続するデータは，**ログ**として一定期間保存されている。ネットワークに接続するパソコンは，**IP アドレス**というユニークな情報を持っているため，**アクセスログ**等から IP アドレスを辿り，発信元を調査することが可能である。つまり，インターネットを利用する際には，自分が情報を発信する側でも受信する側でも，注意が必要となる。問題があれば，調査のためにログは公開され，特定に至る。

ログという特殊な情報を使わなくても，断片の情報から個人を推測できてしまうケースもある。ブログに掲載したちょっとしたキーワードや，掲載した写真等から個人が推測される可能性もある。情報を発信するサービスを利用する場合は，情報の公開範囲を意識して利用することが重要である。

現在，**ブログ**や **SNS** には，mixi（ミクシー），アメーバブログ，Twitter（ツイッター），Facebook（フェイスブック），Instagram（インスタグラム）などさまざまなサービスがある。それぞれのサービスの提供元では，安全に利用するためのガイドラインやヘルプを掲載している。わかりやすいイラスト入りでそのサービスを利用する上での注意事項が記述されているので，確認してみよう。

・個人情報
住所，氏名，電話番号，勤務先など個人を直接特定できる情報と，組み合わせて個人を特定できる情報をいう。

・携帯電話からの投稿では，位置情報まで含めて登録できるサービスもあるので注意しよう。

・Facebook のように，本名の公開が前提のサービスもある。このように，サービスによって方針が異なっている。どのサービスを利用する場合でも，日常生活の中でのコミュニケーションと同様に，しっかりとした考えを持って発言する必要がある。

課題 5

各種サービスの注意事項を調べてみよう。

＜操作方法＞

① mixi, Facebook, アメーバブログ等のサイトを表示する。
② 表示したホームページから，「ヘルプ」「安心利用ガイド」「利用規約」等のページを探す。

以下は mixi の「個人情報の投稿について」というページ（http://mixi.jp/guide.pl?id=manner&page=3）の内容である（図 1.2.4）。

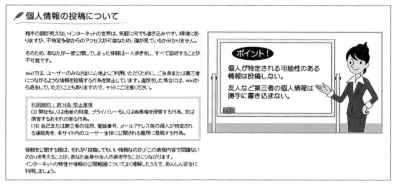

図 1.2.4　個人情報の投稿について

一度インターネットに流出した情報は削除できないと考えてよい。検索エンジンは常にインターネット上を検索して，情報を収集・蓄積している。そのため，削除しても情報はどこかに残っている可能性がある。例えば，Google の機能でキャッシュ機能がある。この機能により，すでに削除されたページの情報も見ることができる。

課題6

情報キャッシュを見てみよう。

＜操作手順＞
① Google のページを開く。
② 好きなキーワードで検索する。
③ 検索結果の右側の▼をクリックすると［キャッシュ］という箇所がある（図1.2.5）。クリックすると過去の情報が表示される。現在のページがすでに削除されていてもキャッシュのページには情報が残っていることがある。

図 1.2.5　Google のキャッシュを選択

まとめ (!) 情報発信における注意点

情報発信に関する注意点について，情報倫理とセキュリティの視点でまとめると，以下の通りとなる。

表1.2.3　情報発信における注意点のまとめ

内　容	説　明
注意点	個人情報が漏えいする 個人が特定されてしまう 不用意な発言がトラブルを招く 不用意な発言がブログを削除しても, どこかに残っている
技術的対策	写真を掲載する場合には位置情報がないことを確認する
トラブルを避ける行動	情報の公開範囲を理解して利用する 個人を推測されないように情報に気をつける ヘルプやガイドラインに目を通す 発言に責任を持つ

1.2.4　情報コンテンツやサービスの利用について考えてみよう

(1) コンテンツ・サービスと著作権

　昨今, 音楽や動画のデジタルデータがコンテンツとして販売され, 容易に利用できるようになった。これらのコンテンツには, 知的財産に相当するものが多く, 著作権によってその権利が守られている。デジタルコンテンツには, DRM という仕組みで, 不正コピーや利用を制限しているものもある。そのため, インターネット上にある情報には, 次のような注意事項が書かれている場合が多い。

① ホームページに掲載されている情報は, 日本国の著作権法および国際条約による著作権保護の対象である。

② 私的使用および引用等の著作権法上認められた行為を除き, 無断で転載等をすることはできない。

③ 著作権法上認められた範囲で引用や転載をする場合は, 出典を明記しなければならない。

④ 内容の全部または一部を無断で改変をすることはできない。

　したがって, インターネット上から取得した情報やコンテンツを, 授業のレポートや自分のブログ, SNS で引用する場合には, 権利を侵害しないように気を付けなければならない。

　授業におけるレポートや論文作成の場合, 必要と認められる限度において, 公表された著作物を複製することができる。ただし, レポートや論文等に引用する際には, 引用元や著者名等を明記する必要がある。一例として, 総務省の統計データを引用・転載する場合の出典の表記例を示す。

・**位置情報**とは経緯度である。スマホなどで撮影した場合, 位置情報通知の設定がされていると写真に経緯度の値が付与される。経緯度により撮影した場所が特定できる。

・**コンテンツ**とは「内容」という意味である。情報の中身のことで, 音楽や動画, ホームページの内容等もコンテンツと表現する。

・**DRM** は Digital Rights Management の略。

・**知的財産権**
人間の知的な創造的活動により創りだされたものは知的財産と呼ばれ, さまざまな法律で他人が無断で利用できないように保護されている。この権利を知的財産権という。
おもな知的財産権は, 産業財産権と著作権である。

・**産業財産権**
産業にかかわる知的財産であり, 権利を取得するために申請や登録などの手続きが必要である。

・**著作権**
文化にかかわる知的財産であり, 手続きは不要で, 創作物が創られた時点で自動的に権利が付与される。

・**肖像権**
生存する人物の肖像や氏名などを, 他人が許可なく公表することを禁ずる権利である。

例1 調査結果やその解説文を引用する場合

● 資料：総務省「○○調査」

● 総務省「○○調査」より

● 「○○調査」(総務省統計局)より

● 総務省が○月○日に発表した○○調査によると…

例2 上記以外の場合

● 総務省統計局・政策統括官・統計研修所ホームページから転載

● 資料出所：総務省統計局・政策統括官・統計研修所ホームページ「統計学習の指導のために(先生向け)」

● 「なるほど統計学園」(総務省統計局等 HP)から引用

また、自分の著作物に他人の著作物の一部を引用することは認められている。ただし、出典を明記するほかに、引用の必要性が明らかで、引用元が主、引用先が従の関係にあり、原文のまま「　」等で囲むなどして明確に区別しなければならない。

■事例　写された側のレポートは著作権侵害

ある授業で提出されたレポートのうち、AさんとBさんのレポートが非常に似ている内容だったため、両名から事情を聞いたところ、AさんはBさんから執拗に頼まれてレポートを見せたことを告白した。処分内容の検討に際し、当初は、AさんはBさんより軽い処分にする雰囲気であったが、レポートを調べたところ、インターネット上にあった内容をコピーしていたことが判明した。両名とも試験においてカンニングペーパーを使用した不正行為と同じ重い処分となった。

■ Bing イメージ検索におけるオンライン画像の取り扱い

Word や PowerPoint などでは、Bing イメージ検索を用いて、インターネットに公開されている素材を用いる。その場合、提供元のクリエイティブ・コモンズ(以降 CC と記す)ライセンスに従う必要がある。

CC ライセンスの種類

作品の利用のための条件は、以下の4種類である(表1.2.4)。

表 1.2.4

表示	作品のクレジットを表示すること	非営利	営利目的での利用をしないこと
改変禁止	元の作品を改変しないこと	継承	元の作品と同じ組み合わせの CC ライセンスで公開すること

基本的な CC ライセンスは、これらの条件を組み合わせてできており、全部で6種類ある。

■フリー素材などの使用

写真や音楽、動画などでフリー素材と呼ばれ自由に使えるものがある。ただし、次の点に注意することが重要である。

・提供者や提供機関により使用条件が異なるので確認する。

・レポートに使用したり、ブログなどに掲載したりする際には、第三者が見る可能性があるため、引用元や著作権について明記する。

■許諾を得ての使用

著作権を有する本人から許可を得て使用する。この時に気を付けるべきことを示す。

・使用方法は許可を与える側の指示に従う。

・一部でも勝手に変えてはならない。

・人物が写っている写真の場合には、写真の著作者と写っている人物(肖像権)の両方の許諾が必要である。

・異なる用途で使用する際には、あらためて許諾を得らなければならない。

・レポートや論文などが、インターネットや過去の提出物、文献などから不正な引用をしているかどうか判定を支援するソフトが市販されている。

・**CC ライセンスとは**、クリエイティブ・コモンズ(国際的非営利組織)が提供している国際的なライセンスであり、「この条件を守れば私の作品を自由に使って良いですよ」ということを表示するためのツールである。

・**クレジット**

クレジットとは、原作者のクレジット(氏名、作品タイトルなど)を意味している。

・**CC ライセンスについての詳しい説明**

https://creativecommons.jp/licenses/

ライセンス条件を指定した検索方法

CCライセンスと言っても,「クレジット表示」「営利目的利用不可」「改変不可」など,毎回ライセンスを確認するのは煩雑である。Googleの画像検索の検索ツールで条件を指定することにより,「改変後の再使用が許可された画像」や「再使用が許可された画像」などの条件を指定して,画像を検索することができる。画像の種類もクリップアートや線画,アニメーションなどを指定できる。このように,はじめにライセンス条件を指定して探すので,毎回ライセンス条件を確認する煩雑さを軽減することができる。

・フリー素材を提供しているサイトを探し,そのサイトが提供する画像を利用する方法もある。フリー素材などのキーワードで検索してサイトを見つけ,利用条件を確認しよう。

図1.2.6　画像検索でライセンス条件指定

■ 練習 ■

1. 次のCCライセンスの著作物と,その利用方法が適切であるか考えてみよう。
   (1) ![CC BY-NC] の画像を,クレジット表示をせずにレポートに使用した。
   (2) ![CC BY-ND] の画像の色が用途に合わなかったので,画像の色だけ変えて,クレジット表示をして使用した。
   (3) ![CC BY-SA] の画像の色が用途に合わなかったので,画像の色だけ変えて,クレジット表示をして ![CC BY] として公開した。

2. 以下に示すそれぞれの行為が,不正行為なのか,問題がない行為なのか考えよう。
   (1) 経済白書の統計データをグラフ化し,グラフだけをレポートで使用した。
   (2) 新聞記事にある写真をスキャナーで取り込んで,引用元を記載して授業で提出するレポートに使った。
   (3) 自分のホームページに,他人のホームページの内容を取り込まないで,リンクだけを張った。
   (4) サークルの集合写真を学内でのみ閲覧可能なホームページに掲載した。学外からは閲覧できないので,全員から掲載の許可を得ていない。
   (5) 他人が創作したデジタルコンテンツ作品を,無断で自分のブログに掲載したが,このブログは許可した友人しか閲覧できないように設定した。
   (6) 他人が創作したデジタルコンテンツ作品を,無断で自分のブログに掲

・練習1の解答とヒント
(1) ×("表示"が指定されているので,クレジット表示が必要)
(2) ×("改変禁止"が指定されているので,色の変更はできない)
(3) ×("継承"が指定されているので,元の著作物と同じCCライセンスである必要がある)

・練習2の解答とヒント
(1) ×引用元の明示が必要
(2) ○
(3) ×
(4) ×
(5) ×
(6) ×
(7) ×
(8) ×
©マークは著作権の注意喚起のマークである。ただし,表記はなくても該当すれば著作権は認められる。ちなみに®マーク(またはTM記号)は商標登録のマークである。
(9) ×

1.2 情報倫理とセキュリティ　情報化社会と向き合うために | 37

　　載したが，このブログは自分しか閲覧できないように設定してある。
（7）友人を写した写真の背景に，知らない一般の人が写っていた。その友人には許可をもらって，自分のブログに掲載した。
（8）テーマパークのキャラクターの絵を，©マークを付けて自分のブログに掲載した。
（9）クラス会を開くことになり，連絡が取れなかった友人の電話番号が電話帳に掲載されていたので，クラスの皆がわかるように自分のホームページに掲載した。

(2) ネットショッピングと情報の暗号化

　インターネットのホームページで商品を購入したり，その代金を銀行口座に振り込んだりすることができる。これらの商品の購入や金銭の授受が行われるホームページでは，安全な取引のために，通信の内容を暗号化し，さらにホームページを運営する会社や団体が実在することを，民間の専門会社（認証局）に申請する。認証局はその会社や団体が実在し，**SSL通信**が行なわれていれば，その旨の証明書を発行する。ネットショッピング等で情報を入力する場合は，①ホームページを提供している会社が正規に存在していること，②SSL通信が使われていること，これら2つを確認することが必要である。

> **課題7**
> SSL通信のサイトを見て，SSL通信を利用したホームページとSSLを利用していないホームページを確認しよう。

＜操作手順＞
① ブラウザで，シマンテック・ウェブサイトセキュリティのホームページ（https://www.jp.websecurity.symantec.com/）を開く（図1.2.7）。
② 鍵のマーク🔒をクリックする（図1.2.7）。
③ ［Webサイトの認証］ダイアログボックスが表示される（図1.2.7）。

図1.2.7　Webサイトの認証

・現在はSSL（Secure Socket Layer）の後継であるTSL（Transport Layer Security）が使用されている。TSLも含めてSSL通信と呼ばれることも多い。

・tcpdumpコマンドや，Wiresherkなどのツールを使うと，ネットワーク上の通信の内容を見ることができる。
暗号化されていれば，通信の内容を見られても，そのデータの意味まではわからない。

・**シマンテック・ウェブサイトセキュリティ**（旧日本ベリサイン）は，認証局を務める代表的な会社である。2012年にセキュリティソフトで有名なシマンテック社の傘下となった。

・安価な認証局では，個人の申請に対しても証明書の発行が可能で，また，ホームページのアドレスが存在していることを認証するだけの場合もある。過信は禁物である。

・アドレスがhttpではなくhttpsとなっているところに注目する。

・**SSL通信**が行われていれば，鍵のマークが表示されるはずである。

38 | 第1章 大学における知の活動

■ 練習 ■

シマンテック・ウェブサイトセキュリティ以外で, SSL を使ったページを見つけてみよう。そして, その証明書を確認してみよう。どのようなページが SSL を使っているだろうか？

まとめ (!) **情報コンテンツ・サービスの利用における注意点**

情報コンテンツやサービスの利用に関する注意点について, 情報倫理とセキュリティの視点でまとめると, 次の通りとなる。

表 1.2.5　情報コンテンツ・サービスの利用における注意点のまとめ

分　類	説　明
注意点	著作権侵害 不正コピー ウイルス感染
技術的対策	ウイルス対策ソフト SSL 通信
トラブルを避ける行動	著作権を意識する 利用許諾を読み理解する SSL 通信の確認をする 怪しいサイトは閲覧しない

1.2.5　アカウントとファイルの管理について考えよう

アカウントは本人であることを示す重要なもので, いわば印鑑や免許証である。アカウント・パスワードの共有は絶対にしてはならない。

アカウントの管理とともにファイルの管理も重要である。デジタル化が進み, 重要な情報はファイルとして保存することが多くなった。しかし, デジタル化したデータは, 壊れる可能性がある。重要なデータは必ず二重にバックアップを取っておくことが必要である。

(1) アカウントの重要性

ID とパスワードの重要性について考えてみよう。本人であることを確認することを「認証」という。コンピュータでは, 本人であることの確認を ID とパスワードで行い, 「ID とパスワードを知っている＝本人」であると認識される。したがって, ID とパスワードの取り扱いには細心の注意を払う必要がある。パスワードは絶対に他人に教えてはいけないし, 誕生日や語呂合わせ等は, 推測されてしまう危険がある。

簡単なパスワードは解読されやすい。解読されやすいパスワードとは, 組み合わせのパターンが少なく, パスワードが推測されやすいパスワードである。つまり危険なパスワードということになる。また, パスワードを忘れたり間違えたりすると, 本人ではないと見なされ, コンピュータが利用できなく

・鍵のマークはブラウザの種類によって異なる。

・証明書は有効期限があり, 有効期間切れの場合には, 正しく鍵のマークが表示されない。

・ショッピングサイトや, ネットバンキングのページ等, 通信の安全性が必要なホームページで SSL 通信が使われている。

・ちょっとファイルを見せるため等で簡単に教えてはいけない。そのアカウントでできる範囲はそのファイルを見ることだけでなく, あなたの権利をすべて代行できることになる。
あなたに変わってメールを送信することもできるし, 成績も見ることができる。

・昨今では, パソコン上に保存するのではなく, クラウドのサービスを利用して, インターネット上のサーバにデータを保存することも多い。持ち運び可能な保存媒体は, 非常に便利であるが, 紛失したり盗難にあったりしやすい。

・最近では, スマートフォンの指紋認証のように, 身体的特徴により個人を識別する生体認証も普及している。

なる。もし忘れてしまった場合は、管理者に新しいパスワードに変更してもらう必要がある。

パスワードの決め方の例として、以下のように短文の頭文字をパスワードにする方法がある。

| 例 | 「私は寿司とカレーが大好き。あと音楽も。」

↓

Watashi ha sushi to kare ga daisuki. Ato ongaku mo.

↓

WhstkgdAom.

課題8

利用しているアカウントのパスワードを変更してみよう。

パスワードを変更した場合、次回からは変更したパスワードでログインすることになるので、変更したパスワードは、くれぐれも忘れないようにすること。

＜操作手順＞

① [Ctrl] + [Alt] + [Del]キーを押す。
② 表示された画面で「パスワードの変更」を選択してクリックする。
③ 今まで使っていたパスワードと、新しいパスワード(2回)を入力する。
④ 確認のため、一度ログオフして、再度ログインする。

■ 練習 ■

1. パスワードの例を解読されやすい順(危険な順)に並べてみよう。
dlkjmbiaeb   loPs(93bji   SecretWord   4045967122
dpbu4nmpwl   4045967   ib8iAGeRaB

2. パスワードについて他に注意することがないか考えてみよう。
他に注意する点／安全にするために工夫できる点がないか考えてみよう。

・この例では、数字は使っていないが、数字もパスワードに入れた方がよい。

・初めて**アカウント**が配布されたときには、**初期パスワード**が設定されている。初期パスワードは必ず変更すること。

・パスワードには、意識的に数字や大文字を入れたり記号を入れるようにしよう。

・2回入力するのは、タイプミスしたパスワードを登録してしまわないための確認用である。
・新しいパスワードで再度ログインし、変更を確認する。

練習1の解答：
・**4045967**：数字だけのためこの中では最も危険。
・**4045967122**：桁数が多い方が安全だが、数字だけでは危険。
・**SecretWord**：数字より、アルファベットの方が安全だともいえるが、意味のある単語は非常に危険。辞書、事典の類に掲載されている言葉はすべてパスワード破りに使われる基本であり危険。
・**dlkjmbiaeb**：アルファベットでも意味のないものの方が安全。
・**dpbu4nmpwl**：アルファベットだけより数字が入った方がより安全。
・**i8iAGeRaB**：アルファベットに大文字・小文字があるとより安全。
・**loPs（93bji**：記号も入るとさらに安全。

・いずれも推測・総当りで調べることを困難にするための工夫である。

40 第**1**章 大学における知の活動

練習2の解答例:
1. 定期的に変更する
2. 異なるサービス(学校のパスワードとフリーメールのパスワード等)で同じパスワードを利用しない
3. スクリーンロックをする

(2) ファイルの管理

ファイルの管理も重要である。ファイルを守るためには暗号化とパスワードを付与する方法がある。

■ 練習 ■

圧縮ファイルにパスワードを付与してみよう。

ZIP 形式のファイルでは,パスワード付で圧縮することができる。パスワード付で圧縮してみよう。

まとめ (!) ファイルとアカウント管理における注意点

ファイルとアカウントの管理に関する注意点について,情報倫理とセキュリティの視点でまとめると次の通りとなる。

表 1.2.6

分　類	説　　明
注意点	データの破壊 アカウントの漏えい
技術的対策	定期的なバックアップ クラウドにデータを保存 暗号化ソフトの導入・利用 スクリーンロックの設定
トラブルを避ける行動	バックアップする習慣をつける アカウントを教えない,共有しない,聞かない 複数のサービスで同じパスワードを設定しない

・スクリーンロック
パソコンから離れた隙を狙って,他人のパソコンからデータを盗む手法がある。このような手法から守るために,席を離れるときはスクリーンロックを設定すること。

●情報倫理についてさらに学びたい人のために参考 URL
(1) IPA(独立行政法人情報処理推進機構)ホームページ
　　情報セキュリティ対策
　　　http://www.ipa.go.jp/security/measures/
(2) 警察庁セキュリティポータルサイト
　　　http://www.npa.go.jp/cyberpolice/
(3) 警察庁情報セキュリティ広場
　　　http://www.keishicho.metro.tokyo.jp/haiteku/
(4) 文化庁ホームページ　知的財産権について
　　　http://www.bunka.go.jp/chosakuken/chitekizaisanken.html
(5) 文化庁ホームページ　著作権
　　　http://www.bunka.go.jp/chosakuken/
(6) 公益社団法人著作権情報センター
　　　http://www.cric.or.jp/
(7) 早稲田祐美子,「そこが知りたい著作権 Q&A100」,公益社団法人著作権情報センター, 2011
(8) 総務省統計局・政策統括官・統計研修所　引用・転載について
　　　http://www.stat.go.jp/info/riyou.htm

1.3 コンピュータの基礎知識

1.3.1 いろいろなコンピュータ

　私たちが一般にいう「パソコン」とは，パーソナルコンピュータの略称である。パーソナルコンピュータ以外にも，コンピュータにはいろいろな種類がある。ここでは，コンピュータの種類について学ぶ。普段目にするコンピュータだけでなく，さまざまなコンピュータによって高度な生活が成り立っている。

表1.3.1　いろいろなコンピュータ

種　類	説　明
パーソナルコンピュータ	私たちが一般に利用するコンピュータ。「パソコン」と呼ばれる。
汎用機	事務処理や科学技術計算まで，あらゆる処理に利用可能な大型のコンピュータ。1964年に IBM 社が System/360 を発表。汎用機は非常に大型であり「メインフレーム」とも呼ばれる。
スーパーコンピュータ	CPU のパイプラインや，ベクトル化などの高速化技術を採用しているコンピュータ。宇宙開発等の非常に膨大な処理が必要な場合に使用されている。「スパコン」と呼ばれる。
マイクロコンピュータ	自動車や家電等に組み込まれるコンピュータ。「マイコン」と呼ばれる。

課題1

　検索を利用して，コンピュータの種類を調べよう。

＜操作手順＞

① ブラウザ Microsoft Edge を起動する（https://www.google/co/jp）。
② ［画像］をクリック。画像検索のページへ移動する。検索結果に，キーワードに関連する画像が表示される（図1.3.1）。

・**スーパーコンピュータ「京」**
「京」は日本の文部科学省・理化学研究所を主体として開発されたスーパーコンピュータである。
2011年6月，11月に TOP500 リストの首位を獲得。

・**ブラウザ**は，ホームページを閲覧するソフトである。

・キーワードには，スーパーコンピュータやマイクロコンピュータ等を入力してみよう。

図 1.3.1　スーパーコンピュータの画像検索結果

■ 練習 ■

次のキーワードでも検索してみよう。

デスクトップ, ノートブック, Windows, Linux, iPhone, Android 等

1.3.2　ハードウェアとソフトウェア

コンピュータは, 基本的に以下のようなハードウェアとソフトウェアから構成される。

- ハードウェア
  コンピュータを構成している部品や回路, 周辺機器などの物理的な物や装置のこと。
- ソフトウェア
  ハードウェア上で動くプログラムの集合。ハードウェアに対する複数の命令やデータで構成される。

ハードウェアは, 物理的な物や装置である。コンピュータは, すべての演算処理や仕事を電気的な信号で行っている。私たちがコンピュータを用いて仕事をする場合, ハードウェアだけでは使用できない。人間からの指示をコンピュータに伝達したり, コンピュータが演算処理した結果を表示することが必要となる。そのような人間からの入力(キーボード等から)／出力(ディスプレイ等に)を, コンピュータへ「命令」として伝え, さらに, 仕事の指示をする命令の集合をプログラムという。ソフトウェアは, このプログラムの集合である。コンピュータは, 何らかのソフトウェアをコンピュータに導入(インストール)することによって, 初めて使用することができるようになるのである。

・人間からの操作は, 入力装置(マウスやキーボード)でコンピュータへ伝達する。
コンピュータからの結果は, 出力装置(ディスプレイやスピーカ等)で表現する。

・OS やアプリケーションを導入することを**インストール**という。逆に, 不要になったソフトウェアを取り除くことを**アンインストール**という。

■ 練習 ■

次の用語をハードウェアとソフトウェアに分類しよう。
マウス, Windows, ディスプレイ, ウイルス対策ソフト, ブラウザ(インターネット閲覧ソフト), キーボード, メールソフト, タッチパネル

練習の答え
・**ハードウェア**
マウス, ディスプレイ, キーボード, タッチパネル
・**ソフトウェア**
Windows, ウイルス対策ソフト, ブラウザ(インターネット閲覧ソフト), メールソフト

1.3.3 OS(オペレーティングシステム)とアプリケーションソフト

コンピュータを利用するためには, ソフトウェアが必要である。そのなかでも汎用的で基本的な機能を持つソフトウェアを基本ソフトウェア(OS: オペレーティングシステム)という。OSはアプリケーションソフトとハードウェアを接続するクッションの役割を担う。

● **オペレーティングシステム(基本ソフトウェア)**
キーボードやマウスの操作や画面出力といった入出力機能, ディスクやメモリの管理等, コンピュータの基本的な機能を提供するソフトウェア。多くのアプリケーション上で, 共通に利用される基本的な機能を提供する。

● **アプリケーション(応用ソフトウェア)**
ワープロソフトや表計算ソフト, 画像編集, ホームページ作成など, ユーザーが目的に応じて使うプログラムの集合。「アプリ」とか「ソフト」とか, 単に「プログラム」等と呼んだりする。

・**Windows10**はオペレーティングシステムである

・Word, Excel, PowerPointは, アプリケーションソフトである

ハードウェアは, 各製造メーカーによって構造や仕組みが異なる。そのため, さまざまなハードウェア上で直接動作するようにアプリケーションを作成するのは, 非常に煩雑で困難である。OSは, このハードウェアの差を吸収し, アプリケーションへの影響を最小限にする。すなわち, ハードウェアとアプリケーション間で, OSがクッション役となって差を吸収することにより, アプリケーションはハードウェアの違いを意識することなく動作することができるのである。

ハードウェア／OS／アプリケーションの関係を図で表すと, 図1.3.2のようである。

・ハードウェアが異なると異なる命令が必要となることがある。この場合, OSがなければ異なる命令の数だけプログラムを変更しなければならない。

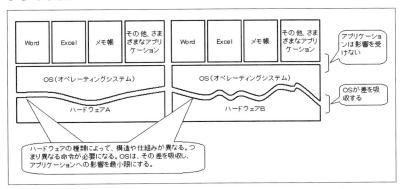

図1.3.2　ハードウェア/OS/アプリケーションの関係

(1) OS の種類

パソコンでよく利用される OS は，以下のとおりである。

表 1.3.2　代表的な OS

名　称	説　　　　明
Windows	一般家庭で広く利用されている OS。マイクロソフト社製の OS である。バージョンにより名称が付けられ，以下のような種類がある。 ・Windows7, Windows8.1, Windows10
Mac OS	アップル社製の Macintosh（マッキントッシュ）用 OS，iMac（デスクトップ）や MacBook（ノートブック）に使われている。
Linux	フリーの OS（GPL というライセンス体系）。全世界のボランティアの開発者によって作成された。近年では，企業のサーバとしても使われている。一般的に本体部分のカーネルに加え，ドライバやアプリケーションをセットにした「ディストリビューション」という形で提供される。ディストリビューションの種類には，次のようなものがある。 ・Ubuntu, RedHat, Debian, Fedora
iOS	スマートフォン用の OS。iPhone に搭載されている。
Android	スマートフォン用の OS。Linux がベースになっている。

・フィーチャーフォンと呼ばれる通常の携帯電話にも別の OS が搭載されている。

課題2

インターネットを利用して，OS やアプリケーションに関する用語を調べよう。次のようなキーワードを検索する。
Windows, Mac, Linux, バージョン, アップグレード,
ダウングレード, プレインストール, インストール, アンインストール

・**練習の答え**
・**オペレーティングシステム:**
Android,Windows,iOS,
Linux, MacOS
・**アプリケーション:**
ブラウザ（インターネット閲覧ソフト），タイピング練習ソフト，メールソフト

■ 練習 ■

次の用語をオペレーティングシステムとアプリケーションに分類しよう。
Android, ブラウザ（インターネット閲覧ソフト）, iOS, Windows, タイピング練習ソフト, Linux, メールソフト, MacOS

(2) コマンドプロンプト

・例えば，ディスプレイは，コンピュータの計算の結果を人間に見えるように表現する**インタフェース**（コンピュータからのアウトプット）である。マウスは，人間の操作をコンピュータに伝えるインタフェース（コンピュータへインプット）である。キーボード・プリンタ・マイク・スピーカー・タッチパネルもインタフェースといえる。

コマンドプロンプトは，Windows 上でコマンドによる命令を行なうソフトウェアである。コンピュータは，人間からのインプットされた命令を受け取って，指定された動作をする。通常 Windows では，画面上のオブジェクトをマウスを使ってビジュアルに操作することができる。このようなビジュアル的な**インタフェース**を**グラフィカルユーザインタフェース（GUI）**と呼ぶ。インタフェースとは，コンピュータと人を仲介する部分・モノを指す。これに対して，コマンドプロンプトは，文字列をキーボードから入力すること

で，コンピュータに命令を送る。このようなインタフェースをGUIに対して，**キャラクタユーザインタフェース(CUI)** と呼ぶ。

> **課題3**
> コマンドプロンプト(CUI)を利用して，コンピュータに命令を送ってみよう。

・近年のソフトウェアはGUIによる操作が一般的であるが，古くはCUIが一般的であった。

＜操作手順＞
① コマンドプロンプトを起動する。
② メモ帳をコマンドで起動する(start notepad と入力して[Enter]キーを押す)。
③ 電卓をコマンドで起動する(start calc と入力し，[Enter]キーを押す(図1.3.3))。
④ 現在の時刻を表示する(time と入力し，[Enter]キーを2回押す)。
⑤ ディレクトリ構成を表示する(tree と入力し，[Enter]キーを押す)。
⑥ 終了する(exit と入力し，[Enter]キーを押す)。

・**コマンドプロンプト**は，[Windowsボタン]→[すべてのアプリ]→[Windowsシステムツール]→[コマンドプロンプト]とクリックして起動する。

・timeというコマンドは，時間の設定ができる。ここでは時間の設定はしないので，2回[Enter]キーを押す。

・近年では，**Windows PowerShell** と呼ばれるコマンドを実行する仕組みが提供されており，コマンドプロンプトよりも高度な処理を実現することができる。

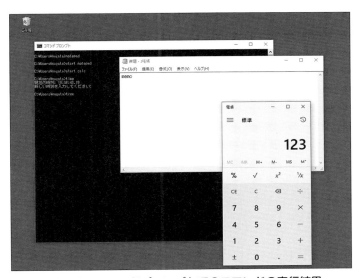

図1.3.3　コマンドプロンプトでのコマンドの実行結果

(3) アプリケーションブラウザ

ブラウザは，ホームページを閲覧するソフトである。一般に利用されるブラウザは，以下のとおりである。それぞれのブラウザは，操作性や動作環境は異なるが，基本的な機能は同じである。ブラウザは，インターネットで情報を収集するための非常に便利なアプリケーションであるが，ウイルスや情報漏えいの原因になるという側面も併せ持っている。

・ホームページはサイトとも呼ぶ。

・不正なプログラムがブラウザ経由で，使っているコンピュータにインストールされる場合がある。ウィルス対策ソフトを導入し，怪しげなホームページは閲覧しないことが重要。

46 | 第1章　大学における知の活動

表1.3.3　代表的なブラウザ

名　称	説　明
Microsoft Edge	マイクロソフト社製のブラウザ。Windows10 から標準でインストールされている。
Firefox	非営利団体の Mozilla Foundation が開発するブラウザ。
Safari	アップル社のブラウザ。Mac や iPhone に標準でインストールされている。
Google Chrome	Google 社製のブラウザ。

・Windows10 より前のバージョンでは, Internet Explorer (IE) が標準インストールされていた。

(4) アプリケーション　オフィスソフト(オフィススイート)

　ビジネス等で利用するいくつかのソフトをまとめて, オフィスソフト(オフィススイート)と呼ぶ。一つのアプリケーションソフトを指すのではなく, 例えば文書作成, 表計算およびプレゼンテーション等のソフトを一括し, 総合した呼び名である。マイクロソフト社の MS-Office がオフィスソフトとして広く利用されているが, 近年では無料で提供されているフリーのオフィスソフトも注目を集めている。

表1.3.4　代表的なオフィスソフト

名　称	説　明
Microsoft Office	マイクロソフト社のオフィスソフト(文書作成：Word, 表計算：Excel, プレゼンテーション：PowerPoint)。
JUST Suite	ジャストシステム社(日本)のオフィスソフト(文書作成：一太郎, 表計算：三四郎, プレゼンテーション：Agree)。
Apache OpenOffice	Apache ソフトウェア財団によるオフィスソフト。オープンソースソフトウェアとして無償で公開されている(文書作成：Writter, 表計算：Calc, プレゼンテーション：Impress)。
GoogleDocs	Gcogle 社の提供するブラウザ上で利用する文書, スプレッドシート, 図形描画, プレゼンテーションのソフト。無料で提供されている。複数のユーザーによって同時に同じファイルを編集することが可能である。

・ジャストシステム社は, ATOK (エイトック)という有名な日本語入力(IME)ソフトを提供している。ATOK は, スマートフォン等にも利用されている。

・IME(Input Method Editor) とは, 入力支援／変換のソフトである。日本語や韓国語／中国語のような言語では, 文字が多いので, このような入力支援のソフトが必要となる。

(5) 互換性とバージョン情報

　ハードウェアとソフトウェアには, 互換性という概念がある。あるメーカーのゲームソフトが別のメーカーのゲーム機で動作しないように, コンピュータでも同様の現象が起きる。あるオペレーティングシステム(OS-1 とする)上で作動していたソフトウェアが, 別のオペレーティングシステム(OS-2)上でも作動するとき, OS-1 と OS-2 は共にソフトウェアに関して「互換

・近年では, 仮想化技術が発達し, ハードウェアと OS の互換性を吸収することが可能。特殊なソフトウェアを導入しアップル社製のパソコンで Whdows を動かすことなどが可能になっている。

性がある」という。逆に作動しないことを「互換性がない」という。

　バージョンとは，版という意味である。書籍にあたる第何版と同じように，ソフトウェアの機能向上や不具合を修正した際に，バージョンの数字を増やして表現する。互換性は，ハードウェアとソフトウェアの関係だけではない。OSとアプリケーション間やアプリケーション間同士でも存在する。例えば「動作環境：Windows7／8.1」と記述してあるソフトウェアは，Windows7とWindows8.1で動作するということを意味する。また，特定のバージョン同士でのみ不具合が発生する等の特殊なケースもある。

課題4

自分の使っているOSやブラウザ(Microsoft Edge)のバージョンを調べてみよう。

＜操作手順＞

　OSのバージョンの確認方法は，次の2通りである。

- **方法1**
  [Windows]キーを押しながら，[R]キーを押し，表示されたダイアログで，winverと入力し[OK]をクリックする。
- **方法2**
  [スタートボタン]をクリック。[設定]アイコンをクリックし，一覧から[バージョン情報]を選択する。

　以下の図はWindows10のバージョン情報(図1.3.4)とMicrosoft Edgeのバージョン情報(図1.3.5)を示したものである。

・**パッチとサービスパック**
ソフトウェアの不具合(バグ)を修正するプログラムをパッチと呼ぶ。パッチをある程度の単位でまとめたものをサービスパックという。

・ブラウザ，メモ帳，Word／Excel等の一般的なソフトウェアのバージョンは，メニューバーの[ヘルプ(H)]→[バージョン情報(A)]を選択することで確認できる。

・[スタート]メニューから[プログラムとファイルの検索]にwinverと入力しても可

・**方法2の[設定]アイコン**

・**バージョン情報(図1.3.4)で**
・[Windows10]がOSの種類
・[Windows10 Home]がエディション
・[1607]がバージョン

図1.3.4　Windows10のバージョン情報

48 | 第1章 大学における知の活動

```
┌─────────────────────────────────┐
│ 詳細設定                          │
│ ┌──────────────┐                 │
│ │ 詳細設定を表示 │                 │
│ └──────────────┘                 │
│                                   │
│ このアプリについて                │
│                                   │
│ Microsoft Edge 38.14393.0.0       │
│ Microsoft EdgeHTML 14.14393       │
│ © 2016 Microsoft                  │
│                                   │
│ 使用条件                          │
│                                   │
│ プライバシーに関する声明          │
└─────────────────────────────────┘
```

図 1.3.5　Microsoft Edge のバージョン情報

■ 練習 ■

　次の OS とアプリケーションの組み合わせで, 互換性があり, 動作可能な OS とアプリケーションの組み合わせを考えてみよう。動作するアプリケーションは 1 つとは限らない。

- **オペレーティングシステム**
  - A：Windows10
  - B：Linux
  - C：MacOS

- **アプリケーション**
  - イ：動作環境「Windows10」文書作成ソフト
  - ロ：動作環境「Linux」のゲームソフト
  - ハ：動作環境「Windows10/MacOS」ファイル圧縮ソフト

・練習の答え
・オペレーティングシステムAと,
　アプリケーション　イ,ハ
・オペレーティングシステムBと,
　アプリケーション　ロ
・オペレーティングシステムCと,
　アプリケーション　ハ

（6）Windows のフォルダ構成とファイルの保存

　コンピュータにおいて, データを保存する場所や装置を**記憶装置（メモリ）**という。一般的なパソコンは, **ハードディスク**という記憶装置にデータを保存する。ハードディスク上でのデータの保存は, **階層構造**を成している。この階層を構成している要素を**フォルダ**と呼ぶ。その階層構造や, 保存したデータを見るためのソフトウェアが, **エクスプローラ**である。

　Windows では, 次のようなフォルダ構成をしている。各フォルダには, 一定の定められたルールに従ってファイルやプログラムが格納されている。

表 1.3.5　Windows のフォルダ構成

名　称	説　明
デスクトップ	ログイン後, すぐに表示される画面(デスクトップ)を表すフォルダ。このフォルダに保存したファイルは, 他のユーザからはアクセスできない。
ドキュメント	自分で作成したファイル(ドキュメント)を保存するフォルダ。このフォルダに入れたファイルは, 他のユーザからはアクセスできない。
ごみ箱	削除したファイルが一時的に保存されているフォルダ。削除したファイルも空にするまでは, ごみ箱の中に残っている。
コンピュータ	利用しているコンピュータのすべてのフォルダ。ファイルが表示される。すべてを含むので, デスクトップやドキュメントもコンピュータの中にある。
ネットワーク	利用しているコンピュータが接続できる他のコンピュータが表示される。ネットワークを通じて, ファイルを共有したりすることができる。
ダウンロード	ブラウザ等でダウンロードしたファイルが格納される場所。

課題 5

利用しているコンピュータのフォルダ構成を, エクスプローラで確認しよう。

エクスプローラは, コンピュータにあるファイルやフォルダ構成(ディスクの内容)を見るためのソフトである(図 1.3.6)。

エクスプローラで見ると, [コンピュータ]の箇所に「Windows10_OS (C:)」とある。これは, 1つのハードディスクである。コンピュータに複数のハードディスクが存在する場合は, 複数表示される。

・(C:)のところを, **ドライブレター**という。「シードライブ」と呼ぶ。

・複数存在すると通常は, C, D, Eとドライブが増えていく。

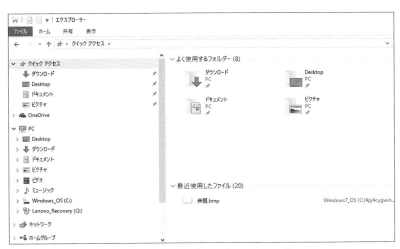

図 1.3.6　コンピュータのフォルダ

・練習1
ネットワークドライブとは、ネットワーク上にある他のコンピュータを、擬似的にハードディスクと同様に利用できるようにするための機能である。

・練習2
・**エクスプローラの開き方**には、以下のような方法がある。
①[スタート]ボタン→[エクスプローラ]アイコンをクリック。

②[スタート]ボタンを右クリック→[エクスプローラ(E)]をクリック。

・**ドキュメントに新しいフォルダを作成するには**、以下のような①②の方法がある。
①[エクスプローラ]の左側(ナビゲーションウィンドウ)の[ドキュメント]をクリック→[ホーム]ボタン→[新しいフォルダ]をクリック。

②[エクスプローラ]の左側(ナビゲーションウィンドウ)の[ドキュメント]を右クリック→[新規作成]→[フォルダー]をクリック。

・フォルダの名前の変更
対象となるフォルダを右クリック→表示されたメニューから[名前の変更]をクリック。

・テキストエディタは、
「テキストファイル」と呼ばれる文字だけの情報を持つファイルを操作することができる。

・バイナリファイル
文字だけの「テキストファイル」に対して、画像や音声などの文字以外の情報を持つことのできるファイルを「バイナリファイル」と呼ぶ。

・メモ帳の起動
[スタートボタン]→[すべてのアプリ]→[Windows アクセサリ]→[メモ帳]の順にクリックする。

■ **練習** ■

1. エクスプローラを開いて、次のフォルダを見つけよう。
   ドキュメント、ネットワーク、コンピュータ、ダウンロード、デスクトップ、ネットワークドライブ

2. エクスプローラを開いて、フォルダを作成してみよう。
   ① デスクトップに「練習 フォルダ作成1」
   ② ドキュメントフォルダに「練習 フォルダ作成A」「練習 フォルダ作成B」
   ③ 作成した「練習 フォルダ作成A」の中に「フォルダ1」「フォルダ2」「フォルダ3」

1.3.4　Windowsに付属しているソフトを使ってみよう

Windowsに標準で付属しているソフトウェアを利用してみよう(表1.3.6)。これらのソフトウェアは、基本的な機能しか備わっていないが、簡単な文書作成や画像編集であれば、比較的容易に使うことができる。

表1.3.6　標準で付属しているソフトウェア

名　称	説　明
エクスプローラ	フォルダの中身を見たり、ファイルやフォルダの操作(新規作成・コピー・切り取り)をすることができる。
ペイント	画像を編集するソフト。
電卓	簡単な計算をするソフト。
メモ帳	文書を入力・作成するためのテキストエディタである。Wordのような高機能な文書作成・編集用ソフトとは異なり、画像や罫線などのレイアウトに関する機能は備わっていない。そのため、作成したファイルは、ファイルサイズが比較的小さい。
ボイスレコーダー	音声を再生したり、録音したりすることができるソフト。
ワードパッド	Word程ではないが、簡単な文書作成ができる。
コマンドプロンプト	コマンドを直接実行するソフト。CUI(キャラクタユーザインタフェース)である。

■ **課題6**

メモ帳を使って、簡単な文字を入力し、ファイルに保存しよう。また保存したファイルを再度開いてみよう。

＜操作手順＞
① メモ帳を起動する。
② 任意の文字を入力する。

1.3 コンピュータの基礎知識 | 51

③ ファイルとして,名前を付けて保存する。保存先は「ドキュメント」を指定する。

④ メモ帳を終了する。

⑤ 保存したファイルを開く。まずドキュメントフォルダを開く。

⑥ ③で保存したファイルを,ダブルクリックして開く。

■ 練習 ■

今度は,メモ帳でファイルを作成し,「デスクトップ」に保存してみよう。さらに,デスクトップに保存したファイルを開いてみよう。

また,ファイルの名前を変更してみよう。ファイルの名前を変更するには,ファイルを選択し,右クリックで表示されるメニューから[名前の変更(M)]を選択して行う。

課題7

ペイントを使って絵を描いてみよう。

ペイントは,画像を作成・編集するためのソフトウェアである。ペイントは基本的なソフトウェアであるが,簡単な図であれば,十分描くことができる。ペイントを使って,簡単な絵を作成し保存してみよう。

＜操作手順＞

① ペイントを起動する。

② 色塗りをしてみよう。起動したペイントの上部に表示されているリボンの中から,鉛筆・塗りつぶし・ブラシ・図形などのアイコンを選択して,絵を描くことができる。例えば「鉛筆」は,線をドラッグして描くことができる。線の色は,カラーパレットから選ぶ。

③ 色を選択しよう。色の選択は,スポイトの形をしたアイコンを利用する。

④ 文字列の入力を行おう。「Ａ」というアイコンを利用する。

⑤ 作成した画像を保存して,終了する。

表1.3.7 ペイントの機能

機 能	説 明
鉛筆	細い線で線を描く。
塗りつぶし	囲まれている範囲を同じ色で塗りつぶす。
テキスト	文字を入力できる。
ブラシ	ブラシの種類を選択できる。クレヨンやエアブラシを選択できる。
図形	さまざまな図形を描くことができる。中を塗りつぶして線を引くこともできる。線の色や太さを変更できる。
色の選択	クリックした箇所の色を選択することができる。

・**⑤保存の確認**
・正しく保存できていれば,ドキュメントフォルダにファイルがあるはずである。

・**ファイル名の変更**
・ファイルの名前の変更は,他にも次のような方法がある。
①ファイルが選択された状態で,もう一度,ファイル名をクリックする
②ファイルが選択された状態で,F2を押下する。
※ F2のFはファンクションキー(Function)のFである

・**ペイントの起動**
[スタートボタン]→[すべてのアプリ]→[Windows アクセサリ]→[ペイント]の順にクリックする。

第1章

52 | 第1章 大学における知の活動

消しゴム	描いた図を消す。
回転	指定した範囲の図を回転する。
傾き	指定した範囲の図を傾ける。

■ 練習 ■

ペイントで作成したファイルをメモ帳で開いてみよう。どのように見える
だろうか？

＜操作手順＞

① ［スタート］ボタン→［すべてのアプリ］→［Windows アクセサリ］→［メモ
帳］をクリックしてメモ帳を起動する。

② 開いたメモ帳に，課題で保存した画像ファイルをドラッグ＆ドロップす
る。

（1）ファイル形式と拡張子

ファイル形式と拡張子について理解しよう。それぞれのアプリケーション
で，扱うことのできるファイル形式（ファイルの種類）は異なる。

例えば，ペイントでは，テキストファイルを扱うことはできないし，逆にメ
モ帳では，画像ファイルを扱うことができない。拡張子とは，ファイルの名前
（ファイル名）の末尾に付けられた文字列であり，通常2〜4文字のアルファ
ベットで示される。拡張子は，ファイルの種類やファイルの性質を識別する
ための表示である。代表的なファイル形式と拡張子の一覧を示すと，以下の
とおりである。

表1.3.8　代表的なファイル形式と拡張子一覧

ファイル形式	拡張子	アプリケーション
テキスト形式	txt	メモ帳等
ビットマップ形式 画像フォーマットの形式の1つ。	bmp	ペイント等
JPEG（ジェイペグ）形式 画像フォーマットの形式の1つ。最高 1677 万色。圧縮効率は高いが，「非可逆圧縮」である。	jpg	Adobe Photoshop, Paint Shop 等
GIF（ジフ）形式 画像フォーマットの形式の1つ。最高 256 色。複数の GIF ファイルをまとめて連続表示することにより，アニメーションさせるアニメーション GIF という形式がある。	gif	Adobe Photoshop, Paint Shop 等
PNG 形式 画像フォーマットの形式の1つ。JPEG や GIF はライセンス料が発生する圧縮形式だが，ライセンス料のいらない deflaJon 方式を採用している。	png	Adobe Photoshop, Paint Shop 等

・**メモ帳で作成したファイル**は，文字情報だけのテキスト形式である。ペイントで作成したファイルは，文字以外の情報を持つバイナリ形式である。
バイナリ形式のファイルは，その形式を理解できるソフトウェアを使わないと利用することができない。

・**拡張子が表示されていない場合**は，設定を変更する必要がある。拡張子の表示／非表示の設定は，［表示］タブ→［ファイル名拡張子］にチェックをする。

・この表以外にも，さまざまなファイル形式がある。拡張子辞典というホームページで調べることができる。

PDF 形式 アドビ社の電子文書のためのフォーマット. 電子的に配布する文書の標準的な形式。	pdf	Adobe Acrobat Reader Adobe Acrobat
Word 文書形式 ※旧形式では, doc という拡張子	docx	Microsoft Word
Excel 文書形式 ※旧形式では, xls という拡張子	xlsx	Microsoft Excel
PowerPoint 文書形式 ※旧形式では, ppt という拡張子	pptx	Microsoft PowerPoint

■ **練習** ■

メモ帳で作成した文書の拡張子(txt)をペイントの拡張子(bmp)に変更してみよう。変更したファイルをダブルクリックするとどうなるであろうか?

(2) 圧縮と解凍

ファイルの圧縮・解凍とは, ファイルのサイズを小さくしたり, 元のサイズに戻したりすることである。また, 圧縮には, いくつかのファイルを1つにまとめるアーカイブ作成機能もある。Windows の標準機能で圧縮・展開することができる。圧縮は, ファイルを右クリックし, [送る]→[圧縮 (Zip 形式) フォルダ]を選択する。展開は, ファイルを右クリックし, [すべて展開]をクリックする。

● **圧縮**

「圧縮」とは, ファイルサイズの大きなデータやプログラムを持ち運び (通信)に便利なようにサイズを小さく変換すること。

● **解凍**

「解凍」とは圧縮したファイル等を元の状態に戻すこと。「展開」と呼ばれることもある。

圧縮・解凍する方法には, 多くの形式があるが, Windows での代表的な形式として次の2種類がある。

表1.3.9 代表的な圧縮形式

圧縮形式	拡張子	説 明
ZIP 形式	zip	最もよく利用される圧縮形式。世界共通で, パスワード付圧縮等の機能もある。
LZH 形式	lzh	日本製の圧縮形式。日本では, ZIP 形式と並びよく利用されていたが, 最近ではあまり使われない。

この他に自己解凍方式(exe)がある。普通のプログラムのように実行すると, 自動的にファイルが解凍される。

・**圧縮・解凍ソフト**
圧縮・解凍ソフトは Windows の標準機能以外にも, いろいろな種類がある。以下のものが有名である。
LhaPlus, **7-Zip**, **Lacha** など

・「**Vector**」や「**窓の杜**」というソフトウェアのダウンロードサイトから入手することができる。

・**ファイルのサイズ**は, 右クリックでプロパティを選択して確認する。

54 第1章 大学における知の活動

> **課題8**
>
> ファイルを圧縮・解凍して, ファイルサイズを確認してみよう。
>   1. ファイルを圧縮してみよう。ファイルサイズはどうなるか?
>   2. ファイルを解凍してみよう。ファイルサイズはどうなるか?

1.3.5 コンピュータにおける文字入力と変換

(1) ローマ字入力とかな入力

・ローマ字入力とかな入力の切り替え
ローマ字入力とかな入力を切り替えるには, IME の設定で行う。ショートカットキーでは, [Alt] + [カタカナ・ひらがな] キーを押下することで切り替えることができる。

文字の入力方法には, ローマ字入力とかな入力がある。一般に, 文字入力はローマ字入力で行う。ローマ字入力の場合, 文字の入力をキーボード上のアルファベット (A〜Z) で入力する。例えば, 「あ〜お」はキーボード上のキーから A〜O と入力し, 「か〜こ」は, KA〜KO と入力する。「さ〜そ」「た〜と」等も同様である。小文字の「あ〜お」や, それらを伴う文字列は, 次の表1.3.10 のようにキー入力する。

・拗音の入力

・促音の入力

ここでは, いくつかの代表例のみを示す。「ら〜ろ」は RA〜RO とキー入力する。LA〜LO とキー入力すると「ぁ〜ぉ」となる。小文字の「っ」(促音) については, 例えば「行った」は ITTA, 「あっさり」は ASSARI, 「けっこう」は KEKKOU, のように, T, S, K を重ねて, 二度キー入力する。

表1.3.10 小文字やそれらを伴う文字列のキー入力

あ	い	う	え	お	きゃ	きぃ	きゅ	きぇ	きょ
LA	LI	LU	LE	LO	KYA	KYI	KYU	KYE	KYO
つぁ	つぃ	つぅ	つぇ	つぉ	ぢゃ	ぢぃ	ぢゅ	ぢぇ	ぢょ
TSA	TSI	TULU	TSE	TSO	DYA	DYI	DYU	DYE	DYO
でゃ	でぃ	でゅ	でぇ	でょ	ヴゃ	ヴぃ	ヴゅ	ヴゅ	ヴぇ
DHA	DHI	DHU	DHE	DHO	VYA	VYI	VYU	VYE	VYO

> **■ 練習 ■**
>
> 次の単語を入力してみよう。
>   情報技術, インターネット, ネットワークとマルチメディア, ヴァイオリン, 大学の授業, 単位の取得

(2) 漢字への変換方法

・単文節の変換

単文節の場合, ひらがなを入力し, [Space] キーまたは [変換] キーを押せば, 漢字／カタカナの候補が表示されるので, [Enter] キーを押して確定する。他の候補を探す場合は, [Space] または [変換] キーを2回押す。その場合は候補一覧が表示されるので, 選択し [Enter] キーを押して確定する。

複文節の場合は,最初の文節について上のように変換した後,矢印キーを使って次の文節に移動し,変換する操作を繰り返す。[Esc]キーを押すと,選択されている文節が元のひらがなに戻る。もう一度[Esc]キーを押すと変換対象がすべてひらがなに戻る。適切な文節になっていない場合は[Shift]キーを押しながら,右矢印キーで文節を長くするか,左矢印キーで短くして適切な文節にする。

・複文節の変換

(3) ひらがな, カタカナ, 半角, 英数文字への変換方法

ひらがな, カタカナ, 半角, 英数文字への変換は, ファンクションキーを押すことで, 容易に変換することができる。

- [F6]キー…選択した文節を全角のひらがなに変換する
- [F7]キー…選択した文節を全角のカタカナに変換する
- [F8]キー…入力した文字列を半角に変換する
- [F9]キー…選択した文節を英数文字や記号に変換する

例1 文節を操作した, 誤変換の修正例

「やっとつまできた」と入力し,文節を操作して,誤変換を修正しよう。「やっとつまできた」と入力し変換したのが①。3つの文節に分けられ最初の変換対象は太下線部の「やっと」である。右矢印キーで変換対象を「やっと」から「妻で」に移動したのが②。[Shift]キーを押さえながら左矢印キーを2回押し,文節を「つ」に縮めたのが③。文節数は4つに増える。「津」に変換したのが④。[Enter]キーを押し確定したのが ⑤ である。

① <u>やっと妻で来た</u>
② <u>やっと妻で来た</u>
③ <u>やっとつまで来た</u>
④ <u>やっと津まで来た</u>
⑤ やっと津まで来た

例2 誤入力を修正し, 再変換しよう

「じてんしゃでたいりくおうだん」と入力し,変換した文を「じどうしゃでたいりくおうだん」というふうに,一部のひらがなを修正して再変換しよう。

「じてんしゃでたいりくおうだん」を入力したのが①。変換すると②のようになる。自転車でなく自動車に変更する場合, [Esc]キーを押すと③のようになる。左矢印キーでマウスポインターを左(前)の方に戻し,[Backspace]キーで「てん」を削除したのが④。「どう」をキーボード入力したのが⑤。変換したのが⑥である。

・**半角英数文字を入力する場合は**, キーボードの[半角／全角]キーを押すか, [IME 言語バー]の「あ」の部分をクリックし, (半角英数)を選択して切り替えるという方法もある。

・たとえば「ちゅうおうせん」と入力して, [F6]キー→[F7]キー→[F8]キー→[F9]キーの順に押下してみよう。さらに, [F8]キーや[F9]キーは何度か押下し, 変換される文字がどのように変わるか確認しよう。

・[左右矢印]：文節間の移動
[Shift]キー＋[左右矢印]：変換する対象範囲の調整

・文節を調整する操作
・変換候補や文節の切れ目は，個々のパソコンにより異なる。なぜなら，よく使われる候補は記録（学習）され，優先されるのである。

① じてんしゃでたいりくおうだん
② 自転車で大陸横断
③ じてんしゃで大陸横断
④ じしゃで大陸横断
⑤ じどうしゃで大陸横断
⑥ 自動車で大陸横断

・**IME パッドの起動**
IME パッドは，画面右下にある IME アイコン（[A]や[あ]と表示されている）を右クリックし，[IME パッド]をクリックし，起動する。

(4) 手書き入力と特殊記号の入力

入力しようと思う漢字の読み方がわからない場合，[IME パッド]の[手書き]を使いマウスで文字を描く（図1.3.7）。候補の漢字が表示されるので，その中に該当の漢字を見つけて，クリックすると入力できる。

図1.3.7　IME パッド－手書き入力

■ 練習 ■

IME の機能を活用してみよう。
1. 次の漢字は何と読むか。手書き入力で読みを調べてみよう。
   靨，蠍，鰯
2. 次の文字を入力してみよう。
   ミュージック，トレーディング，ティッシュペーパー，ピッツァ，ウォッカ，グァム島，トゥナイト
3. 次の記号を入力してみよう。
   〜，々，→，×，○，□，ヶ，③，Ⅲ

・**特殊な文字や記号を入力する場合**は，IME パッドの左端の[文字一覧]（下図）をクリックすると，入力できる。

・練習1の答え
エクボ，サソリ，イワシ

・練習2の答え（例）：
ミュージック(myu-jikku)，トレーディング(tore-dhingu)，ティッシュペーパー(thisshupe-pa-)，ピッツァ(pittsa)，ウォッカ(whokka)，グァム島(gwamutou)，トゥナイト(twunaito)

・練習3の答え
〜(から)，々(おなじ)，→(みぎ，やじるし)，×(ばつ)，○(まる)，□(しかく)，ヶ(け)，③(3，さん)，Ⅲ(3，さん)

1.3.6 文字入力とタイピング

キーボードの操作は、リテラシーの基本中の基本である。キーボード入力が早ければ、迅速に作業を行うことができる。入力が遅ければ、レポートや論文を作成する際に、入力がネックになってしまう。

キーボードを見ずに、文字入力をすることタッチタイピングという。タッチタイピングでは、ホームポジションといい、必ず決まった指でキーボードを打つ。

図 1.3.8

> **課題 9**
>
> 10 分間で何文字入力できるか？ タイピングの速度を測ってみよう。

＜操作手順＞
① 入力する文書を用意する。Wikipedia ページでもよい。
② Word を起動し、10 分間入力をする。
③ 10 分経過後、文字数を確認する。Word 画面左下の、ステータスバーに文字数が表示されている（脚注図）。

> **課題 10**
>
> 練習法（あいうえお／あかさたな法）でタッチタイピングをマスターしよう。

＜操作方法＞
① ひたすら「あいうえお Enter」(15 秒であいうえお 10 個)を繰り返す。スムーズに入力できるまで繰り返す。
② 次に、ひたすら「かきくけこ Enter」(15 秒でかきくけこ 5 個)を繰り返す。こちらもスムーズに入力できるまで繰り返す。
③ 同様に「さしすせそ Enter」〜「わをん Enter」と続ける。
④ さらに「あかさたなはまやらわ」、「いきしちにひみいりい」もスムーズに入力できるようにする。

・**変換する言葉が思いつかなかった場合には**
記号から思いつく言葉を入力すれば、変換することができる。どうしても、変換する言葉が思いつかない場合は、"きごう"と入力し変換するとよい。

・タイピング練習を繰り返すことで、指と脳が覚えて自然に入力できるようになる

・**参考程度だが、次のようなコツもある。**
① Enter は小指で
② 変換は「スペース」を右手親指で
③ カタカナ変換は「無変換」を左手親指で
④ リズムよく（音楽にあわせるのもお勧め）

・③文字数の確認

・ワープロ検定の準 2 級だと、10 分間 400 文字以上入力できる速度である。一つの目安。

総合練習問題

1 Google のサービスを３つ取り上げ，それぞれについて簡潔に説明せよ。

2 次のような条件の検索をする場合に，適切なキーワードを記述せよ。
・１ドル何円か調べる〔　　　　　　　　　　　〕
・半径４cm の円の面積を調べる〔　　　　　　　　　　　〕
・京都駅近辺の地図を見たい〔　　　　　　　　　　〕

3 次の事柄について，適切なキーワードを入力して調べよ。
①情報関連の資格について，どのようなものがあるのか？
②将来考えている職業について，仕事の内容・資格取得・採用試験・報酬・福利厚生等を調べよ。また，調べた内容について友人と話し合ってみよう。

4 以下の，（１）（２）の問いに答えよ。
（１） パソコンに代表されるコンピュータの種類を，２つ挙げよ。

（２） ハードウェアとソフトウェアを，それぞれ３つずつ挙げよ。

5 下の（１）～（４）のコンピュータに関する説明文について，[　　　　　　　]に示されたキーワードを各１回使って完成しなさい。

[ログイン・ログアウト・シャットダウン・アップグレード・インストール・アンインストール・プレインストール]

（１） コンピュータにソフトウェアを導入することを(＿＿＿＿)という。またその逆に，不要なソフトウェアを取り除くことを(＿＿＿＿)という。また，コンピュータを購入したときからソフトウェアが導入済みであることを(＿＿＿＿)という。
（２） ソフトウェアには，新機能が追加されたり，不具合が修正されたりすることがある。ソフトウェアを新しい機能を持ったバージョンに変更することを(＿＿＿＿)という。バージョンアップともいう。
（３） コンピュータは，複数の人が利用できるようになっている。AさんからBさんに利用者を代わるときには，Aさんは一度(＿＿＿＿)を行い，Bさんがあらたに(＿＿＿)をする。
（４） コンピュータを使い終わったら，(＿＿＿＿)をすることで電源を切る。

6 自宅でキーボード入力の練習をしたい。次のA～Gのうち，どのソフトウェアを購入するのが最も良いか。自宅のパソコンの OS は，現在 Windows 8 であるが，Windows 10 へのアップグレードも考えている。

・A：動作環境「Windows 8」の文書作成ソフト
・B：動作環境「Linux」のタイピング練習ソフト
・C：動作環境「Windows 8」のタイピング練習ソフトの海賊版
・D：動作環境「MacOS」のタイピング練習ソフト

・E：動作環境「Windows 8」のファイル圧縮ソフト

・F：動作環境「Windows 8」のタイピング練習ソフト（Windows 10 無償アップグレード付き）

・G：動作環境「Windows 8」のタイピング練習ソフト

7 以下の，（1）～（3）の問いに答えよ。

（1） Microsoft-Windows 以外の OS の名前を1つ挙げよ。

（2） ブラウザの名前を2つ挙げよ。

（3） 圧縮形式を2つ挙げよ。

8 次のア～ウのフォルダに関する説明文と，A～Cの項目との正しい組み合わせを完成せよ。

ア：インターネットからダウンロードした場合に，ファイルが保存される通常のフォルダ

イ：ファイルを削除した際に，一時的に保存されているフォルダ

ウ：自分で作成したファイル（ドキュメント）を保存する用途で使われるフォルダ

A：ゴミ箱，　B：ドキュメント，　C：ダウンロード

解答：（ア：＿＿＿＿＿，イ：＿＿＿＿＿，ウ：＿＿＿＿＿）

9 次のア～オの拡張子と，A～Eのソフトウェアのうち，正しい組み合わせを完成させよ。

ア：docx，イ：pptx，ウ：zip，エ：bmp，オ：pdf

A：Adobe Reader，B：MS-Word，C：MS-PowerPoint，D：ペイント，E：圧縮／解凍ソフト

解答：（ア：＿＿＿＿＿，イ：＿＿＿＿＿，ウ：＿＿＿＿＿，エ：＿＿＿＿＿，オ：＿＿＿＿＿）

10 下の（1）～（5）のデータの取り扱いに関する説明文について，下の [　　　　　　] に示されたキーワードを各1回使って文章を完成せよ。

[フォルダ・エクスプローラ・ゴミ箱・記憶装置（ハードディスク）・共有フォルダ・ネットワークドライブ・テキスト・バイナリ・デスクトップ・ドキュメント]

（1） パソコンで作成したデータは，（＿＿＿＿＿）に保存されている。Windows では，階層構造で構成される（＿＿＿＿＿）の中にファイルを格納する。

（2） パソコンのデータの情報を見ることが出来るソフトとして，（＿＿＿＿＿）がある。ファイルの保存先としては，（＿＿＿＿＿）が代表的な場所であり，他のユーザからはアクセスできない。

（3） メモ帳は，文字情報だけ（＿＿＿＿＿）形式のファイルを取り扱うことができる。ペイントは，絵を描くことが出来るソフトであり，文字情報以外の情報を持つため，（＿＿＿＿＿）形式のファイルとなる。

（4） （＿＿＿＿＿）とは，ネットワーク上の別のコンピュータからも参照できるフォルダである。このフォルダをドライブとして割り当て，（＿＿＿＿＿）として使うことも可能である。

（5） ファイルを削除すると，一時的に（＿＿＿＿＿）に保存される。「空にする」するまでは，保存されている。

11 魚(さかな)へんの漢字を5つ挙げよ。手書き入力を使用して探すこと。

12 パソコンにインストールされているウイルス対策ソフトの最終更新日を記述せよ。最新版になっていない場合は,最新版に更新してから解答すること。

13 次のパスワードを安全な順に並べよ。

ア：1893　　イ：2158486101　　　ウ：MyPassword　　エ：loe8#!dE33　　オ：aifeEEajfe

解答：(安全 ＿＿＿＿→＿＿＿＿→＿＿＿＿→＿＿＿＿→＿＿＿＿ 危険)

14 メールを利用する際の注意事項を2つ挙げよ。

15 次のような状況において,用件を伝えるメールの文章を考えよ。
（1）　ゼミの先生の紹介で,就職を希望する会社に勤務するゼミのOBに会い,いろいろと話を聞くことができた。先生と先輩に御礼の気持を伝えたい。
（2）　大学・学部名は「情報大学経済学科」,ゼミの先生の名前は「森 健二」先生,希望する企業は「○○株式会社」,OBの名前は「永田 博」氏。

16 次の(1)〜(5)の行動は,いずれも情報倫理の観点から考えると,適切な行動ではない。どのような問題が生じる可能性があるか？また,どのように行動すればよいだろうか？
（1）　パソコンは壊れることは少ないので,バックアップは特に行っていない。
（2）　USBメモリに知人のアドレス一覧や自分の成績のファイルを入れて持ち歩いている。
（3）　レポートに都合のよい文章をブログで見つけたので,そのまま利用した。
（4）　SSL通信かどうか確認せずにネットバンキングを利用している。
（5）　ソーシャルネットワークサービスで知人の悪口や愚痴を投稿した。

17 以下の(1)〜(7)に示すそれぞれの行為が,不正行為かどうかを判断しなさい。
（1）　他人のホームページのフレームの大きさと背景の色をまねて,自分のホームページを作成した。
（2）　テレビでよく見かけるコメンテーターの意見に賛成だったので,知名度があがるような内容で,顔写真とともに自分のブログで紹介した。
（3）　テーマパークのキャラクターの絵を©マークを付けて自分のブログに掲載した。
（4）　友人のAさんから,私とAさん共通の友人であるBさんのアドレスを教えて欲しいと頼まれ,Bさんの了解を得ずに教えた。
（5）　友人のAさんから,授業について連絡したいことがあるので,自分が所属するゼミの先生のメールアドレスを教えて欲しいと頼まれた。教えるのではなく,逆にAさんの了解をもらって,先生にAさんのアドレスとAさんからの用件を伝えた。
（6）　海外のサイトに聞きたい曲が掲載されていた。国内であれば掲載は違法行為だと思ったが,自分だけが聞く目的なのでダウンロードした。
（7）　動画投稿サイトに見逃したアニメ番組が投稿されていた。そのサイトでは違法な動画はすぐに削除されるが,3か月以上経過しても残っていたのでダウンロードした。

第2章

Word 2016 を使った
知のライティングスキル

2.1 Microsoft Word 2016 の基本操作

2.2 文書作成の基礎

2.3 文字列の検索／置換

2.4 画像や図形の編集

2.5 表とグラフの作成と編集

2.6 レポート・論文を書くときに利用する機能

2.1 Microsoft Word 2016 の基本操作

- **Word2016 の起動**
[スタート]ボタン→[すべてのアプリ]→Wグループ[Word 2016]の順にクリックすると, 最近使ったファイルやテンプレートを選択する画面になる。

ここで[白紙の文書]をクリックすると基本操作画面が表示される。

2.1.1 Microsoft Word 2016 の画面構成と基本操作

Microsoft Word 2016 の基本操作画面が表示される(図 2.1.1)。

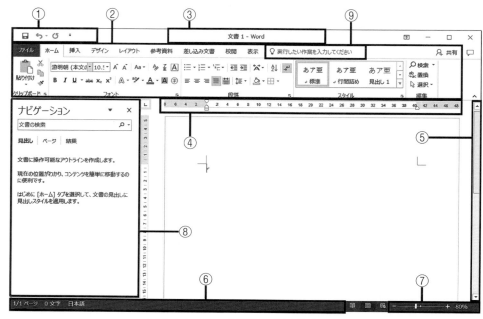

図 2.1.1　Word 2016 の基本操作画面

基本操作画面の各部の名称は, 以下のとおりである。

① クイックアクセスツールバー　② リボン
③ タイトルバー　④ ルーラー
⑤ スクロールバー　⑥ ステータスバー
⑦ ズームスライダー　⑧ ナビゲーションウィンドウ
⑨ 操作アシスト

- **④ルーラーの表示方法**：ルーラーが表示されていない場合は, [表示]タブ→[表示]グループ→[ルーラー]にチェックマークを入れる。

- **⑧ナビゲーションウィンドウの表示方法**：ナビゲーションウィンドウが表示されていない場合は, [表示]タブ→[表示]グループ→[ナビゲーションウィンドウ]にチェックマークを入れる。

- **各タブとリボンの概要は, 以下の通り。**
(1) [ファイル]タブ
ファイルの保存や印刷等, ファイル全体に関する操作。
(2) [ホーム]タブ
書式の設定やスタイルの設定など, 頻繁に使用する操作。

課題 1

以下の①～⑨の各部の機能を確認しよう。

① **クイックアクセスツールバー**には, 頻繁に使う機能のアイコンが表示されている。デフォルト(初期設定)ではどのようなボタンが用意されているだろうか？　また ▼ をクリックして, 表示される項目にチェックマークを付けることでどのような変化があるか確認しよう。

② **リボン**には, 各種アイコンが機能別にグループ化されて配置されている。[ホーム]や[挿入]などのタブをクリックしてみよう。それぞれ, どのようなグループがあるか確認しよう。また, リボンの一番左側にある[ファイル]は, Microsoft Office 共通機能が用意されている。クリックして, どのような機能が用意されているか確認しよう。

③ **タイトルバー**に, 編集中のファイルのファイル名が表示されることを確認しよう。

④ **ルーラー**は, 画面の物差しのような役目をする。後述するインデントやタブの設定時に用いる。2つのマーカーをドラッグしてみよう。また, 水平ルーラーと垂直ルーラーがあることを確認しよう。

⑤ **スクロールバー**は, 文書をスクロールする際に利用する。スクロールバーをドラッグしてみよう。また, 上下の ▲ ▼ をクリックしてみよう。

⑥ **ステータスバー**には, どのような情報が表示されているであろうか。

⑦ **ズームスライダ**を使って, 編集中のウィンドウの表示サイズを変更することができる。ズームマーカーをドラッグしてみよう。

⑧ **ナビゲーションウィンドウ**には, どのような情報が表示されているだろうか。

⑨ **操作アシスト**をクリックしてみよう。入力したキーワードに関連する情報やコマンドが表示される。

2.1.2 │ ファイルを開く／ファイルの保存

(1) ファイルを開く

ファイルを作成するには, 新しく文書を作成する場合と, 既に保存されていたファイルを開く場合とがある。それぞれ, 以下の手順で行う。

■新規作成：新しく文書を作成する場合
＜操作方法＞
① [ファイル]タブをクリックしてバックステージビューを表示する(図2.1.2)。
② [新規]→[白紙の文書]をクリックする。

■テンプレート：テンプレートを使って新しく文書を作成する場合
＜操作方法＞
① [ファイル]タブをクリックしてバックステージビューを表示する(図2.1.2)。
② [新規]をクリックし, 目的に合ったテンプレートを選択し, [作成]ボタンをクリックする。

---

(3)[挿入]タブ
図やグラフなど, 文字以外の情報を挿入する操作。

(4)[デザイン]タブ
文書のテーマや書式設定など, デザインに関する操作。

(5)[レイアウト]タブ
用紙サイズや段組など, ページのレイアウトに関する操作。

(6)[参考資料]タブ
目次, 脚注, 引用文献などの情報を文書に記述する操作。レポートや論文で利用する機能である。

(7)[差し込み文書]タブ
宛名印刷等に関する操作。

(8)[校閲]タブ
文書の校正や閲覧・言語等に関する操作。

(9)[表示]タブ
文書の表示方法に関する操作。

・リボンのタブ部分をダブルクリックすると表示／非表示を切り替えることができる。右端の∧(リボンを折りたたむ)ボタンをクリックしても良い。

・③〜⑧は, 教材サンプル文書「2.2.2 課題2 (p.75)教科書販売の案内(サンプル文書)」を開いた状態で確認しよう。

・**バックステージビュー**とは, [ファイル]タブをクリックして表示される画面で, ファイルの[新規作成], [保存], [印刷]等の操作や基本設定を行うことができる。

・**テンプレート**とは, 雛形という意味である。レイアウトや書式が準備済みなので, 必要な箇所を入力するだけで整った文書を作成することができる。

・**オンライン テンプレートを使う場合**は, [オンラインテンプレートの検索]と書いてあるテキストボックスにキーワードを入力して検索する。

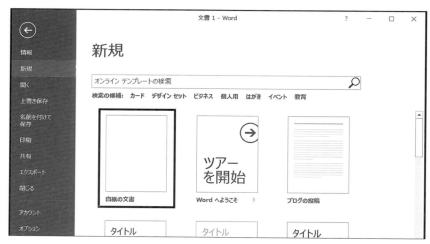

図 2.1.2　新しい文書の作成

■開く：既存のファイルを読み込む場合

　［ファイル］タブ→［開く］をクリックする。表示された画面で［この PC］→［参照］ボタンをクリック。→表示されたダイアログボックスで目的のファイルを選択→［開く］ボタンをクリックする。

(2) ファイルの保存

　ファイルの保存は，新しく作成した文書を保存する場合（名前を付けて保存）と，すでに存在するファイルを開き，修正して保存する場合（上書き保存）とがある。それぞれ以下の手順で行う。

■名前を付けて保存：新しく作成した文書を保存する場合

① ［ファイル］タブ→［名前を付けて保存］→［この PC］をクリックする。
② 表示された画面で，［参照］，［デスクトップ］，［ドキュメント］などのファイルの保存先を選択し，ファイル名を入力する（図 2.1.3, 図 2.1.4）。

・**もし，保存先がわからなくなった場合**，［最近使ったファイル］から探すことができる。［スタート］ボタン→［Word 2016］を起動すると，画面左側に，右側に最近使ったファイルの一覧が表示される。

・保存先は，ドキュメントやデスクトップなどが選択できる。

・保存をしていない内容は，コンピュータがフリーズした場合に，失われてしまう可能性がある。こまめに上書き保存をすることで，例えコンピュータがフリーズしても，ゼロから作り直すことを避けることができる。

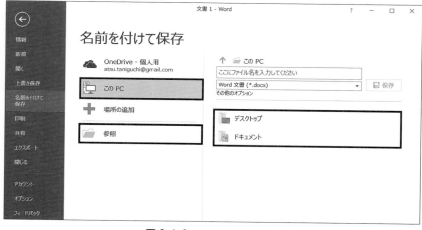

図 2.1.3　ファイルの保存

2.1 Microsoft Word 2016 の基本操作 | 65

図 2.1.4 名前を付けて保存ダイアログ

③ [保存]ボタンをクリックする。

■上書き保存：既に存在するファイルを開いて修正し，再度保存する場合

[ファイル]タブ→[上書き保存]をクリックする。

課題 2

オンライン テンプレートを利用して，履歴書を作成しよう（図2.1.5）。

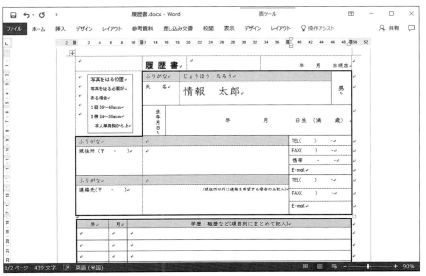

図 2.1.5 オンライン テンプレートを使った履歴書

・上書き保存
クイックアクセスツールバーの
[上書き保存]のアイコン

をクリックしても良い。

・上書き保存のショートカットキーは[Ctrl]+[S]である。

・履歴書のテンプレート
ここでは，オンライン テンプレートに準備されているテンプレートを利用して，手早く履歴書を作成する。

・オンライン テンプレートを利用するには，インターネットに接続している必要がある。

<操作方法>

① ［ファイル］タブ→［新規］をクリックする。［オンライン テンプレートの検索］の入力欄に，［履歴書］と入力して［検索の開始］ボタンをクリックする。検索結果から，［履歴書 A4blue］をクリックし，表示されたダイアログで［作成］をクリックする（図 2.1.6）。

図 2.1.6　履歴書（履歴書 A4blue）の選択

・②の注意
特殊な項目は以下の通り対応する。
・「性別」の欄：該当する方を○で囲む。
・住所等が枠に入りきらない場合：フォントのサイズを小さくすることで対応する。レイアウトを変更しても良い。

・③の注意
新たなファイルを保存する場合は，「名前を付けて保存」となる。また，保存する際に「互換性」に関するメッセージが表示されることがあるが，［OK］をクリックする。

・③ここでは，保存先フォルダにデスクトップを選んだが，目的に合った任意のフォルダを選ぶと良い。

② 「ふりがな」や「氏名」など，各欄に入力する。
③ 作成した文書を保存する。即ち，［ファイル］タブをクリック。表示されたバックステージビュー上で，［名前を付けて保存］をクリック。→［参照］から［デスクトップ］を選択→［ファイル名］ボックス内にファイル名を入力し，［OK］ボタンを押す。

2.1.3 ファイルの印刷

(1) 印刷イメージの確認

　文書を印刷するには，[ファイル] タブ→[印刷] をクリックする（図2.1.7）。印刷する前に，印刷後のイメージをプレビュー画面で確認してから印刷する。印刷設定画面では，印刷範囲や印刷用紙，印刷部数等の設定ができる。

・印刷プレビューでは，改行のマークは表示されない。
・用紙等に関する設定
用紙等に関する設定は，[レイアウト] タブ→[ページ設定] グループや，[ファイル] タブ→[印刷] の画面でも設定できる。
・複数のプリンタが接続されている場合は，[プリンター] のリストボックスから使用するプリンターを指定する。さらに細かい設定を行うには，[プリンターのプロパティ] をクリックし，表示されたダイアログで設定を行う。

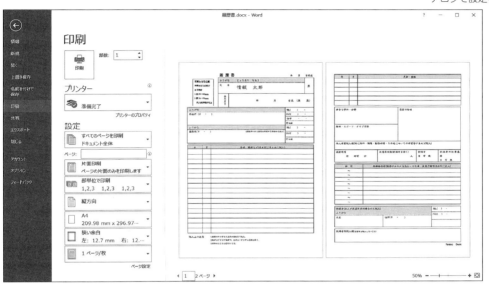

図 2.1.7　印刷プレビュー

課題3

課題2で作成した履歴書を図2.1.7のようなスタイルで印刷しよう。印刷プレビューでイメージを確認後，印刷する。

・プリンタドライバ
プリンタドライバの設定画面で設定できる内容は，プリンタの種類・機能により異なり，例えば，両面印刷，モノクロ印刷，割付印刷等の機能等がある。

＜操作方法＞
① Word 2016 を起動し，画面左にある [最近使ったファイル] 一覧の中から課題2で保存した履歴書を開く。
② [ファイル] タブ→[印刷] をクリックする。画面右側の印刷プレビューに，印刷した時のイメージが表示される（図2.1.7）。
③ プレビュー画面を見ながら，2ページ分プレビューするようにズームスライダの，表示倍率を調整する（下げる）。
④ 印刷設定の「1ページ／枚」を「2ページ／枚」に変更し，2ページ分を1枚の用紙に印刷する（図2.1.7）。
⑤ [印刷] ボタンをクリックする。

・課題3の操作方法のおもな流れを示すと以下のようである。
①作成した履歴書を開く。
②印刷プレビューする。
③2ページを1枚にして印刷する。

・③の注意
この履歴書は，1ページ目に履歴書の左半分，2ページ目に履歴書の右半分という2ページの構成である。

・[最近使ったファイル]にない場合は,ファイルを直接ダブルクリックして開く。

・④割付印刷
このように複数のページを1枚におさめて印刷することを"割付"という。

・紙詰まりの対応
プリンタ本体に,詰まった用紙の取り出し方の説明が記述されていることが多い。殆どの場合は,自分で詰まった紙を取り出せるので,説明を見ながら丁寧に取り出す。また,シワのある用紙を使ったりすると,紙詰まりの原因になるので古い用紙は使わないこと。

・「システム開発に関する一考察(印刷)」文書は,本課題のために予め横方向に設定している。以降の手順を実施することで,見やすく印刷する。

・**課題4の操作方法**のおもな流れを示すと以下のようである。
③印刷プレビューする。
④余白を変更する。
⑤印刷の向きを変更する。
⑥用紙サイズを変更する。
⑦ページ数の確認をする。
⑧目次のページを更新する。
⑨2ページを1枚にして印刷する。

(2) ファイルの印刷

次に,用紙サイズや余白を設定して印刷をしよう。元になるファイル「システム開発に関する一考察(印刷)」は,用紙サイズや余白が適切でないので整った形で印刷ができない。ここでは,用紙サイズ等を設定し,さらに"割付印刷"を行うことで,A4用紙1枚に印刷する。

課題4

「システム開発に関する一考察(印刷)」(図2.1.8)のファイルを,用紙サイズ,余白を設定して印刷しよう。

＜操作方法＞
① ファイル「システム開発に関する一考察(印刷)」を開く(図2.1.8)。

図2.1.8 「システム開発に関する一考察(印刷)」ファイルの内容

② 文書の「○×大学 山田太郎」の箇所を自分の大学／名前に変更する。
③ [ファイル]タブ→[印刷]をクリックする。画面右側に印刷したときのイメージがプレビューとして表示される(図2.1.9)。
　　印刷の向きが"横方向"で,4ページの文書であることを確認する。
④ 印刷方向の[横方向]をクリックし,表示されたメニューから[縦方向]を選択する。
⑤ 紙のサイズで,表示されている[B5]をクリックし,表示されたメニューから[A4]を選択する。

2.1 Microsoft Word 2016 の基本操作

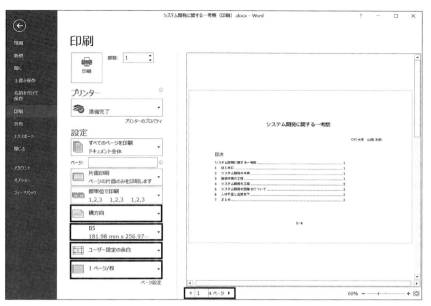

図 2.1.9　プレビュー表示

⑥ ［ユーザー設定の余白］をクリックし，表示されたメニューから［やや狭い］を選択する。

　印刷の向き，用紙サイズ，余白の変更により，2 ページになっている事を確認する。画面の下部にページ数が記されている（図 2.1.10）。

・「1　2 ページ」と記されているはずである。

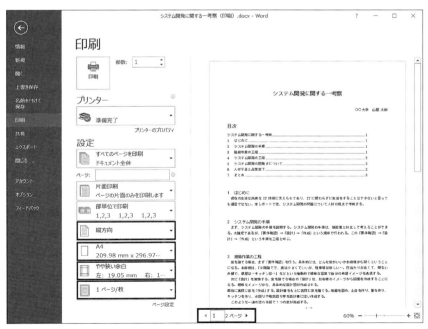

図 2.1.10　ページ数の確認

・⑦印刷モード画面から元の編集画面に戻るには、を押す。

・今回は、ページだけの変化なので、[ページ番号だけを更新する]を選択した状態で[OK]ボタンをクリックする。

・**複数ページを割付印刷**すると用紙を節約することができる。ただし、文字が小さくなり読みにくくなるので、下書き等で利用する。

⑦ ページ数が変化したので、目次で示されているページ数も書き換える必要がある。右上の⬅ボタンをクリックして、印刷モード画面を一旦終了する。

⑧「システムに関する一考察（印刷）」ファイルの目次部分をクリック。→表示された［目次の更新］タブをクリックする。

⑨ ［目次の更新］ダイアログで、［ページ番号だけを更新する(P)］を選び［OK］ボタンをクリックする（図2.1.11）。目次を更新したら、再度、［ファイル］タブ→［印刷］と選択して印刷画面へ戻る。

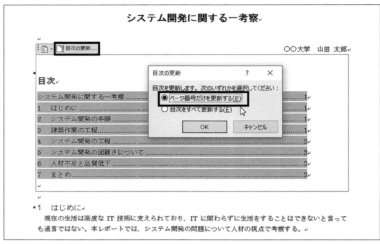

図2.1.11　目次の更新

⑩ ［1ページ／枚］をクリック。表示されたメニューから［2ページ／枚］をクリック（図2.1.10）。

⑪ ［印刷］ボタンをクリックする。

・⑪[印刷]ボタン

■ 練習 ■

1. 1ページ目だけ印刷してみよう。
2. ページ設定の詳細設定をしてみよう。［ページ設定］をクリックし、［ページ設定］ダイアログを表示する。余白を任意の値に設定したり、1ページあたりの行数を変更してみよう。

練習1のヒント
［ファイル］タブ→［印刷］で表示された画面にて、［ページ：］に1を指定する。

練習2のヒント
［ページ設定］ダイアログは以下の2通りで開くことができる。
1. 印刷画面の下の［ページ設定］から開く。
2. 通常の文書を入力する画面で［レイアウト］タブ→［ページ設定］グループの右下にある🔲ボタンをクリックして開く。
・余白は、［余白］タブの［上］［下］［左］［右］に入力する（p.74 図2.2.6）。
・1ページあたりの行数は、［文字数と行数］タブの［行数］に入力する（p.74 図2.2.5）。

2.2 文書作成の基礎

2.2.1 書式設定　文字に書式を設定しよう

文字に書式を設定しよう。書式の設定は, [ホーム]タブの[フォント]グループで設定する(図2.2.1)。

図2.2.1　フォントグループのアイコン

文書に書式を設定しよう。次の課題では, 様々な書式の設定と, 書式のコピーとクリアの操作を行う。特に書式のコピーとクリアは, 便利な機能なので是非活用しよう。

> **課題1**
> ファイル「様々な書式を使う_課題」を開き, 文字列に様々な書式を設定しよう(図2.2.2)。さらに設定した書式をコピーしたり, クリアしたりしてみよう。

＜操作方法＞
① 「様々な書式を使う_課題」ファイルを開く。
② (01)行目の「様々な書式を使う」をマウスでドラッグし, 選択する。
③ 文字を選択した状態で, [ホーム]タブ→[フォント]のリストから「MSP明朝」を選択する。また, [フォントサイズ]のリストから, サイズを16に指定する。
④ (02)行目においては, ②③と同様に, [フォント]のリストから「MSPゴシック」を選択する。
⑤ (03)行目～(15)行目においても, 以下の内容を参考にして同様に, 書式の設定を行う。
　■よく使う書式：(03)行目～(06)行目
　　太字 **B**, 斜体 *I*, 下線 U ▼, 取り消し線 abc をクリックする。

・**書式設定の基本的な操作**
根本的な操作方法は, 先に「書式を設定したい箇所を選択」し, 適用したい書式の「アイコンをクリック」することである。

・**設定した書式の解除**
・設定した書式を解除するには, 再度そのアイコンをクリックする。

・**書式のコピー／貼り付け**
書式のコピー／貼り付けを利用すると, 書式のみをコピーすることができる。通常のコピーは, 文字列もコピーするが, 書式のコピーは文字列はコピーされず, 書式のみコピーされる。複数の箇所に同じ書式を設定するときに使用するとよい。

・**すべての書式をクリア**
[すべての書式をクリア]では, すでに設定されている書式をすべて解除することができる。誤った書式を設定した場合等は, 一度書式をクリアするとよい。

①「様々な書式を使う_課題」ファイルは教材サンプルとして用意されている。

・操作を誤ったら, 焦らず[元に戻す]ボタン ↺▼ をクリックする。

・明朝体とゴシック体の違いを確認しておこう。

・太字と下線は, 強調したい時に使うことが多い。

・斜体は, 強調にも使うが, 引用という意味や装飾をするために用いたりする。

第2章 Word 2016 を使った知のライティングスキル

・フォントの色の設定

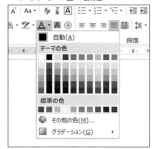

・蛍光ペンの利用

・プロポーショナルフォント
MSP明朝など"P"が付いているフォントは, プロポーショナルフォントという。文字ごとに整って見えるように, 最適な幅を調整したものである。例えば, 1と0やlとWでは幅が異なる。lの幅は狭く, Wの幅は広く設定される。

・等幅フォント
MS明朝など, 文字ごとの幅が一定のフォントは, 等幅フォントという

・⑥書式のクリア
「蛍光ペン」のクリア
一度設定した「蛍光ペン」をクリアするには, 対象となる文字を範囲指定しておいて,「蛍光ペン」の[色なし(N)]をクリックする。
「囲み線」をクリアするには,「囲み線」を再度クリックする。「組み文字」においては, 再度「組み文字」をクリックし,[解除]をクリックする。

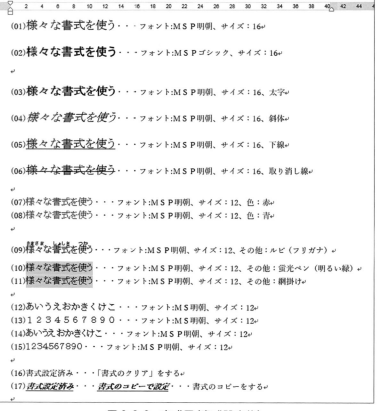

図2.2.2 完成図(書式設定後)

■フォントの色：(07)行目～(08)行目
　フォントの色は, アイコンの右側の▼をクリックし, 表示されたプルダウンメニュー(脚注図)から設定する。
■特殊な書式(ルビ)：(09)行目
　ルビ(フリガナ)は, 文字を選択した状態で, をクリックし, 表示された画面でフリガナを設定／変更する。
■特殊な書式(蛍光ペン)：(10)行目
　蛍光ペンは, アイコンの右側の▼をクリックし, 表示されたプルダウンメニュー(脚注図)から設定する。
■特殊な書式(文字の網掛け)：(11)行目
　網掛けは, アイコン A をクリックし設定する。
■プロポーショナルフォント：(12)行目～(15)行目
　MSP明朝とMS明朝, MSPゴシックとMSゴシックの違いを比べてみよう。

■書式のクリアとコピー
⑥ 書式のクリアを行う。(16)行目の「書式設定済み」を選択し,[すべての書式をクリア]アイコン をクリックする。

⑦ 書式のコピーを行う。(17)行目の「書式設定済み」の文字を選択し, [ホーム]タブ→[書式のコピー／貼り付け]アイコンをクリック。マウスカーソルが ![brush] になるので, このカーソルの状態のまま, 「書式のコピーで設定」の文字をマウスでドラッグする。

・⑦**書式のコピー**は1回貼り付けると解除される。複数の箇所に連続して設定したい場合は, [書式のコピー／貼り付け]アイコンをダブルクリックする。書式のコピーを解除するには, [書式のコピー／貼り付け]アイコンを再度, クリックする。
[Esc]キーを押しても良い。

■ 練習 ■

1. 課題1で用いなかった書式を5つ以上考え, 設定しよう。使った書式の説明を下記の例のように記述する。
   例：さまざまな書式を使う…使った書式：○○, ××, △△
2. フォントの詳細設定をしてみよう。
   [ホーム]タブ→[フォント]グループの右下の ![icon] をクリックし, フォントのダイアログボックスを表示する(図2.2.3)。このダイアログボックスから設定できる書式を試してみよう。練習1と同様に, 5つ以上考え, 使った書式の説明を記述する。

・**練習2　詳細設定**は[フォント]グループの左下の ![icon] から行う。他の機能でも共通で, グループの左下の ![icon] から詳細の当該機能の設定画面を開くことができる。

・**ヒント**
いずれもの書式の設定も対象とする文字列を選択した状態でアイコンをクリックするとよい。組み文字と割注は, 対象とする文字列を選択しなくても, あとから入力できる。

図2.2.3　フォントの詳細設定

2.2.2　文書のページレイアウト設定と段落書式

ここでは, 文書の用紙サイズや余白の設定, 1行文字数, 1頁の行数等のページレイアウトの設定および, 段落内の文字の配置, 文字列の位置を揃えると言った段落書式について学ぼう。

・段落とは, [Enter]キーを押して改行するまでのひとまとまりの文字列のことである。

■文書全体のレイアウト（ページレイアウト）設定

　文書全体のページ設定は, [レイアウト]タブの[ページ設定]グループ（図2.2.4）にある[文字列の方向], [余白], [印刷の向き], [サイズ]ボタン等をクリックし, それぞれのプルダウンメニューから目的に合ったメニューをクリックして設定する。

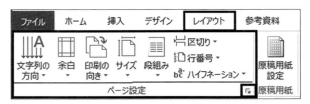

図2.2.4　[レイアウト]タブ　ページ設定グループ

　また, それらの設定をまとめて行うには, [ページ設定]グループの右下にあるボタンをクリック→表示された[ページ設定]ダイアログボックスで, 縦書き, 横書き（図2.2.5）, 余白（図2.2.6）等を設定する。

> ・ページ設定は文書の作成前でも途中でも設定できる。
>
> ・これらの設定は, 文字の行内位置に対する指定だけでなく, 画像や表の中でも同様に設定できる。
>
> ・ページ設定ダイアログボックスでは, その他にも[用紙]タブ:用紙のサイズを, [その他]タブ:ヘッダーやフッターの設定などができる。
>
> ・**段落ダイアログボックス**は, 段落書式を設定したい箇所で右クリックし, 表示されたメニューから[段落]をクリックしても, 表示することができる。
>
> ・[余白]タブの上下左右の余白サイズを変更すると, [文字数と行数]タブの[文字数]や[行数]の値が自動的に変更される。併せて確認するようにしよう。

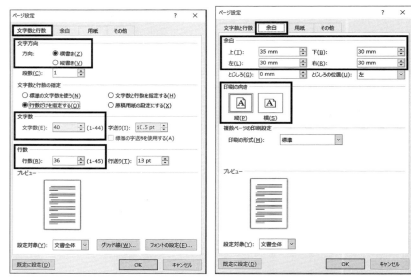

図2.2.5　文字数と行数タブ　　　図2.2.6　余白タブ

■文字列の配置（段落書式）

　段落に対して, 右揃えや中央揃えなど文字列の配置を設定したり, 行間隔を変更したりしてみよう。これらの段落書式の設定は, [ホーム]タブ→[段落]グループで行う（図2.2.7）。

図2.2.7 段落書式の設定 （段落グループのアイコン）

　段落内の文字列の配置では，左揃え，中央揃え，右揃えの各ボタンをクリックする。

　また，文字列を右へずらす場合は，[インデントを増やす]ボタン，左へずらす場合は[インデントを減らす]ボタンをクリックして調整する。また，ルーラーのインデントマーカーをドラッグすることでも設定できる。脚注を参考にして，文字列を動かしてみよう。

　また，段落書式の詳細設定は，[段落]グループの ボタンをクリックし，表示された段落ダイアログボックス上で，行間隔やインデント幅を調整したり，タブ機能の設定を行うことができる（図2.2.8）。

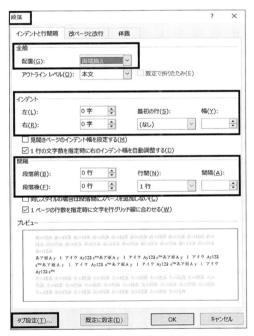

図2.2.8 段落ダイアログボックス

課題2
文字列の位置やインデントを設定し，図2.2.9のような教科書販売の案内を作成しよう。

・ルーラーの表示
ルーラーは，[表示]タブ→[ルーラー]にチェックマークを入れる。

・左余白

[**左余白**]を左右に移動することにより，ページの余白を変更することができる。

・1行目のインデント

一般に文章を書く際には，1行目の先頭を1文字分あける。この[**1行目のインデント**]の幅を変更することができる。

・ぶら下げインデント

[**ぶら下げインデント**]は，段落の2行目以降の左端を移動する。箇条書き，段落番号，アウトラインで使用することができる。

・左インデント

[**左インデント**]を左右に移動することにより，選択している行を含む段落のインデントを変更することができる。

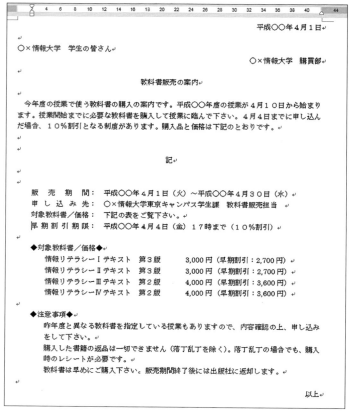

図 2.2.9　教科書販売の完成

<操作方法>

① ファイル「教科書販売の案内」を開く。
② 初めに，ページ設定を行う。[レイアウト]タブ→[ページ設定]グループの右下にある ボタンをクリック。表示された[ページ設定]ダイアログボックス上で，
   ● [余白]タブをクリックし，
      上：35mm，下：20mm，左：25mm，右：25mm と入力する。
   ● [文字数と行数]タブをクリックし，[文字数と行数の指定]で「文字数と行数を指定する」を選択する。
      文字数：42 字，行数：40 行と入力し，[OK]ボタンをクリックする。
③ 文字列の段落書式を設定する。以下のとおり設定する。
   ● 作成日「平成 27 年 4 月 1 日」：作成日の文頭にカーソルを合わせた状態で，[ホーム]タブ→[右揃え]アイコン ≡ をクリックする。
   ● 同様に，作成者「○×情報大学　購買部」も[右揃え]とする。
   ● タイトル「教科書販売の案内」：[中央揃え]にする。
      また，フォントサイズを 18，太字，下線を設定する。
   ● 記：[中央揃え]にする。
   ● 以上：[右揃え]にする。

・編集中の文書にどのような位置設定がなされているかは，[段落]グループのどのボタンがハイライトされているか（色が変わっているか）を見れば確認できる。例えば，中央揃えの位置設定が指定されている文字を選択すると，[中央揃え]ボタンがハイライトされる。

・右揃えアイコン

④ **インデントの設定をする。** ここでは,さまざまな方法で設定してみることにする。

- 「今年度…」の箇所にカーソルをあわせ,ルーラーの[1行目のインデント]マーカーを,右へ1文字分ドラッグする(図2.2.10)。

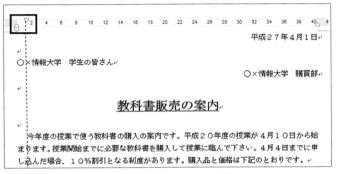

図2.2.10　ルーラーの操作

- 同様に,内容の販売期間～早期割引期限:「販売期間～早期割引期限」の4行を選択し,[インデントを増やす]アイコン (脚注図)を2回クリックする。
- 対象教科書／価格:「◆対象教科書／価格◆」を選択し,ルーラの[左インデント]マーカーを右側に2文字分ドラッグする。同様に,「◆対象教科書／価格◆」の下の4行分を右に4文字分移動する。
- 注意事項:「◆注意事項◆」を選択し,ルーラの[左インデント]マーカーを右側に2文字分ドラッグする。また,「◆注意事項◆」の下の5行分を選択し,キーボードの[Tab]キーを2回押す。

⑤ **「販売期間」「申し込み先」「早期割引期限」に,[均等割り付け]を設定する。**

- 「販売期間」の文字列を範囲指定し,[ホーム]タブ→[均等割り付け]ボタン をクリックする。表示された[文字の均等割り付け]ダイアログボックス(脚注図)上で,[新しい文字列の幅]に設定したい文字幅(この場合は8)を入力する。[OK]ボタンをクリックする。
- 「申し込み先」「早期割引期限」においても,同様に,[新しい文字列の幅]に設定したい文字幅(この場合は8)と入力する。[OK]ボタンをクリックする。

■ 練習 ■

1. 「教科書販売の案内」について,用紙サイズをB5に変更し,1ページに収まるように余白と行数の調整をしてみよう。
2. 「歓迎会のご案内」を作成しよう。以下の①～⑧を設定すること。
   ① 用紙サイズをB5に変更する。余白は「やや狭い」に設定する。
   ② 「日付」と「大学サークル名と部長名」を右揃えにする。
   ③ 「歓迎会のご案内」のフォント:MS ゴシック,フォントサイズ:20pt,

・ルーラーの表示
ルーラーを表示させるには,[表示]タブ→[表示]グループの[ルーラー]をチェックする。

・④ここではルーラーでインデントを設定

■④[段落]ダイアログボックスから,[字下げ]を指定する。
「今年度」にカーソルを合わせ右クリック→[段落]→[インデントと行間隔]タブ→[最初の行(S)]で[字下げ]をクリック。→さらに[幅(Y)]で[1字]とする。

・ここでは[インデントを増やす]アイコンでインデントを設定

・ここではルーラーでインデントを設定

・キーボード[Tab]キーでインデントを設定

・⑤均等割り付けダイアログボックス

・練習1のヒント
[レイアウト]タブ→[ページ設定]グループ→[サイズ]ボタンで表示されるプルダウンメニューで[B5]を選択する。
余白を[やや狭い]に設定し,行数を36に設定すると収まりがよい。

一重下線を設定し，中央揃えにする。
④ 「記」を中央揃えに，「以上」を右揃えにする。
⑤ 本文に「字下げ（1行目のインデント）」を設定する。
⑥ 「日時」「場所」「アクセス」「会費」「申し込み先」にそれぞれ2文字分のインデントを設定し，箇条書き「」と太字を設定する。
⑦ 「日時」「場所」「アクセス」「会費」に，5文字の均等割り付けを設定する。
⑧ 「日時」「場所」「アクセス」「会費」「申し込み先」の下の行にある文字列に，それぞれ5字のインデントを設定する。

・練習2のヒント
・ファイル「歓迎会のご案内_課題」を使用する。
・複数個所の文字列を選択するには，範囲指定する際にCtrlキーを押しながら指定する。

2.2.3　ヘッダーとフッターの利用

　ヘッダーとは本文上部と余白の間，フッターは本文下部と余白の間である。ヘッダー・フッターの編集は，[挿入]タブ→[ヘッダー]または[フッター]ボタンで行う（図2.2.11）。

図2.2.11　ヘッダーとフッターグループ

　ヘッダーとフッターには，各ページで共通の内容を記述することができる。そのため，文書のタイトルやページ数等を設定することが一般的である。また，表示されたツールバーから定型句（脚注）を設定することができる。

・定型句には，ページ数（該当ページ），総ページ数（文書全体のページ数），日付，文書名，作成日／修正日などがある。

・印刷した資料は，自分の手から他の人に渡る。そのため，「誰が」「いつ」作成したものかが一目でわかることが重要である。

> **課題3**
> 歓迎会の案内にヘッダーとフッターを設定しよう。

＜操作手順＞
① ファイル「歓迎会のご案内（ヘッダーとフッター）」を開く。

Step 1　初めに，ヘッダーを挿入しよう。

② [挿入]タブ→[ヘッダー]ボタンをクリックする。
③ 表示されたプルダウンメニューからヘッダーの種類を選択する。ここでは，[グリッド]を選択する（脚注図）。
④ 表示されたヘッダー編集画面（図2.2.12）で，[文書のタイトル]プレースホルダをクリックし，「テニスサークル歓迎会のご案内」と入力する。

・ヘッダーの種類の選択

2.2 文書作成の基礎 | 79

図 2.2.12　文書のタイトルを入力

⑤ 同様に，[日付]をクリックする。さらに，▼をクリック。表示されたカレンダーから目的に合った日付を選択する（図2.2.13）。

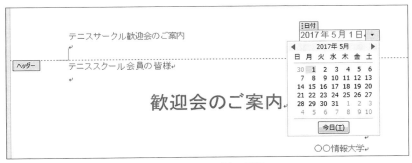

図 2.2.13　日付の選択

⑥ ヘッダーの文字の位置を設定する。[上からのヘッダー位置]を20mmとする。

Step 2　次に，フッターを挿入しよう。

⑦ 続いてフッターを挿入する。[挿入]タブ→[フッター]ボタンをクリックする。
⑧ 表示されたプルダウンメニューから，ここでは，[スライス]を選択する。
⑨ [作成者]プレースホルダに，「テニスサークル Play Tennis Everyday」と入力する（図2.2.14）。

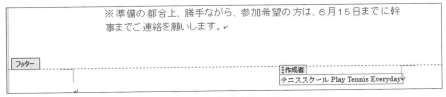

図 2.2.14　作成者名の入力

　最後に本文の部分をダブルクリックすると，ヘッダーとフッターの挿入が完成する。
　以上で，「歓迎会のご案内（ヘッダーとフッター）」の完成である。

■ 練習 ■

1. ヘッダー・フッターの設定をいろいろと変更してみよう。

・⑥ヘッダーの位置の調整

・ヘッダーの編集の終了
ヘッダーの編集を終了するには，[ヘッダーとフッターを閉じる]ボタンをクリックするか，または，本文の任意の箇所をダブルクリックする。

・ヘッダーから直接，フッターに移るには，[ヘッダー／フッターツール]→[デザイン]タブ→[ナビゲーション]グループ→[フッターに移動]ボタンをクリックする。

・画面をスクロールして，フッターをクリックしても良い。

・練習1のヒント
ヘッダー・フッターを変更するには，ヘッダー・フッターに当たる箇所をダブルクリックする。または，[挿入]タブ→[ヘッダーとフッター]グループのヘッダー（またはフッター）から[ヘッダーの編集]を選択する。

80 | 第2章 Word 2016を使った知のライティングスキル

・**練習2では**，p.68 2.1.3課題4「システム開発に関する一考察（印刷）」を用いる。

・**ヘッダーやフッターを挿入しておくと**，複数ページに渡るレポートや論文の作成に便利である。ページ番号の挿入には，3/10のようにページ／総ページのようなスタイルもあり全体の把握ができる。
また「日付と時刻」の挿入では，設定の際に[自動的に更新する]のチェックボックスにチェックマークを入れておくと，日付などが更新されて書き直しの必要がなく便利である。

2．「システム開発に関する一考察」で，ヘッダーとフッターを以下のように設定しよう。

① [ヘッダー]では，[サイドライン]を選び，[文書のタイトル]を「システム開発論演習レポート」と入力する。

② カーソルをヘッダー2行目に移動し，[ヘッダー／フッター ツール]→[デザイン]タブ→[日付と時刻]ボタンをクリック。[言語の選択]：「日本語」，[カレンダーの種類]：「グレゴリオ暦」，[表示形式]：2016/09/05等(本日の日付が表示される)を選択し，[OK]ボタンをクリックする(図2.2.15)。日付が挿入されるので，右揃えにする。

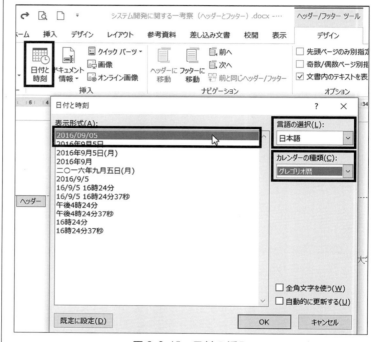

図2.2.15　日付の挿入

③ フッターにページ番号を挿入する。[ヘッダー／フッター ツール]→[デザイン]タブ→[ページ番号]をクリック。表示されたプルダウンメニューから[ページの下部（B）]→[番号のみ 2]を選択する。さらに，[下からのフッター位置]を10mmに変更する。

・**③のヒント：下からのフッター位置の調整**

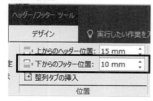

・印刷プレビューで各ページのヘッダーとフッターがどのように表示されているか見てみよう。

図2.2.16　フッターにページ番号を挿入

2.2.4 段組みを組む

段組みとは，文書の1ページを複数の列に分割することである。1行の文字数が多いときには，段組みを組んだ方が読みやすい。

[レイアウト]タブ→[段組み]ボタンで段組みの設定をすることができる（図2.2.17）。

・段組みは2列や3列など任意の列数が設定できる。

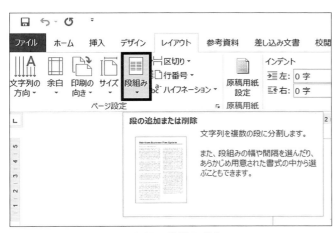

図2.2.17　段組みボタン

課題4

「コンピュータについて」という文書を，境界線のついた2段組みの文書に組んでみよう（図2.2.18）。

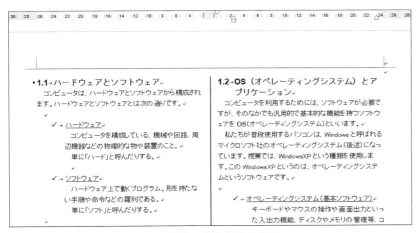

図2.2.18　2段組みの文書

＜操作方法＞
① ファイル「コンピュータについて（段組み）」を開く（図2.2.19）。

図2.2.19 「コンピュータについて（段組み）」ファイルの内容

・④[段組み]のプルダウンメニュー

・段区切りの挿入
⑦の後，さらに以下のような[段区切り]操作を行うと，左段と右段の文章の長さをバランス良く整えることができる。
カーソルを「1.2 OS（オペレーティングシステム）とアプリケーション」の行頭に移し，[レイアウト]タブ→[区切り]をクリック→表示されたプルダウンメニューで[段区切り]（下図）をクリックする。すると，図2.2.19のようなレイアウトになる。

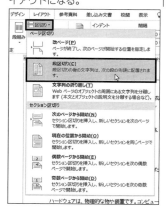

② カーソルを，章タイトル「1.1　ハードウェアとソフトウェア」の行頭に移動してクリックする。
③ [レイアウト]タブ→[段組み]をクリックする。
④ 表示されたプルダウンメニューで[段組みの詳細設定(C)]をクリックする（脚注図）。
⑤ 表示された[段組み]ダイアログボックスで，[種類]の[2段(W)]をクリックする。

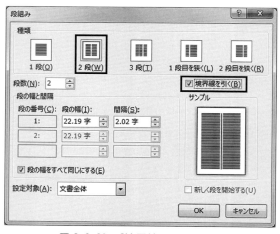

図2.2.20　[境界線を引く]操作

⑥ 同様に[境界線を引く(B)]にチェックマークを入れる（図2.2.20）。
⑦ [OK]ボタンを押すと，2段に組まれた文書が表示される。

■ 練習 ■

1．1段目と2段目の幅を変更してみよう。また，[段区切り]も試してみよう。
2．3段組に変更してみよう。

2.3 文字列の検索／置換

　レポートや論文は，数十ページに及ぶことがある。このような長い文章を取り扱う際には，自分の探したいキーワードや参照したい箇所を見つけることが難しい。このような場合には，ナビゲーションウィンドウを使って文書全体を俯瞰（ふかん）したり，文字列の検索機能を使うと便利である。ここでは「検索」と「置換」機能について学ぶ。

2.3.1　検索機能

　検索機能は，[ホーム]タブ→[検索]ボタンに用意されている。検索は，ナビゲーションウィンドウと合わせて使うことで，全体の内容を俯瞰しながら探したい文字列を検索することができる。

・メモ帳や他のアプリケーションでも検索機能が利用できる。アプリケーションによって若干機能の差はあるが，基本的な操作は類似している。

・**ナビゲーションウィンドウの表示**は，ショートカットキーで[Ctrl]+[F]で表示することができる。

図2.3.1　[編集]グループ

課題1

ファイル「ナビゲーションウィンドウの検索サンプル」（図2.3.2）を開いて，「設計書」という文字列を検索しよう。

・**検索機能の一般的な操作方法**
検索機能を利用するには，(編集)グループ→(検索)ボタンをクリックする。ナビゲーションウィンドウが開かれるので，[文書の検索]ボックスにキーワードを入力する。

＜操作方法＞

① [ホーム]タブ→[検索]ボタンをクリック。すると，画面左側にナビゲーションウィンドウが表示される（図2.3.2）。

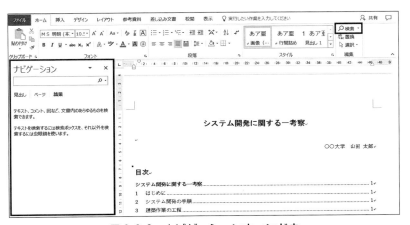

図2.3.2　ナビゲーションウィンドウ

② ナビゲーションウィンドウの[文書の検索]ボックスをクリックし、「設計書」と入力して[Enter]キーを押す。

③ 検索の結果、検索対象の「設計書」という文字列が含まれる[見出し]に色が付き、「設計書」という文字列が見つかったことがわかる(図2.3.3)。

③ここで、ナビゲーションウィンドウの[見出し]をクリックすると、見出し一覧が表示される(図2.3.3)。各見出しをクリックするとその見出しの節に移動する。

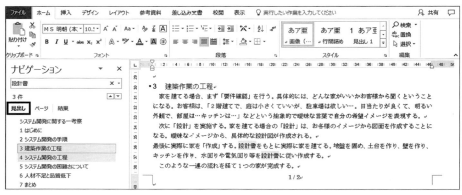

図2.3.3　検索結果の色付き

・検索対象の文字列だけでなく、その文字列を含む近辺の文書が表示されるので便利である。

・「**検索結果の表示**」

この状態でナビゲーションウィンドウの[結果]をクリックすると、本文中の検索結果を表示することができる。

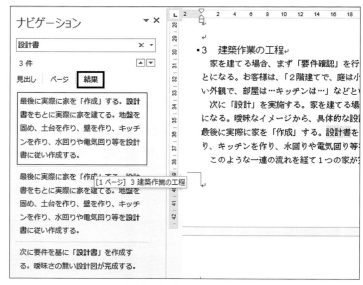

図2.3.4　検索結果の表示

2.3.2 置換機能の活用

　置換機能も，[ホーム]タブ→[編集]グループに用意されている(図2.3.1)。置換機能を利用することで，特定の文字列を別の文字列に置き換えることができる。置換を行う場合は，[検索と置換]のダイアログボックスで，検索する文字列(置き換えたい文字列)と置換後の文字列の両方を指定する。置換の方法としては，1つずつ順次置き換える方法と，一括して全部置き換える方法とがある。

・文字列の置換も，Wordに限らずさまざまなアプリケーションで行うことができる。

・**[検索と置換]のダイアログボックスの表示**は，ショートカットキーで[Ctrl]+[H]で表示することができる。

課題2

「コンピュータについて(検索と置換)」という文書で，「コンピューター」という用語を，「コンピュータ」に置き換えよう。

・コンピュータ用語では，コンピュータやリテラシのように，語尾に長音を使わない表記が一般的である。

＜操作方法＞
① ファイル「コンピュータについて(検索と置換)」を開く。
② [ホーム]タブ→[編集]グループ→[置換]ボタンをクリック。

図2.3.5　置換の操作

③ 表示されたダイアログボックス(図2.3.5)で，検索する文字列に「コンピューター」，置換後の文字列に「コンピュータ」と入力する。
④ [置換(R)]ボタンをクリックし，1つひとつ確認しながら，順次置換する。
⑤ 2～3つほど確認して置換したら，残りは一括で置換する。[すべて置換(A)]をクリックする。

・このように，1つずつ順次置き換える場合には，[置換(R)]のボタンをクリックし，一致した文字列を一括して置き換える場合には，[すべて置換(A)]のボタンをクリックする。

練習

1．情報に関する文書にて「情報リテラシー」をすべて「情報リテラシ」に置き換えてみよう。
2．「、」を「，」に変更してみよう。

・、。ではなく，(カンマ) ．(クロマル)を使うことも多い。

・[オプション]
オプションを有効にする時にクリックする。

3．「。」を「.」に変更してみよう。

■高度な検索

　書式を指定した検索や置換も可能である。太字の箇所だけ検索したり，MSゴシックのフォントをMS明朝に置換したりすることができる。書式を変換する際に便利である。

　高度な検索を利用するには，[ホーム]タブ→[編集]グループ→[検索]のプルダウンを表示し，[高度な検索(A)]を選択する(図2.3.6)。

・高度な検索の例
たとえば，太字検索の場合，[高度な検索]をクリック。表示された[検索と置換]ダイアログボックスで[検索]タブ→[オプション]→[書式]→[フォント]をクリック。表示された[検索する文字]ダイアログボックス上で[フォント]タブ→[スタイル]→[太字]を選択して[OK]ボタンを押す。[検索と置換]ダイアログボックス上で[次を検索]ボタンを押すと，文章中の太字で表記された項目が，表示される。

図2.3.6　[高度な検索]の選択

■ワイルドカードの利用

　また，文字列を検索するときに，任意の文字を対象にした検索ができる（図2.3.7）。任意の文字のことをワイルドカードと呼ぶ。例えば，「こんにちは」と「こんにちわ」を両方検索したいとき等に，「こんにち？」と指定する。

・[**ワイルドカード**を使用する]：[検索と置換]ダイアログボックス上で[オプション(M)]をクリック→表示された検索オプションメニューで，[ワイルドカードを使用する]欄をチェックする。

・「**こんにち？**」の**？**は任意の1文字に該当する。？は半角で入力する。文字が複数の場合は，＊（半角）を用いる。

・[**特殊文字**]：段落の文字やタブ文字等の特殊な文字を検索する際に利用する（図2.3.7）。

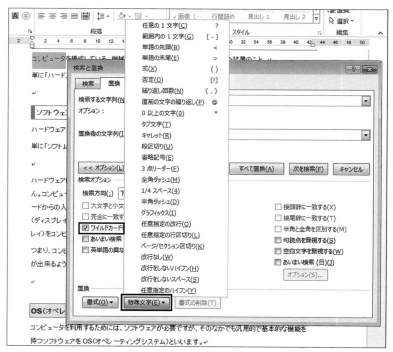

図2.3.7　特殊文字の利用

2.4 画像や図形の編集

2.4.1 画像の挿入と拡大／縮小／折り返し

文書に画像を挿入するには，大きく2つの方法がある。1つの方法は，すでにある画像ファイルのファイル名を指定して挿入する方法であり，もう1つは，コピーアンドペーストで直接挿入する方法である。

ファイル名を指定して図を挿入する場合は，[挿入]タブ→[図]グループから操作を行う。

(1) 挿入した画像を拡大／縮小／回転させる

挿入した図形は，拡大・縮小したり，回転させることができる。画像を選択し(図2.4.1)，以下に示す各ポイントをマウスでドラッグする。さらに，[レイアウトオプション]ボタンで文字の折り返しを設定できる。

・図形の移動
図形を移動するには，ドラッグ＆ドロップでできるが，キーボードの十字キー(上下左右)を使う方法もある。特に位置を微調整する場合は，[Ctrl]キーを押しながら行うと，細かい移動ができる。

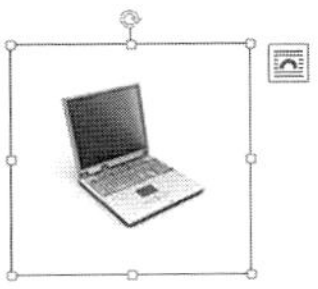

☼…回転する

─○…縦と横の比率を維持したまま，拡大・縮小する

□…縦と横の比率を維持しないで，拡大・縮小する。つまり横長，縦長にできる

▣…[レイアウトオプション]ボタンでは，文字列の折り返しを設定することができる。

図2.4.1　画像の操作

課題1

ファイルを指定して画像を文書に挿入し，拡大／縮小／回転してみよう。

＜操作手順＞
① [挿入]タブ→[図]グループ→[画像]ボタンをクリックする。
② 表示された[図の挿入]ダイアログボックスで，画像ファイル「携帯電話.jpg」を選択し，[挿入]ボタンをクリックする(図2.4.2)。
③ 同じ手順で，「ミュージックプレーヤー.jpg」を挿入する(図2.4.2)。

図 2.4.2　画像の操作(挿入後)

④ ③で挿入した画像を縮小しよう。まず，画像をクリックして選択する。画像の右下のマーク ⬗ をドラッグして図を縮小する。「携帯電話」については，縦横 2/3 程度に縮小する。「ミュージックプレーヤー」については，縦横 1/2 程度に縮小する(図 2.4.3)。

図 2.4.3　画像の操作(縮小後)

⑤ 画像を回転させる。回転は，画面の上部のマーク ⟳ をドラッグして行う。「携帯電話」については，左回り(反時計回り)に 30 度程度傾ける。「ミュージックプレーヤー」については，右周り(時計回り)に 30 度程度傾ける(図 2.4.4)。

図 2.4.4　画像の操作(傾き後)

(2) 文字列の折り返し

　図を挿入した場合に，画像と文字との位置関係を指定することができる。この位置設定を「文字列の折り返しの設定」という。折り返しの設定は，画像を選択した状態で右クリックし，[文字列の折り返し]で設定を行う。また，図をクリックした時に表示される[レイアウトオプション]ボタンをクリックしても良い。

・文字列の折り返し
画像を選択した状態で，[図形ツール]→[書式]タブ→[配置]グループ→[文字列の折り返し]と操作してもよい。

2.4 画像や図形の編集 | 89

> 課題2
>
> 「インターネットでウィルス感染」という文書に画像を挿入し、文章の中に画像を配置してみよう。

＜操作手順＞

① ファイル「インターネットでウィルス感染」を開き、カーソルを文頭に置く。
② ［挿入］タブ→［画像］ボタンをクリック。
③ 表示された［図の挿入］ダイアログボックス上で、「ノートパソコン.jpg」を選択し、［挿入］ボタンをクリックする（図2.4.5）。

図2.4.5　文字列の折り返し［行内］

・［アンカー］アイコン⚓

挿入した図をクリックすると、行の左上に［アンカー］アイコン⚓が表示される。図は、この［アンカー］アイコンとの相対位置で表示される。つまり、文字の前の文字数が変わり、行の位置が変化しても、それに伴って［アンカー］アイコンとの相対的位置が保てるように、図も移動する。

④ ③では、画像がカーソル位置（図2.4.5）に挿入されるが、図2.4.6のように文章の中に画像を配置するには、表示されている［レイアウトオプション］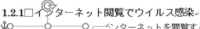をクリック→［文字列の折り返し］グループの［四角形］をクリックする（脚注図）。

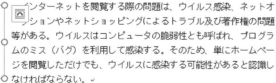

図2.4.6　文字列の折り返し［四角］

⑤ 画像を任意の位置に移動、サイズ調整等をして文書を整える。

・④文字列の折り返し
「四角形」の場合
画像を囲んで文字が表示される。
「行内」の場合
画像は、文字と同等に扱われるため、1行に文字と並んで表示される。

・④［文字の折り返し］で［四角形］を選ぶと、画像の位置を自由に配置することができる。

> **課題3**
> インターネットの画像をダウンロードし，文書に挿入しよう。

・①は Google の画像検索を利用してもよい。

＜操作方法＞
① ブラウザ(インターネット閲覧ソフト)を起動する。
② 好きなホームページで画像を見つける。
③ その画像上で右クリック。表示されたメニューから[コピー]をクリックする。
④ Word に戻り，挿入したい位置にカーソルを合わせ，[ホーム]タブ→[クリップボード]グループ→[貼り付け]ボタンをクリック。

・③以降
次のように一度ファイルを保存してから貼り付けても良い。その場合は，以下のように操作する。
③その画像上で右クリック→(名前を付けて保存)をクリック。保存先に，デスクトップ等を指定する。
④ Word に戻り，[挿入]タブ→[図]グループ→[画像]ボタンをクリック。
⑤表示された[図の挿入]ダイアログボックスで，③で保存した画像を選択する。

■オンライン画像の挿入

オンライン画像を挿入しよう。オンライン画像は，[挿入]タブ→[図]グループ→[オンライン画像]ボタンをクリックし，表示された[画像の挿入]ダイアログボックスで[Bing イメージ検索]ボックスにキーワードを入力して，検索を行う(図 2.4.7)。

・オンライン画像からの図の挿入については，本書第4章 PowerPoint による知のプレゼンテーションスキルの 4.4.1(2)「オンライン画像から図を挿入する」を参照のこと。

図 2.4.7　オンライン画像の挿入

■ 練習 ■

1．サッカーの"イラスト"を検索してみよう。"イラスト"を検索するにはどうすれば良いだろうか。
2．サッカーの"写真"を検索してみよう。"写真"を検索するにはどうすれば良いだろうか。

・練習2のヒント
・[Bing イメージ検索]ボックスに"イラスト"や"写真"として入力して検索することができる。

課題 4

画像をペイントソフトから直接コピーして，Wordに挿入しよう。

＜操作方法＞

① 挿入したい画像をコピーし，[ペイント]ソフトにペーストする。
② ペイントソフト上で[ホーム]タブ→[イメージ]グループ→[選択]ボタンの▼をクリック。表示されたプルダウンメニューの[すべて選択(A)]をクリック。
③ [クリップボード]グループ→[コピー(C)]をクリックする。
④ Word 上で，画像を貼り付けたい箇所をクリックする。
⑤ [ホーム]タブ→[クリップボード]グループ→[貼り付け]ボタンをクリックする。すると，画像が編集中の Word 文書に挿入される。

・ペイントの起動
[スタート]→[すべてのアプリ]→[Windows アクセサリ]→[ペイント]をクリック。

・**課題4の流れ**は以下のようである。
①[ペイント]ソフトを使って画像ファイルを開く。
②[ペイント]ソフト上で画像をコピーする。
③ Word 文書に，画像を貼り付ける。
・②で，四角形選択や自由選択を選び，任意の部分をコピーしても良い。

2.4.2　図形ボタンを利用して，図を描いてみよう

図形を描くときは，オートシェイプを利用すると便利である。オートシェイプは，[挿入]タブ→[図形]ボタンに用意されている（図 2.4.8）。

・複雑な図を描きたい場合には，他のツールを使った方がよいケースもあるが，比較的単純なものであれば，オートシェイプを組み合わせることで作成することができる。

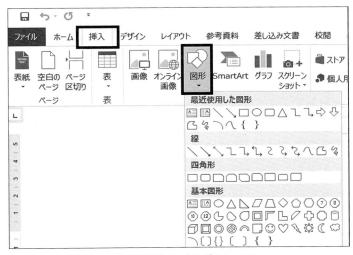

図 2.4.8　[図形]のプルダウンメニュー

・[図形]の利用
[図形]には文字の記述や塗りつぶしや半透明化，表示の順序等の設定が可能である。
・**文字の追加**は，[図形]を選択し，マウスを右クリックする。表示されたプルダウンメニューから[テキストの追加(X)]を選択する。
・**塗りつぶしと半透明化**は，[図形]を右クリックし，表示されたプルダウンメニューから，[図形の書式設定(O)]→[塗りつぶし]を選択する。

・図形の順序
・図形を重ねて表示する場合，重なった図形のどちらが前面（背面）となるかの設定ができる。表示順序の変更は，マウス右クリックのプルダウンメニューの[最前面へ移動]，[最背面へ移動]から行う。[描画ツール]の[書式]タブ→[配置]グループでも設定が可能である。

課題 5

図形（オートシェイプ）を使って，図 2.4.9 のような図を描こう。

・課題5は次の5つのステップで,図を作成する。
Step 1. 角丸四角形の作成
Step 2. 3つの角丸四角形の整列
Step 3. 矢印の追加
Step 4. 文字を入力
Step 5. スタイルの設定

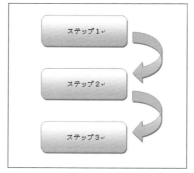

図2.4.9　3ステップを表現した図

＜操作方法＞

Step 1　角丸四角形を描く

① ［挿入］タブ→［図形］ボタンをクリック（図2.4.10）。
② 表示されたプルダウンメニューの中から,［四角形:角を丸くする］を選択する。作成中の文書上でドラッグして,大きさや位置を適切に設定する。
③ 図形をコピーする。
④ ③でコピーした図形を,2つ貼り付ける。
⑤ 3つの図形の位置を縦に並べて,配置する。

Step 2　3つの四角形を整列する

① ［Shift］キーを押しながら順に図形をクリックし,すべての図形を選択する。
② ［描画ツール］→［書式］タブ→［配置］ボタンをクリックする。
③ 表示されたプルダウンメニューから,［左右中央揃え(C)］をクリック。
④ 同様に［配置］ボタンのプルダウンメニューから,［上下に整列(V)］をクリックする（図2.4.10）。

・③のコピー
②で描いた図を選択する。図の上にカーソルがある状態で右クリックし,プルダウンメニューを表示する。プルダウンメニューから[コピー]を選択する。

・③図形のコピー
・[Ctrl]キーを押しながらドラッグアンドドロップしても,コピーできる。

・④の図形の貼り付け
Word文書中で右クリックし,プルダウンメニューを表示する。プルダウンメニューから[貼り付け]をクリック。2回貼り付けを行う。

・⑤この段階では,きれいに並べられなくて良い。この後のStep 2の操作で3つの四角形を整列する。

・①[Ctrl]キーでも良い。

図2.4.10　オートシェイプの整列

2.4 画像や図形の編集 | 93

Step 3　矢印を描く
① 矢印の画像を挿入する。[挿入]タブ→[図形]ボタンをクリックする。
② 表示されたプルダウンメニューの中から，[矢印：左カーブ]をクリック。
③ 挿入した矢印の画像をコピー，貼り付けし，適切な位置に配置する。Step 2と同様に，整列も行う。

Step 4　角丸四角形の中に，文字を入力する
① 角丸四角形の図形を選択し，「ステップ1」と入力する。
② 他の2つについても同様に「ステップ2」「ステップ3」と入力する。

・**図形に文字を入力する**には，図形を選択し，右クリック。表示されたプルダウンメニューから[テキストの追加(X)]を選択しても良い。

Step 5　スタイルを設定する
① スタイルを設定する。[Shift]キーを押下しながら，5つの図形をすべて選択する。
② [描画ツール]から[書式]タブ→[図形のスタイル]グループ→[詳細]ボタン→表示された[図形の書式設定]作業ウィンドウの[塗りつぶし(グラデーション)]を選択し，好みの色とグラデーションを設定する。

以上で，「簡単なイラスト」の完成である。

■ 練習 ■
1．チェコの国旗を描いてみよう。国旗の縦横比は2：3で，国旗の中心点で青，白，赤の部分が接するものとする（脚注図）。
2．さまざまな図形（オートシェイプ）を使って，以下の図を作ってみよう。

・**練習1のヒント**
白の長方形，赤の長方形（白の高さの半分），青の三角形の3つの図形を作成する。前面から青の三角→赤い長方形→白い長方形の順である。

チェコの国旗

・**練習2のヒント**
使っている種類は，[四角形：角度付き]，[縦書きテキストボックス]，[左中かっこ]，[テキストボックス]，[矢印：右]，[吹き出し：線]，[正方形／長方形]，[吹き出し：角を丸めた四角形]，[思考の吹き出し：雲形]である。

・**[線吹き出し1（枠付き）]** については，線の先頭を矢印にする必要がある。[図形の書式設定]にて，[線のスタイル]の[矢印の設定]で設定できる。

・**[テキストボックス]を3つ重ねる**には，[前面に移動]，[背面に移動]を選択して行う。

・**[正方形／長方形]** の線の色や太さを変更するには，[図形の書式設定]にて，[塗りつぶしと線]で行う。

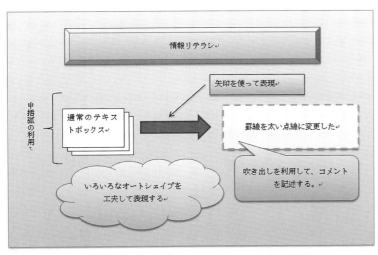

図 2.4.11　さまざまなオートシェイプの活用

2.4.3 SmartArt の利用と操作

SmartArt とは, 情報を視覚的に表現するためのもので, 効果的な図表を簡単に作成できる。組織図やベン図など, ビジネス文書で用いられるデザイン・レイアウトが豊富に用意されている。[挿入]タブ→[SmartArt]ボタンから利用することができる。

課題6

SmartArt を用いて簡単な組織図を描こう。

・**SmartArt の利用**については, 本書第4章 PowerPoint による知のプレゼンテーションスキル 4.3.3(3)「図表の作成 SmartArt グラフィックの利用」を参照のこと。

＜操作手順＞

① [挿入]タブ→[SmartArt]ボタンをクリックし, 表示されたダイアログボックスで[階層構造]の「組織図」を選び, [OK]ボタンを押す(図2.4.12)。

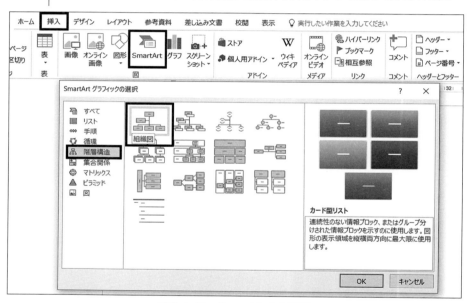

図 2.4.12　SmartArt の選択

② [SmartArt ツール]→[デザイン]タブ→[SmartArt のスタイル]グループから「光沢」を選ぶ(図2.4.13)。

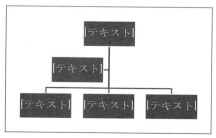

図 2.4.13　「光沢」の設定後

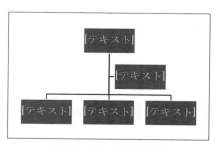

図 2.4.14　右に移動後

③ [グラフィックの作成]グループ→[右から左]をクリックする(図2.4.14)。
④ 下に並んでいる3つの要素のうち,まず左の四角形をクリックし,[グラフィックの作成]グループ→[図形の追加]を2回クリックする。
⑤ 中央の四角形をクリックし,[図形の追加]を2回クリックする。
⑥ 右の四角形をクリックし,[図形の追加]を1回クリックする(図2.4.15)。

・**[右から左]ボタン**では左右のレイアウトが入れ替わる。

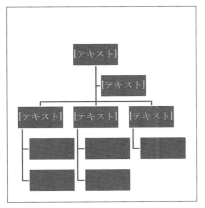 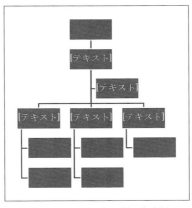

図2.4.15　図形の追加後(下)　　図2.4.16　図形の追加後(上)

⑦ 一番上の四角形上でクリックし,[グラフィックの作成]グループ→[図形の追加]の▼ボタンをクリック。→表示されたメニューから[上に図形を追加]をクリック(図2.4.16)。
⑧ [デザイン]タブ→[色の変更]ボタンをクリック。「カラフル−アクセント3から4」を選択する(図2.4.17)。

・⑧[色の変更]ボタン

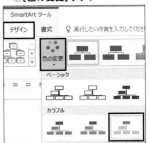

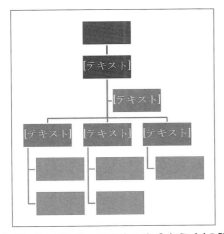

図2.4.17　「カラフル−アクセント3から4」の設定後

⑨ 図形要素をすべて選択し,マウスの右ボタンをクリックして[フォント]を選び,[日本語用のフォント]で「MSPゴシック」を選択する。
⑩ [グラフィックの作成]グループ→[テキストウィンドウ]をクリックし,各図形要素に名称を入力する(図2.4.18)。

・複数の図形要素をすべて選択するには,[Shift]キーを押しながら各要素をクリックする。
全体を選択する場合は,外枠をクリックしても良い。この場合,フォントの変更は,[ホーム]タブのフォントグループから行う。

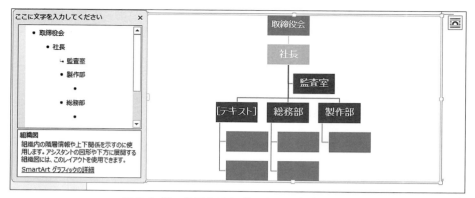

図 2.4.18　各テキストボックスに名称を入力

⑪ 要素の1つの上でマウスの右ボタンをクリックし，表示されたメニューから [図形の書式設定] を選択する。

⑫ 表示された画面右の [図形の書式設定] 作業ウィンドウで，[文字のオプション] → [レイアウトとプロパティ] をクリック。→ [左余白] と [右余白] を 0.4cm に変更する（図 2.4.19, 図 2.4.20）。

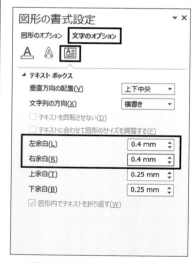

図 2.4.19　図形の書式設定　　図 2.4.20　組織図の完成

⑬ [閉じる] をクリック。以上で完成である。

■ 練習 ■

1. 放射型ベン図を使って「賃金支払いの五原則」を表現しよう（図 2.4.21）。

・練習1のヒント
集合関係の [放射型ベン図] を使用する。SmartArt のスタイルとして「光沢」を使用する。

2.4 画像や図形の編集 | 97

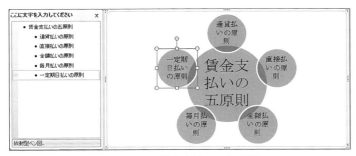

図 2.4.21　賃金支払いの五原則

2．「矢印無し循環」を使って「三権分立」を表現しよう（図 2.4.22）。

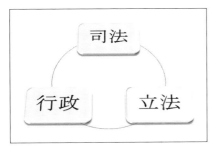

図 2.4.22　三権分立

・練習 2 のヒント
集合関係の「矢印無し循環」を使用する。「矢印無し循環」は，5 つの枠があるので，2 つ枠を削除する。色は「枠線のみ アクセント 1」を使用する。SmartArt のスタイルは「フラット」を使用する。

2.4.4　文字の効果の利用

　文字の効果を使って華やかな文字を作成することができる。カタログやポスターの制作には欠かせない。文字の効果は，[ホーム] タブ→[文字の効果と体裁] ボタンに用意されている（図 2.4.23）。

・**文字の効果**は，Word2010 からの新しい機能である。以前のバージョンの Word では，**ワードアート**という機能を使って文字を装飾できる。
文字の効果が文字（フォント）として用いられるのに対し，ワードアートは図形として取り扱われる。

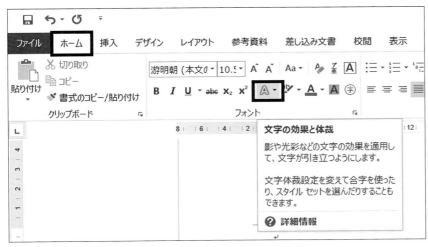

図 2.4.23　文字の効果の設定

■ 練習

1. 文字の効果を使って「豊かな表現が可能」と書いてみよう。2つ以上の効果を設定しよう。
2. ワードアートを使って「豊かな表現が可能」と書いてみよう。2つ以上の効果を設定しよう。

■ 図ツールを利用した画像の効果

Word2016では，図にアート効果を施すことができる。画像を選択した状態で，図ツールの[書式]タブ→[調整]グループや[図のスタイル]グループで設定する（図 2.4.24）。

・**ワードアートの利用**に関しては，本書第 4 章 PowerPoint による知のプレゼンテーションスキル 4.3.3(1)「文字の装飾　ワードアートの利用」を参照のこと。

図 2.4.24　[調整]グループと[図のスタイル]グループ

例

以下は，ファイル「植物のサンプル画像」にアート効果を設定し，左から，[アート効果]で[なし]，[ガラス]，[光彩：輪郭]効果をかけたものである。

　　[なし]　　　　　[ガラス]　　　　[光彩：輪郭]

以下は，左から，[図のスタイル]で[シンプルな枠, 白]，[面取り楕円, 黒]，[透視投影, 面取り]効果をかけたものである。

　[シンプルな枠, 白]　　[面取り楕円, 黒]　　[透視投影, 面取り]

■ 練習

上の例以外の，さまざまなアート効果，図のスタイルを設定してみよう。

2.5 表とグラフの作成と編集

2.5.1 表の作成と編集

ここでは，表の作成と編集方法を学ぶ。表を作成するには，行と列の数を指定して挿入する方法(図2.5.1)と，マウスで罫線を引く方法とがある。多くの場合，双方を組み合わせて描くと描きやすい。表を描くためのツールは，[挿入]タブ→[表]グループの[表]ボタンに用意されている。また，表にスタイルを適用すると，美しい表を作成することができる。表のスタイルは，[表ツール]→[デザイン]タブ→[表のスタイル]から設定する。

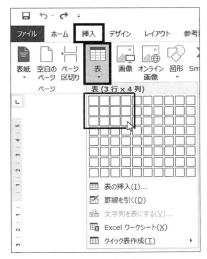

図2.5.1 表の挿入

> **課題1**
> スタイルを利用して時間割を作成しよう。自分の履修している科目を入力しよう。

＜操作方法＞
① [挿入]タブ→[表]ボタンをクリックする。
② 6行×7列の領域を選ぶ。すると，6×7の表が作成中の文書に挿入され(図2.5.2)，リボンが[表ツール]に替わる(図2.5.3)。

・表はカーソルの位置から右下部分に作成される。

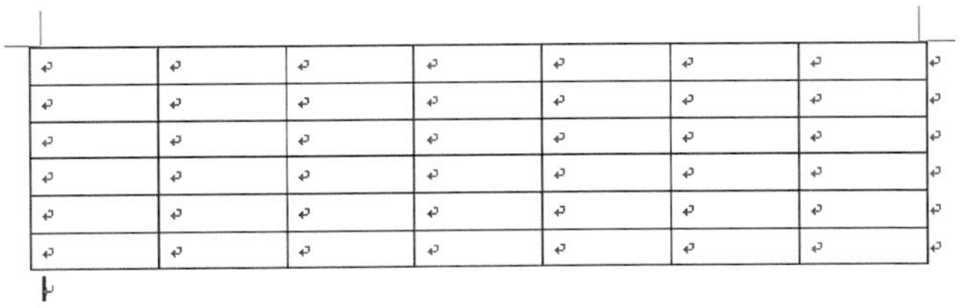

図2.5.2 6行×7列の表挿入後

図 2.5.3　表ツール［デザイン］タブ

③ ［表ツール］→［デザイン］タブ→［表スタイルのオプション］グループで，［タイトル行］，［最初の列］，［縞模様（行）］の3つのチェックボックスにチェックを入れる。

④ ［表のスタイル］グループのサンプル一覧から，［グリッド（表）5濃色-アクセント1］をクリックする。すると，作成中の表に［グリッド（表）5濃色-アクセント1］のスタイルが適用される（図2.5.4）。

・④ ［表のスタイル］
［グリッド（表）5濃色-アクセント1］は以下の場所にある。

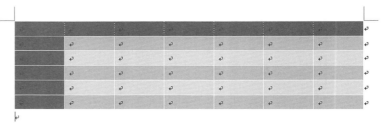

図 2.5.4　［グリッド（表）5濃色-アクセント1］のスタイル適用後

⑤ マウスポインタを表の左上角部に重ね，表示されるマーク をクリックして表全体を選択する。

⑥ ［表ツール］→［レイアウト］タブ→［中央揃え］ボタンをクリックし，文字列の配置を中央揃えにする。

⑦ 表の各セルに，曜日，1〜5限目の数字，科目名を入力して完成させる。自分の履修科目を入力する（図2.5.5）。

・表スタイルの変更
ひと通り表を作成した後でも，表内をクリックして他の表スタイルを選べば変更できる。

図 2.5.5　時限・曜日・科目入力後

(1) 表と罫線の操作

ここでは，セルの大きさや行・列の幅が異なるような複雑な表現の表を扱う。以下に表や罫線に関する操作を記述する。

■表やセルの選択

- **表全体を選択**：表をクリックすると，表の左上に が表示される。このマークをクリックすると表全体が選択できる。
- **行を選択**：行の先頭の部分をクリックする（図2.5.6）。さらにドラッグすることで複数行も選択できる。

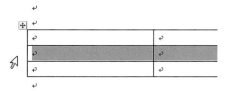

図2.5.6　行の選択

- **列を選択**：列の先頭の部分をクリックする（図2.5.7）。さらにドラッグすることで複数列も選択できる。

図2.5.7　列の選択

■行や列の挿入／削除

行の挿入をするには，[挿入マーク]を使う。追加したい行の左上にカーソルを合わせると[挿入マーク]が表示される。これをクリックすると行を挿入できる（図2.5.8）。2行選択した状態で同様の処理を行うと2行追加することができる。また，ミニツールバーを使って挿入することもできる（図2.5.9）。上に行を挿入するには，ミニツールバーから[挿入]→[上に行を挿入]とする。

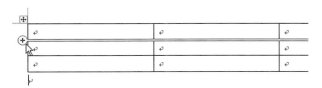

図2.5.8　行の挿入（コントロールの挿入）

図2.5.9　行の挿入（ミニツールバー）

■セルの選択
・単一セルを選択
セル内の左端付近にマウスポインタを持ってくると，以下のような形状になる。この状態でクリックする。

・ここでは，科目A・科目F・科目G・科目Iを選択して太字にしてみよう。

・複数セルを選択するには，選択したいセル範囲をドラッグする。選択したいセルが離れている場合は，[Ctrl]キーを押しながら，セルをクリックする。

■罫線を選択
罫線の上にマウスポインタを持ってくると ⇕ または ⇔ が表示される。この状態でドラッグ＆ドロップすることで列幅，行幅を変更することができる。

・行や列の挿入／削除
行や列を挿入・削除するには，[表ツール]→[レイアウト]タブ→[行と列]グループに用意されている各種ボタンを利用しても良い。

・新たに行の挿入をするには，右クリックで表示されるプルダウンメニューから，[挿入(I)]を選択し，[上に行を挿入(A)]または[下に行を挿入(B)]を選択する（図2.5.8）。
行を削除するには，削除したい行を選択し，ミニツールバーから[削除]→[行の削除]を選択する。

・ミニツールバー
セル・行・列を右クリックするとミニツールバーが表示される（図2.5.9）。

- **行の挿入／削除を行うには**, 行を選択し, 右クリックで表示されるプルダウンメニューから, [挿入]や[行の削除(D)]を選択しても良い。

- **[表ツール]→[レイアウト]タブ→[高さを揃える]ボタン**をクリックしても良い。

列についても同様の操作で挿入／削除することができる。

■行の高さや列の幅を揃える

　複数の行を同じ高さにするには, 高さを揃えたい複数の行を選択し, 右クリックで表示されるプルダウンメニューから[行の高さを揃える]をクリックする。列の幅を揃える場合も同様の操作を行う。

(2) 表のレイアウト

　[表ツール]の[レイアウト]タブをクリックしてみよう(図2.5.10)。このタブに用意されている機能を使うことで, さまざまな表を表現することができる。ここでは, 表のレイアウトに関する操作を学ぶ。

- このような"自動的に揃える"機能は, コンピュータならではの機能である。積極的に活用しよう。

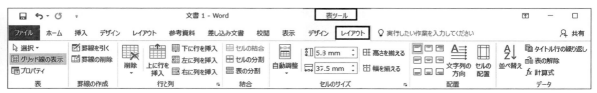

図2.5.10　表ツール[レイアウト]タブ

■セルの分割と結合

　セルを分割・結合して, 複雑な表を作成することができる。セルの分割・結合は, [レイアウト]タブ内の[結合]グループ(図2.5.11)にある[セルの分割]と[セルの結合]で行う。

- **[セルの結合][セルの分割]**共に, 右クリックで表示されるミニツールバーやプルダウンメニューから選択することも可能。

図2.5.11　[結合]グループ

　セルを結合するには, 結合したいセルを複数選択し, [セルの結合]を選択する。また, セルを分割する場合は, 分割したいセルを一つ選択し, [セルの分割]を選択する。

■セル内の文字の配置

　セル内の文字の配置を指定することも可能である。セル内で文字を中央に配置したり, 右上に配置したりすることができる。縦の位置(上, 中央, 下)と横の位置(左, 中央, 右)の合計9個の配置を指定できる。[レイアウト]タブ内の[配置]グループ(図2.5.12)で操作する。

- セル内の文字の配置を行わないと, 見た目にぎこちない表になるので, 意識して指定すること。

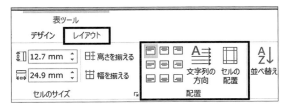

図 2.5.12 ［配置］グループ

■罫線の利用

［表ツール］の［デザイン］タブにある［飾り枠］グループ（図 2.5.13）で，罫線のさまざまなスタイルの作成をマウス操作で行うことができる。複雑な罫線を用いる表の場合は，この機能を使って作成するとよい。

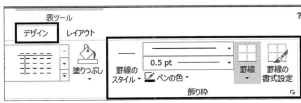

図 2.5.13 ［飾り枠］グループ

課題 2

列や行の幅や背景色の設定を利用して，より表現豊かな自分の時間割を作成しよう（図 2.5.14）。

	月	火	水	木	金	土
1限				情報リテラシⅠ		
2限	会計監査論					
昼休み						
3限						
4限	国際ビジネス概論	消費者行動論				
5限		データベース論Ⅰ				
6限						
放課後		サークル		サークル		サークル

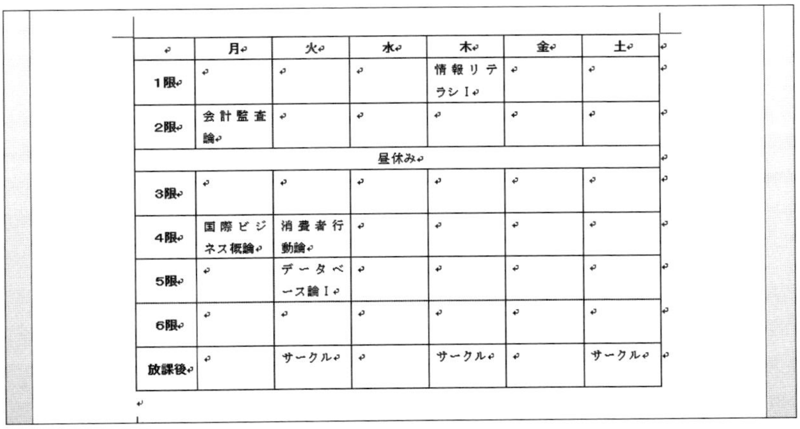

図 2.5.14 レイアウトした時間割

<操作方法>

① 新規に文書を作成し，［挿入］タブ→［表］ボタンをクリックする。

・②行数と列数の指定
行と列を指定するには、[表]ボタンの▼をクリック。→[表の挿入]をクリックし、表示された[表の挿入]ダイアログボックス上で、列数と行数を指定しても良い。

・③以降、
1行目：曜日行タイトル
1列目：時限列タイトル
と表記する。

・設定した書式の情報を他の箇所で利用する場合には、[書式のコピー]を使う。書式のコピーは、文字の内容ではなく、その文字に設定されているフォントの種類やサイズ等の「書式」の情報のみをコピーする、非常に便利な機能である。[ホーム]→[クリップボード]グループにある のマークである。

② 表示されたプルダウンメニューの表のマス目をドラッグし、8行×7列とする（図2.5.15）。すると、8行7列の表が挿入される。

図2.5.15　8行×7列の表を挿入

③ 1行目の左から2マス目から順に「月」〜「土」をそれぞれ入力する。また、一番左の列の2行目から「1限」〜「6限」、「放課後」と入力する。

④ 曜日行タイトルと時限列タイトルのフォントの種類を指定する。1行目（曜日タイトル行）の左側の余白をクリックする。表示されたフォントに関するアイコンを利用して、MSPゴシック・太字にする（図2.5.16）。時限列タイトルも同様に設定する。

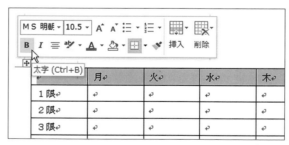

図2.5.16　表のフォントに太字設定

⑤ 曜日行タイトルと時限列タイトルの文字の配置を設定する。
　1行目（曜日タイトル行）の左側の余白をクリックし、[表ツール]→[レイアウト]タブ→[中央揃え]ボタンをクリックする（図2.5.17）。時限列タイトルも同様に設定する。

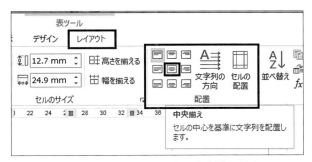

図2.5.17 セル内の文字を中央揃え設定

⑥ **時限列タイトルの列幅を狭める。**1列目と2列目の間の罫線をドラッグ＆ドロップして狭める（図2.5.18）。続いて，2列目から7列目を選択し，マウスの右クリックで表示されるプルダウンメニューから［列の幅を揃える(Y)］を選択し，等間隔にする。

・1列目を狭めることにより，2列目以降の幅がずれる。そのため，2列～7列を均等に幅を整える。

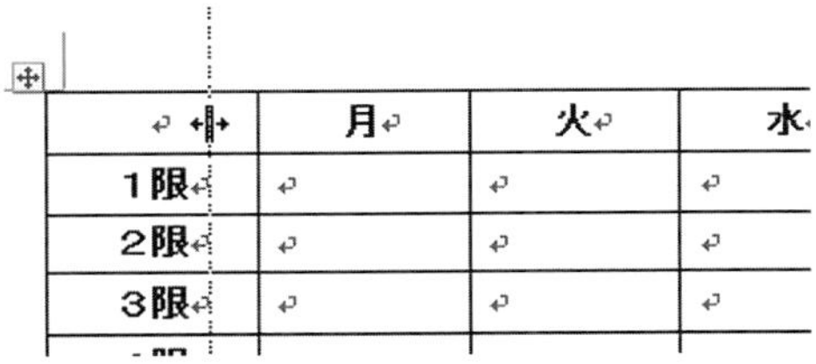

図2.5.18 列の幅を狭める

⑦ **各マス目に自分自身の時間割りを入力する。**
⑧ **昼休みの行を挿入する。**3限の行の左上にカーソルを合わせ，表示された［挿入マーク］ボタン ⊕ をクリックする。
⑨ **昼休みのセルを結合する。**挿入した行全体を選択する。選択した上で，［レイアウト］タブ→［セルの結合］ボタンをクリックする。
⑩ **結合したセルに「昼休み」と入力する。**
⑪ ［表ツール］→［レイアウト］タブ→［中央揃え］ボタンをクリックする。
⑫ **行の高さを揃える。**1限と2限の複数行を選択し，右クリックで表示されるプルダウンメニューから［行の高さを揃える(M)］を選択する。同様に3限から放課後の行の高さも揃える。

以上で，「自分の時間割」の完成である。

・2限の列を選択し，右クリックで表示されるプルダウンメニューから［挿入］→［下に行を挿入(B)］を選択しても良い。

■ **練習** ■

作成した自分の時間割をさらに編集し，教室名や教員名，時刻を記入したり，必修科目は文字色を変えたりといった，独自の時間割を作成しよう。罫線の種類もいろいろと変えてみよう。

・練習のヒント
必修科目の文字色を変えるには，科目のセルを1つクリックし，［Ctrl］キーを押しながら他の科目のセルをクリックして複数の科目を選択する。→［ホーム］タブ→［太字］をクリックする。
罫線の色や太さを調整するには，［表ツール］→［デザイン］タブ→［ペンの色］ボタンをクリック。→表示されたプルダウンメニューから好みの色を選択する。また，ペンの太さを好みの太さ(pt)にする。

2.5.2 グラフの作成と編集

資料を作成する場合,数値データを表に表すだけでなく,グラフを描くと視覚に訴えることができ,より効果的である。Word は, Excel と連携してグラフを文書内に挿入することができる。必要なデータは, Excel の操作画面で編集する。これらにグラフスタイルを適用すると,より美しいグラフとなる。

・Excel などの別のソフトウェアでグラフを作成して,画像として Word に貼り付けるという方法もある。

課題 3

過去 10 年間(2006 年度～2015 年度)の携帯電話契約数の推移を折れ線グラフで表してみよう(図 2.5.19)。

・[グラフの挿入]ダイアログボックスには,棒グラフ,折れ線グラフ,円グラフ,散布図等,さまざまな種類のグラフが用意されている。

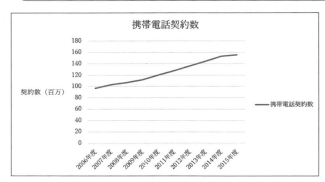

図 2.5.19　携帯電話契約数(完成)

＜操作方法＞
① 新規に文書を作成し,[挿入]タブ→[グラフ]ボタンをクリックする。
② 表示されたダイアログで,「折れ線グラフ」を選択して,[OK]ボタンをクリックする(図 2.5.20)。

・[グラフの挿入]ダイアログボックス上で,プレビューされたグラフをマウスオーバーすると,グラフが拡大される。

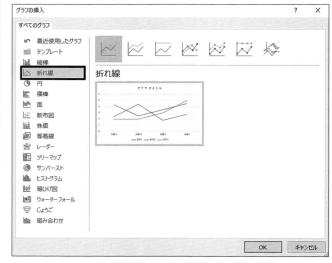

図 2.5.20　折れ線グラフを選択

2.5 表とグラフの作成と編集 | 107

③ 図 2.5.21 のような Word 文書と [Microsoft Word 内のグラフ] ウィンドウが表示される。

・**データの編集**は以下のように行っても良い。
[MicrosoftWord 内のグラフ] ウィンドウ内の [Microsoft Excel でデータを編集] ボタンをクリック。すると，Excel の画面が開くので，そこで編集を行う。

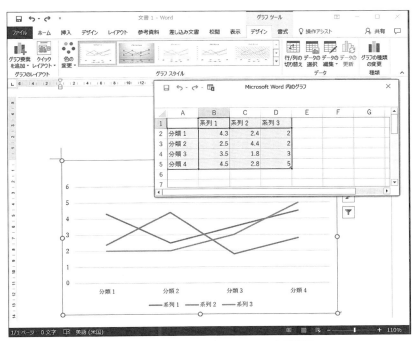

図 2.5.21　データ入力用の Excel が起動

④ 表示された [Microsoft Word 内のグラフ] ウィンドウ上のデータ範囲 (2 列 × 11 行) に携帯電話の契約数の情報を入力する (図 2.5.22)。その際に，グラフのデータの範囲を変更する。

・**データ範囲の変更**
既定のデータ範囲を変更するには，指定された範囲の右下の をドラッグすると良い。

図 2.5.22　データ入力完了後

108 | 第**2**章 Word 2016 を使った知のライティングスキル

⑤ 入力が終わったら, [Microsoft Word 内のグラフ]ウィンドウを ☒ ボタンで閉じる。

⑥ グラフのレイアウトを変更する。

　グラフをクリックすると, [グラフツール]の[デザイン]タブが表示される(図 2.5.23)。[グラフのレイアウト]グループ→[クイックレイアウト]ボタンの▼をクリック。→表示されたメニューから「レイアウト 10」をクリックする(図 2.5.23)。

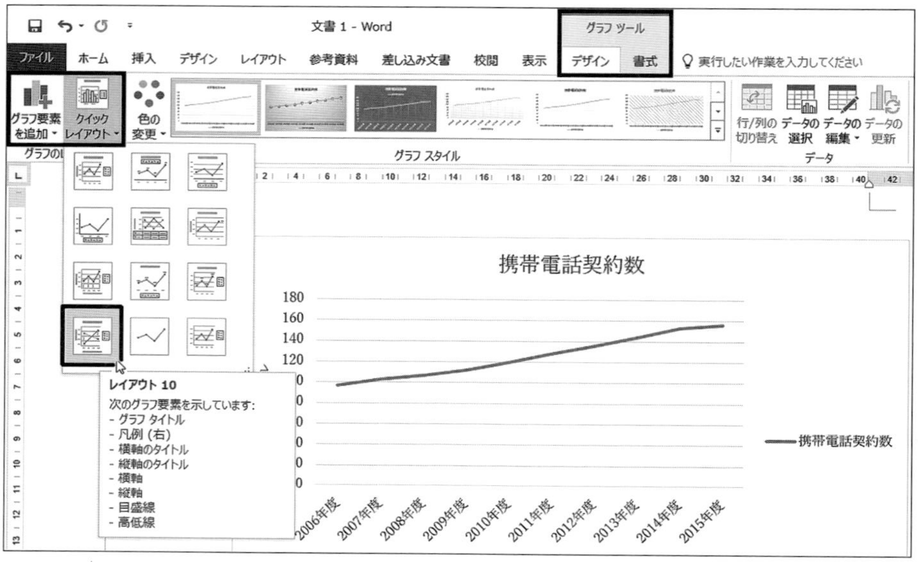

図 2.5.23　[グラフのレイアウト]グループ

・**軸ラベルを削除するには**, 軸ラベルを選択し, [Delete]キーを押下する。

⑦ ⑥のグラフ上で, 軸ラベルを修正・削除する。

　・下側の「軸ラベル」を[Del]キーで削除する。

　・左側の「軸ラベル」をクリックし, 「契約数(百万)」と入力する。

⑧ 「契約数(百万)」と入力した軸ラベルを右クリック→表示されたメニューで[軸ラベルの書式設定]をクリック。→表示された[軸ラベルの書式設定]作業ウィンドウで[文字オプション]をクリック。→[レイアウトとプロパティー] 🅰 ボタンをクリック。→[文字列の方向(X)]で[横書き]をクリックする(図 2.5.24)。

2.5 表とグラフの作成と編集 | 109

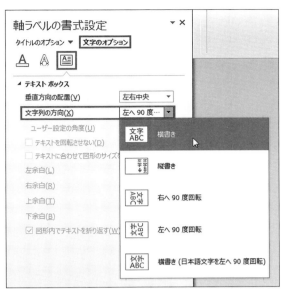

図 2.5.24 文字列の方向を[横書き]に設定

⑨ 各ラベルの大きさや位置を整える。
　以上で、携帯電話契約数のグラフの完成である。

■ 練習 ■

　次のグラフを作成してみよう。グラフの種類は、「3D-100% 積み上げ縦棒」を使う(図 2.5.25)。

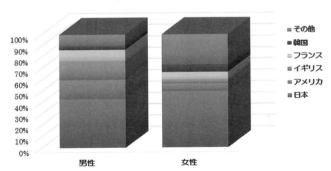

図 2.5.25 好きな国アンケート(完成)

ヒント Excel で、以下のとおりにデータを入力する(図 2.5.26)。

	A	B	C	D	E	F	G
1		日本	アメリカ	イギリス	フランス	韓国	その他
2	男性	13	5	5	3	1	3
3	女性	15	2	1	2	2	8

図 2.5.26 ヒント

・使用するデータは、次のとおりである(図 2.5.26)。

好きな国アンケート(男女 30 計 60 人)

男性
　日本：13
　アメリカ：5
　イギリス：5
　フランス：3
　韓国：1
　その他：3

女性
　日本：15
　アメリカ：2
　イギリス：1
　フランス：2
　韓国：2
　その他：8

2.6 レポート・論文を書くときに利用する機能

通常の文書ではあまり使われないが，論文やレポートを作成する際によく使う機能がある。ここではそれら，スタイルや目次の組み方，脚注や図表番号などについて学ぶ。

2.6.1 スタイルの利用

スタイルとは，決まった文字の設定に名前を付けたものである。[ホーム]タブ→[スタイル]グループから指定できる（図2.6.1）。同じスタイルを設定していた場合，スタイルに対するフォントの種類を変更すると，同じスタイルをしている箇所を一括して変更することができる。

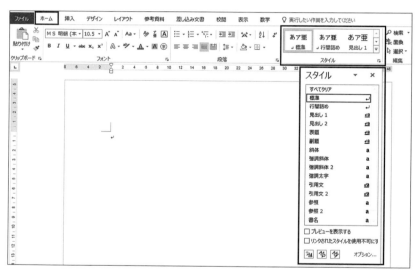

図2.6.1　スタイルの利用

・**スタイルセットの利用**
・スタイルセットするだけで，雰囲気の違った文書にできる。
・配色やフォント，段落の間隔もここから設定する。

また，**スタイルセット**を利用し，文書全体のスタイルを一括して設定することができる。スタイルセットは[デザイン]タブ→[ドキュメントの書式設定]から設定する（図2.6.2）。

図2.6.2　スタイルセットの利用

■ 練習 ■

自由にスタイルセットを設定してみよう。
スタイルセットを選択し，配色も設定する。

・文書「スタイルセット参考文書.docx」を利用する。「スタイルセット参考文書_スタイル設定後.doc」はスタイルセット：ミニマリスト，配色：青，フォント：HG丸ゴシック M-PRO を設定した参考例。

2.6.2　目次の作成と利用

見出しのスタイルを設定した場合，その見出しを基に目次を作成することができる（図 2.6.3）。目次は，［参考資料］タブ→［目次］グループから作成する（図 2.6.4）。

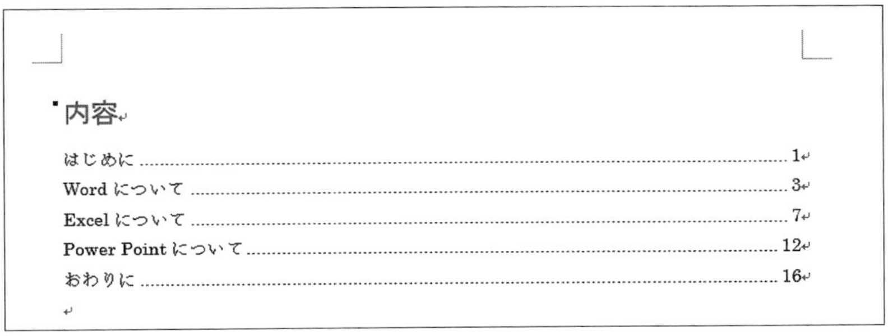

図 2.6.3　目次の例

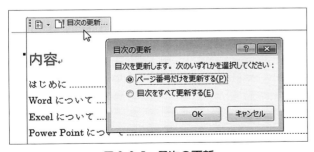

図 2.6.4　［目次］グループ

見出しが増えて，目次の数やページ数が変わった場合には，目次をクリックして，上部に表示される［目次の更新］を選択する。表示されたダイアログで［OK］ボタンをクリックすると，最新の状態にすることができる（図 2.6.5）。

図 2.6.5　目次の更新

- **課題1の操作の流れ**は以下のとおりである。
  Step1　タイトルと章タイトルにスタイルを設定する。
  Step2　目次を挿入する。
  Step3　一度にスタイルを更新する。

> **課題1**
> スタイルや目次を利用して，レポートを作成しよう。
> レポートには，目次を作成する。また，スタイル自体を変更することで，文全体の設定を一括して変更する方法を学ぶ。

＜操作手順＞

① ファイル「システム開発に関する一考察（目次・スタイル）」を開く。

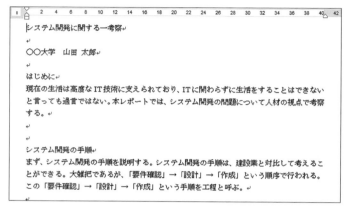

図2.6.6　「システム開発に関する一考察」ファイルの内容

Step 1　タイトルと章タイトルに，スタイルを設定する

② 「システム開発に関する一考察」という行頭にカーソルを置き，［ホーム］タブ→［スタイル］グループの右下の ▼ マークをクリックし，すべてのスタイルを表示する。表示されたスタイルの中から［表題］を選択する（図2.6.7）。

図2.6.7　表題のスタイルを設定

- **③の注意**
・章タイトルとは，「はじめに」，「システム開発の手順」，「建築作業の工程」，「システム開発の工程」，「システム開発の困難さについて」，「人材不足と品質低下」，「まとめ」の7つである。

- **③の注意**
・複数行を一度に設定するために，［Ctrl］キーを押しながら，行頭をクリックして（下図を参照），章タイトルを7行選択したあとで，「見出し1」をクリックすると良い。

③ タイトルと同様の手順で，章タイトルに「見出し1」というスタイルを設定する。

④ 名前「○○大学　山田太郎」を［右揃え］に設定する。

2.6 レポート・論文を書くときに利用する機能 | 113

Step 2　目次を挿入する

⑤ 名前の一段下の行にカーソルを設定し，[参考資料]タブ→[目次]グループ→[目次]ボタンをクリックする。

⑥ 表示されたプルダウンメニューから，「自動作成の目次2」を選択する（図2.6.8）。すると，目次が挿入される（図2.6.9）。

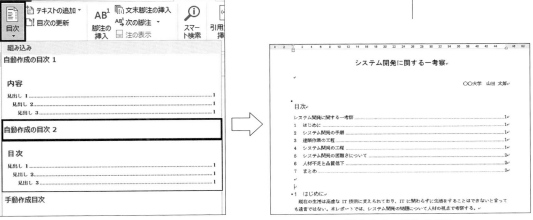

図2.6.8　自動作成の目次2を選択　　　図2.6.9　目次の挿入

Step 3　最後に，章タイトルを太字にする。スタイルの機能を使い，すべての箇所を一度にスタイル変更しよう。

⑦ [ホーム]タブ→[スタイル]グループの右下にある ボタンをクリックする。表示された[スタイル]のダイアログボックス上で[見出し1]にカーソルを合わせる（脚注図）。

⑧ 表示される ボタンをクリックする。表示されたプルダウンメニューから[変更]を選択する（脚注図）。

⑨ 表示された[スタイルの変更]ダイアログボックスの B [太字]を選択して[OK]ボタンをクリックする（図2.6.10）。該当する「見出し1」の書式を一括して太字にすることができる。

図 [Ctrl]キーを利用して複数選択

・⑧スタイル変更ダイアログボックスを開く

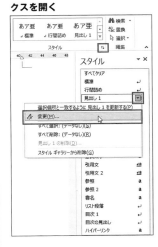

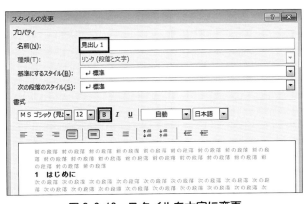

図2.6.10　スタイルを太字に変更

以上で,「システム開発に関する一考察(目次・スタイル)」の完成である。

2.6.3 脚注と図表番号

続いて「脚注」・「図表番号」について学ぶ。

(1) 脚注

脚注は,脚注を指定したい文字を選択した状態で設定する(図2.6.11)。脚注は[参考資料]タブ→[脚注]グループから行う。

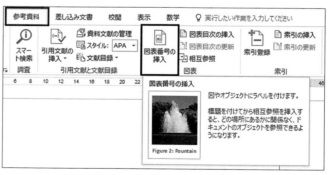

図2.6.11 脚注のサンプル

(2) 図表番号

論文やレポートでは,図や表に番号・タイトルを付ける。図表番号は,図を選択した状態で,[参考資料]タブ→[図表]グループ→[図表番号の挿入]から行う(図2.6.12)。

図2.6.12 図表番号の挿入

・図と表の番号の位置
一般に,図と表で図表番号を付与する位置が決まっている。表の場合は"表の上側"であり,図の場合は"図の下側"が一般的である。

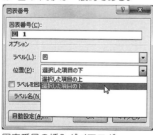

図表番号の挿入ダイアログ

■ 練習 ■

下記の図と表を作成し，図表番号を入れてみよう（図 2.6.13）。表の場合は表の上に，図の場合は図の下に入れることに注意をして作成しよう。

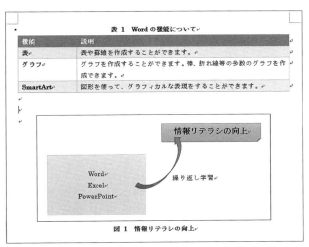

図 2.6.13　図表番号の練習サンプル

・[ラベル(L)]に"図"や"表"がない場合がある。その場合は，[ラベル名(N)]をクリックし，"図"や"表"を入力して登録する。

課題 2

段組みを組んだり，脚注や図表番号を挿入して，論文を作成しよう（図 2.6.14）。

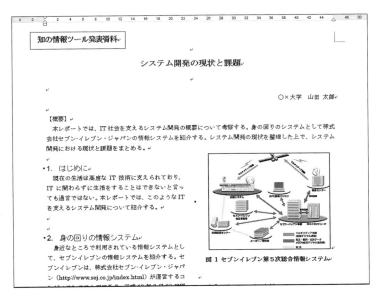

図 2.6.14　論文形式の文書完成

・**課題 2**
段組みや脚注，図表番号を利用して，論文を完成させる。また，ユーザ定義の余白の設定や文字数の設定等，細かい設定も行う。

・前の章で学習した，表や図の復習も兼ねている。表と図を真似て作成してみよう。その上で，図表番号とタイトルを挿入してみよう。

・**課題 2 の操作の流れ**は以下のとおりである。
Step 1　余白を設定
Step 2　図表番号とタイトルを付ける
Step 3　脚注を作成する
Step 4　段組みを組む
Step 5　覚書を挿入する

<操作方法>
① 「システム開発の現状と課題（図表番号）」という文書を開く（図 2.6.15）。

②ユーザー設定の余白

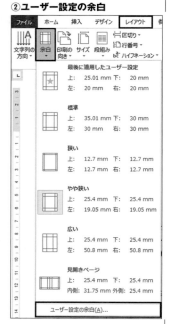

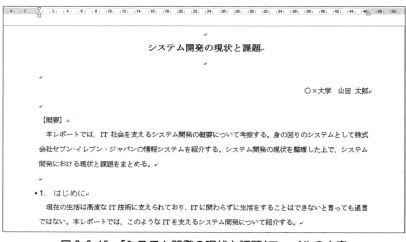

図 2.6.15 「システム開発の現状と課題」ファイルの内容

- ③余白は[余白]タブで設定する。
- ③行数は[文字数と行数]タブで設定する。

Step 1　余白を設定する

② [レイアウト]タブ→[余白]から[ユーザ設定の余白(A)]ボタンをクリックする（脚注図）。

③ 表示されたダイアログボックスで、以下のとおり設定する。
　　余白：上 25mm, 下 20mm, 左 20mm, 右 20mm
　　行数：42 行

Step 2　図表番号とタイトルを付ける

④ まず、1 ページ目の下の方にある図に対して行う。図をマウスで右クリックし、表示されたプルダウンメニューの[図表番号の挿入(N)]をクリックする。

- ⑤番号とタイトルは「表は上」「図は下」に付けること。

⑤ 表示された[図表番号]ダイアログボックス（図 2.6.16）で、図のタイトルとして[図表番号(C)]の入力箇所に「セブンイレブン第五次総合情報システム」と入力する。また、オプションの[ラベル(L)]と[位置(P)]をそれぞれ[図]、[選択した項目の下]に設定する（図 2.6.16）。

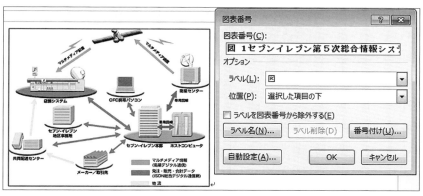

・表の場合は,はじめに表全体を選択する必要がある。表をクリックし,表の右上に表示される✥のマークをクリックすることで,表全体を選択できる。その後で,表をマウスで右クリックし,表示されたプルダウンメニューより[図表番号の挿入(C)]を選択する。

・表の場合,オプションの設定は以下のとおり。
[ラベル(L)]:表
[位置(P)]:選択した項目の上。

図 2.6.16　図表番号の挿入

[OK]ボタンを押すと,以下のとおり図表番号が挿入される(図 2.6.17)。

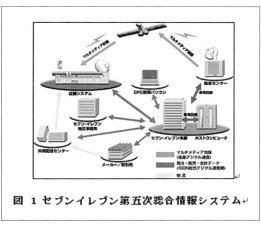

図 2.6.17　図表番号の挿入後

⑥ ④〜⑤と同様の操作で,残りのすべての図と表に,番号とタイトルを付与する。付与するタイトルは以下のようにする。

　　図1:セブンイレブン第五次総合情報システム
　　図2:セブンイレブン店舗システム
　　図3:曖昧なお客様の要望(イメージ図)
　　図4:家の設計図の例
　　図5:家の完成(イメージ図)
　　図6:曖昧なお客様の要望(イメージ図)
　　図7:設計書の例
　　図8:システムの完成(イメージ図)
　　表1:家を建てる場合の関係人物
　　表2:システム開発の場合の関係人物

- ⑦の操作：検索
検索は，[ホーム]タブ→[編集]グループ→[検索]ボタンをクリック。→表示された[ナビゲーション]ウィンドウの入力欄に"日本最大級の小売業"と入力する。

- ⑧の初期設定では[脚注の挿入]ボタンをクリックすると，該当ページの最下段に脚注が挿入される。
脚注を文書の最後にまとめて入れたい時は，[文末脚注の挿入]ボタンをクリックする。

- [参考資料]タブ→[脚注]グループの ▫ をクリックすると，以下のような[脚注と文末脚注]ダイアログボックスが表示される。このダイアログボックスの[場所]で，脚注を挿入する場所や，その他の設定ができる。

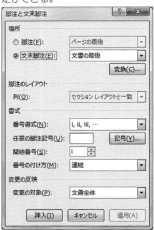

Step 3　脚注を作成する

⑦ 文章中の"日本最大級の小売業"を検索し，選択する。選択した状態で，[参考資料]タブ→[脚注の挿入]ボタンをクリックする。

⑧ ページの下部に脚注が挿入されるので，「売上2兆4,987億5千4百万円，従業員数4,804人」と入力する（図2.6.18）。

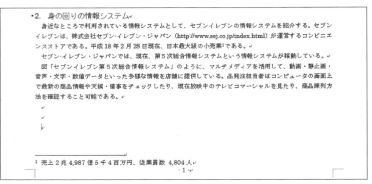

図2.6.18　脚注挿入後

Step 4　本文の段組みを組む

⑨ カーソルを章タイトル「はじめに」の上の行に移動する。[ページレイアウト]タブ→[段組み]ボタンをクリックする。

⑩ 表示されたプルダウンメニューから，[段組みの詳細設定(C)]を選択する。

⑪ 表示された[段組み]ダイアログボックスの[種類]にて[2段(W)]を選択し，[設定対象(A)]で[これ以降]を選択する（図2.6.19）。

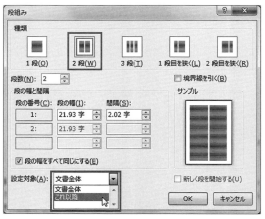

図2.6.19　段組みの設定（これ以降）

2.6 レポート・論文を書くときに利用する機能

Step 5　最後にタイトルの上部に「知の情報ツール発表資料」という覚書を挿入する

⑫ [挿入] タブ→ [テキストボックス] ボタンをクリックする。
⑬ 表示されたプルダウンメニューから [横書きテキストボックスの描画 (D)] を選択する（脚注図）。
⑭ タイトルの左上に，マウスでドラッグしてテキストボックスを描く。
⑮ テキストボックスの中に「知の情報ツール発表資料」と入力する。挿入後は，以下の通りになる（図 2.6.20）。

図 2.6.20　テキストボックス挿入後

以上で「システム開発の現状と課題」の完成である。

2.6.4　ナビゲーションウィンドウによる目次の検討

レポートや論文等で，数十ページに及ぶような長い文章を取り扱う場合は，目次を俯瞰すると全体の内容を把握しやすい。また，目次の見出しを検討し再構築することで，レポートや論文全体を構築しやすくなる。このような目次の検討や再構築には，ナビゲーションウィンドウを利用すると便利である。

課題 3

レポートの目次（案）を，ナビゲーションウィンドウを使って確認し修正しよう。

・⑫ [挿入] タブ→ [図] グループ→ [図形] から [基本図形] のテキストボックスでも同様である。

・⑬横書きテキストボックスの追加

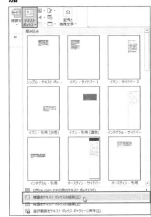

・フォントの設定を 12 ポイント，太字，中央揃えにする。

・**目次の作成**に関しては本書 2.6.2「目次の作成と利用」を参照のこと。

・**目次の検討**
・ナビゲーションウィンドウを使って，レベル 1 の章立てを確認することができる。

・目次の段階で論旨がまとまっていなければ，良い文章を作成することはできない。逆に目次の段階で文章構成がしっかりしていると，内容も書きやすい。

<操作方法>

① ファイル「ナビゲーションを使った目次の検討」を開く(図2.6.21)。

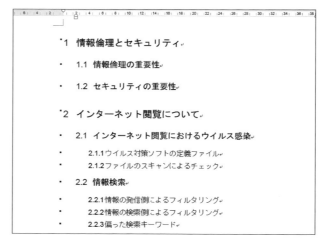

図2.6.21 「ナビゲーションを使った目次の検討」ファイルの内容

■目次の見出しの折りたたみと展開

・[ナビゲーション ウィンドウ]の各見出しの ◢ をクリックすると, ◢ は ▷ になり, 見出しを折りたたむことができる。
・▷ をさらにクリックすると, ◢ になり, 見出しを展開することができる。

・②さらに見出しを右クリックし, 表示されたメニュー(下図を参照)から[すべて折りたたみ(C)]を選択すると, すべての見出しを折りたたむことができる。

② [表示]タブ→[表示]グループ→[ナビゲーション ウィンドウ]にチェックマークを入れる。すると, ナビゲーションウィンドウが表示される(図2.6.22)。

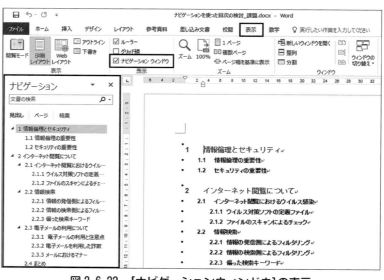

図2.6.22 [ナビゲーションウィンドウ]の表示

Step 1　「2.3　電子メールの利用について」を, レベル1の見出しに修正し, 図2.6.21の目次を, 図2.6.23のような目次の構成に修正しよう

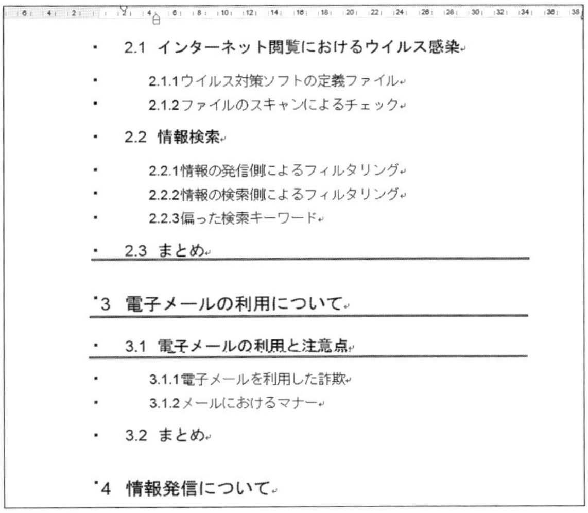

2.6 レポート・論文を書くときに利用する機能 | 121

図 2.6.23　目次の検討と修正

・課題で, すべての見出しを折り
たたむと, レベル1の章立ては, 次
の6章であることがわかる。
1．情報倫理とセキュリティ
2．インターネット閲覧について
3．情報発信について
4．情報コンテンツやサービスの
　利用について
5．アカウントの管理について
6．ファイルの管理について

③ 本文の「2.3　電子メールの利用について」の行を選択し, [ホーム]タブ→
[スタイル]グループ→[見出し1]を選択する。該当する箇所が見出し1に
設定される(つまりレベル1の章となる)。

④ 同様に, 「電子メールの利用と注意点」を, [見出し2]に設定する。

⑤ 「2.3.3　偏った検索キーワード」の後に, 「まとめ」を[見出し2]として追
加する。

・[見出し1]が見つからない場合
は, [ホーム]タブ→[スタイル]グ
ループの ▼ または ⬛ をクリッ
クするとよい。

Step 2 　「6．アカウントの管理について」と「7．ファイルの管理につ
いて」を「6．アカウントとファイルの管理について」という1つ
の章とする(図2.6.24)

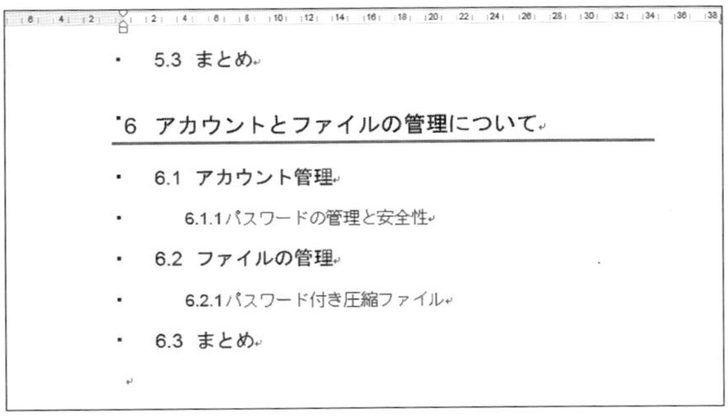

図 2.6.24　目次の再構成

⑥ 「アカウントの管理について」を「アカウントとファイルの管理について」
に修正する。

⑦ 不要になった「6.2 まとめ」と「7.ファイルの管理について」を削除する。

以上で, ナビゲーションウィンドウを使った目次の検討の完成である。

総合練習問題

1. 次の「文化祭プログラム予定表」という文書を、以下に示す(1)〜(13)の指示に従って完成させなさい。

（1） Ａ４縦１枚に納める。

（2） フォントサイズを 36 とし，[文字の効果]を設定する。色やスタイルは自由に設定する。
中央寄せにする。

（3） 画像を挿入する（紅葉 .jpg）。[アート効果]の[線画]を設定する。

（4） 画像の[文字の折り返し]の設定を[四角形]に設定し，位置調整する。

　　　　|ヒント| 画像を右クリックし，[文字の折り返し]→[四角形]と選択

（5） フォントを次の通り設定する。（MS 明朝, サイズ 12, 太字）
右に１文字分字下げする。

（6） フォントを次の通り設定する。（HG 丸ゴシック M-PRO, サイズ 18, 太字, 下線）
右に１文字分字下げする。

（7） 表を挿入する。表のスタイルは，[グリッド（表）５濃色-アクセント２]を指定する。

（8） １行目の部分（時間・メインステージ…の箇所）は，中央揃えとする。

（9） １列目の部分（10：00～11：00・11：00～12：00…の箇所）は，中央揃えとする。

（10） 表の中の「空き」の箇所のフォントは，太字，斜体とする。

（11） 「漫才バトル」，「昼休憩」などの箇所は，セル結合する。

（12） 図形を挿入する。種類は[四角形：メモ]を利用。色は自由に設定。
配置を左右中央寄せとする。

（13） [右揃え]に設定する。

2. 次の「システム開発の問題点について」という文書を，以下に示す(1)～(10)の指示に従って完成させなさい。

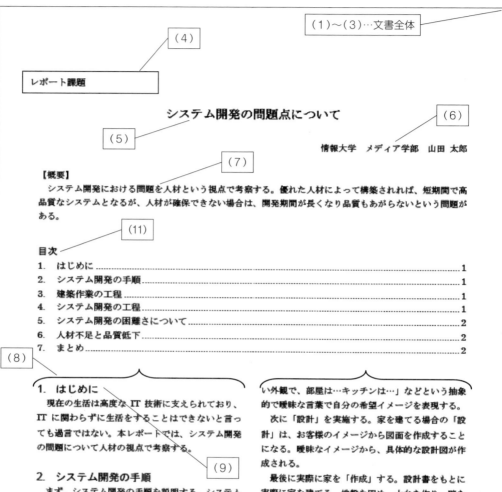

（１）　Ａ４縦２枚に納める。即ち，以下の（２）（３）のようにページ設定をする。

（２）　余白を次の通りに設定する。（上 25mm, 下 20mm, 左 20mm, 右 20mm）

（３）　１ページ当たりの行数を 42 行とする。

（４）　テキストボックスなどの枠で囲む。

（５）　フォントを次の通り設定する。（MS 明朝, サイズ 14, 太字, 中央揃え）

（６）　フォントを次の通り設定する。（MS 明朝, サイズ 10, 右揃え）

（７）　フォントを次の通り設定する。（MS 明朝, サイズ 10）

（８）　段組みを組む。２段組とする。

（９）　各章のタイトル「１．はじめに」,「２．システム開発の手順」,「３．建築作業の工程」……のスタイルを「見出し１」に設定する。

（10）　ページ番号を追加する。

> **ヒント**　[挿入]タブ→[ページ番号]→[ページの下部]→[番号のみ２]をクリック。その後, [ヘッダー／フッターツール]→[デザイン]→[ヘッダーとフッター]グループ→[ページ番号]をクリック。表示されたプルダウンメニュー上で[ページ番号の書式設定(F)]をクリック。「-1-, -2-, ……」を選択する。

（11）　最後に目次を挿入する。「目次」という文字は, サイズ 12 とし太字に設定する。

3．次の「商品販売力アップ講習会」という文書を，以下に示す（1）～（12）の指示に従って完成させなさい。

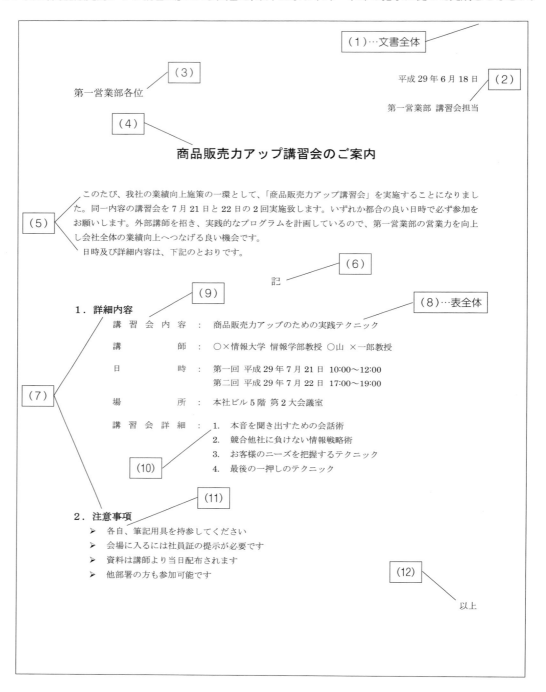

（1）　余白を［やや狭い］に設定する。

（2）　日付（平成 29 年 6 月 18 日），作成者（第一営業部　講習会担当）を［右揃え］にする。

（3）　フォントを次の通り設定する。（サイズ 12）

（4）　スタイルの［表題］を設定する。

（5）　「このたび…」と「日時及び詳細内容は…」の前に 1 行目のインデント（字下げ）を設定する。

（6）　「記」を［中央揃え］にする。

（7）　「1．詳細内容」「2．注意事項」のフォントを次の通り設定する。（サイズ 12，太字）

（8）　3 列×5 行の罫線の見えない表を使い，文字列の配置を整える。

> **ヒント**　以下のとおりにすることで，文字列の配置を揃えることができる。
>
> ①　3 列×5 行の表を挿入する。
>
> ②　1 行×1 列目には，「講習会内容」と入力する。
>
> ③　1 行×2 列目には，「：」と入力する。
>
> ④　1 行×3 列目には，「商品販売力アップのための実践テクニック」と入力する。
>
> ⑤　2～5 行目についても同様の操作を行う。
>
> ⑥　各行の高さを少し広げる。
>
> ⑦　列の幅を揃え，表全体を選択し，罫線を「枠なし」にする（下図）。
>
> ⑧　⑦の表を 4 文字分右に，インデントをとる。

1．詳細内容

講　習　会　内　容	：	商品販売力アップのための実践テクニック
講　　　　　師	：	○×情報大学　情報学部教授　○山　×一郎教授
日　　　　　時	：	第一回　平成 29 年 7 月 21 日　10:00～12:00 第二回　平成 29 年 7 月 22 日　17:00～19:00
場　　　　　所	：	本社ビル 5 階　第 2 大会議室
講　習　会　詳　細	：	1．本音を聞き出すための会話術 2．競合他社に負けない情報戦略術 3．お客様のニーズを把握するテクニック 4．最後の一押しのテクニック

図　罫線の見えない表

（9）　表のタイトル部分（講習会内容，講師，日時，場所，講習会詳細）を［均等割り付け］する。

（10）　［段落番号］を設定する。

（11）　［箇条書き］にする。さらに，2 文字分右に，インデントを設定する。

（12）　「以上」を［右揃え］にする。

4. 次の「システム開発の試験におけるセキュリティ確保」という文書を，以下に示す(1)〜(9)の指示に従って完成させなさい。

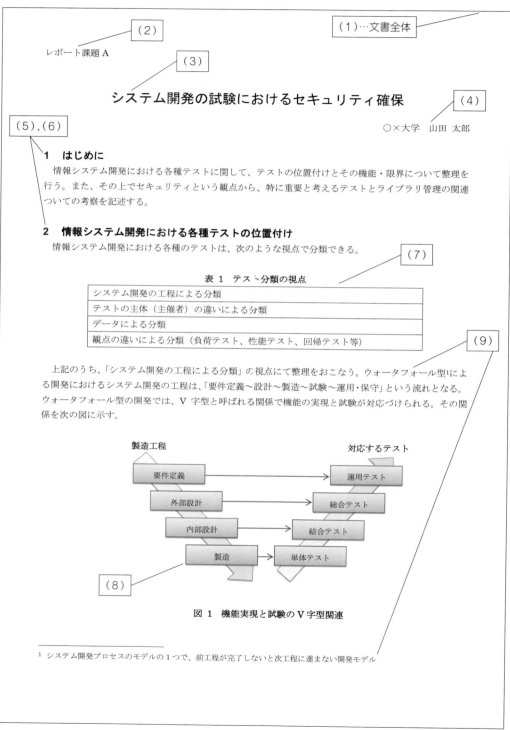

（1） 余白を［やや狭い］に設定する。

（2） ヘッダーに「レポート課題Ａ」と記述する。ヘッダーの種類は，［空白］を使用する。

（3） スタイルの［表題］を設定する。

（4） ［右揃え］にする。

（5） 「はじめに」と「情報システム開発における各種テストの位置付け」のスタイルを［見出し１］に設定する。

（6） ［見出し１］のスタイルに［段落番号］，［太字］を設定する。

（7） 「テスト分類の視点」の表を作成する。［図表番号］の機能を使って，表のタイトルを表の上に作成すること。

（8） 「機能実現と試験のＶ字型関連」の図を作成する。［図表番号］の機能を使って，図のタイトルを図の下に作成すること。

> **ヒント** ［挿入］タブ→［図］グループ→［図形］から以下のとおりに作成する。
>
> ① 以下の４種類の図を適切に配置する。
> - ［基本図形］の［テキストボックス］（製造工程，対応するテストに使う）
> - ［四角形］の［正方形／長方形］（要件定義，外部設計などに使う）
> - ［ブロック矢印］の［矢印：下］
> - ［線］の［線矢印］
>
> ② ［テキストボックス］は，フォントサイズ 10 で太字にする。
>
> ③ ［正方形／長方形］は，図形のスタイルを［パステル－青 アクセント１］に設定し，フォントサイズ９にする。
>
> ④ ［下矢印］は，図形のスタイルを［パステル－オリーブ アクセント３］に設定し，回転させて斜めにする。
>
> ⑤ ［矢印］は，線のスタイルの幅を１ｐにする。
>
> ⑥ 配置を整え，全ての図を選択し［グループ化］する。
>
> ⑦ 図表番号を挿入する。

（9） 「ウォータフォール型」に脚注を挿入する。「システム開発プロセスのモデルの１つで，前工程が完了しないと次工程に進まない開発モデル」という説明にして，フォントサイズを９にすること。

第3章

Excel 2016 による
知のデータ分析とその表現

3.1 データ分析とその表現

3.2 Excel 2016 の基本操作
　　──データ入力とセルの取扱い

3.3 表の作成と印刷

3.4 Excel 関数の利用
　　──数式と関数を使って計算をする

3.5 グラフの作成と編集

3.6 データの並べ替えと抽出

3.7 Excel データベースとしての取扱い
　　──ピボットテーブルとクロス集計

3.1 データ分析とその表現

・大学図書館オンラインデータベースおよび国会図書館の利用については，第1章1節を参照のこと。

・インターネット上におけるWeb検索については，キーワードの入力のポイントなどを含め，第1章1節(3)(4)を参照のこと。

・主要な検索サイト

検索サイト	URL
(1) Yahoo!Japan	http://www.yahoo.co.jp/
(2) Google	http://www.google.co.jp/
(3) YouTube	http://www.youtube.jp/
(4) ニコニコ動画	http://www.nicovideo.jp/
(5) @nifty	http://www.nifty.com/
(6) Bing	http://bing.com/
(7) BIGLOBE	http://www.biglobe.ne.jp/
(8) OCN	http://www.ocn.ne.jp/
(9) livedoor	http://www.livedoor.com/
(10) Excite	http://www.excite.co.jp/

2016年9月アクセス

・代表的なサイト

カテゴリ	代表的なサイト
ウェブ検索	Yahoo!Japan/Google/Bing
ニュース	Yahoo!Japan/読売新聞/NHK
ショッピング	アマゾン/楽天市場/価格コム
地図	Google マップ/Yahoo!Japan 地図/Mapion
マネー	日経マーケット/Yahoo!Japan ファイナンス/東洋経済
辞書	ウィキペディア/Weblio/ アルク
IT·PC	IT Media/PC Watch/日経BP ITpro
知識	Yahoo! 知恵袋/教えて！goo/OKWave

・経済関連の統計データ
2014年10月アクセス

情報やデータが氾濫する高度情報化社会においては，情報やデータの数値から，どれが本当に必要なものなのかを判断したり，データの集合からその集団の特性を分析したり，いくつかの集団の相互関連を予測・検証するといったデータ分析および情報活用能力が，ますます必要な能力とされる。一般に情報およびデータ分析・処理においては，

(1) 情報・データの収集
(2) 情報の加工：データの整理および分析
(3) 情報の表現：表およびグラフの作成
(4) 情報の伝達

といったステップを踏んでいく。このような各ステップで，表計算ソフトの活用は非常に有効であり，コンピュータは欠かせないツールである。本章では，データ分析および数理的な見方・考え方を学ぶとともに，表計算ソフトやコンピュータの利用方法を学ぶ。

(1) 情報やデータの収集

データ分析や統計的な処理を行う出発点になるのは，情報や資料の収集である。直接データの収集方法としては，調査・測定・質問紙によるアンケートの実施等がある。間接データの収集方法としては，大学図書館や国会図書館，官公庁，各研究施設や資料館を訪問することがあるが，この時もコンピュータは非常に有効なツールであり，オンラインデータベースやインターネットによるWeb検索は欠かせない方法である。

間接データの収集にあたり，経済関連の統計データを示した主なサイトを挙げると以下のようである。

表3.1.1 経済関連の統計データ

分類	名称	発表機関
景気指標	景気動向指数	内閣府 http://www.esri.cao.go.jp/jp/stat/di/menu_di.html
国民経済計算	新SNA	内閣府 http://www.esri.cao.go.jp/jp/sna/menu.html
	産業連関表	総務省統計局 http://www.stat.go.jp/
金融	マネー・サプライ	日本銀行 http://www.boj.or.jp/
	日本銀行公定歩合	日本銀行 http://www.boj.or.jp/statistics/index.htm
財政	財政規模	財務省 http://www.mof.go.jp/statistics/
	地方財政	総務省統計局 http://www.stat.go.jp/

生産 活動	工業統計	経済産業省 http://www.meti.go.jp/statistics/
	エネルギー 生産・需給	経済産業省 http://www.meti.go.jp/statistics/tyo/kougyo/index.html
物価	卸売物価指数	日本銀行 http://www.boj.or.jp/
	消費者物価指 数	総務省 http://www.stat.go.jp/data/cpi
消費 家計	家計調査	総務省 http://www.stat.go.jp/data/kakei/index.htm
	百貨店売上高	日本百貨店協会 http://www.depart.or.jp/common_department_store_sale/list
労働	就業構造基本 調査	総務省 http://www.stat.go.jp/
	毎月勤労統計 調査	厚生労働省 http://www.mhlw.go.jp/toukei-hakusho/toukei/
貿易 国際 収支	貿易統計	財務省 http://www.mof.go.jp/statistics/

（2）収集したデータを整理する（情報やデータの加工）

収集した情報やデータを処理するためには，まず初めに，コンピュータ上（Excel 上）にデータを入力し表やリストを作成しなければならない。本書では，続く 3.2 および 3.3 で，この方法を学ぶ。さらに，作成した表やリストから，収集した情報やデータを整理・分類して，そこに含まれるいろいろな性質，特徴，法則性等を見出していくわけであるが，そのためには目的にあった整理の仕方が大切である。質的（定性的）なデータは，データベースとして目的に沿って並べ替えや抽出を行い，クロス集計等を行って処理をする。量的（定量的）なデータは計算が可能なため，表計算や数式・関数および分析ツールを用いて，最大値・最小値・平均値・合計等のさまざまな特性値を求めたり，必要な係数を算出する。これらの表計算／統計処理／分析／クロス集計／予測等の処理を行うために，Excel は非常に有効なソフトである。

（3）情報やデータの表現と伝達／図表・グラフリテラシー

数理的な処理を施したデータは、その分析結果を図表やグラフにまとめて視覚的に表示する。さらに，PowerPoint 上に貼り付けてプレゼンテーションを行えば，周りの人々の理解を得ることができる。また，目的に沿った適切な判断や意思決定をするための資料とすることもある。そのためには，周囲の人がわかりやすく，その視覚に訴えたり，アピール効果のあるものを作成することが必要かつ有効である。

グラフには，それぞれの特性があり，それらを見極めて使い分けることが重要である（1 章 p.24 を参照のこと）。

・**外部データの読み込み**
これらの外部データを利用する際は，インターネット上からダウンロードする必要がある。
その時のファイル形式は，csv 形式，テキストファイル形式（txt 形式），PDFファイル等がある。
いずれも Excel で読み込む際に変換する必要があるが，比較的容易な方法で変換できる。

・**表とリスト**
表はリスト形式に整えないと Excel では集計や分析が正しく行われない場合がある。リストとは，空白行と空白列で囲まれたセルの範囲で，その中に空白行や空白列を含まないデータ（レコード）の集合である。また，1 行目には，項目名（フィールド名）を付けておく必要がある。

・データを数理的に処理し客観的に捉えたり表現することで，自分自身の思考も整理され，読む人に説得力のある資料を作成することができる。

・**表とグラフの特性**については，総務省統計局なるほど統計学園「統計をグラフにあらわそう（種類と特徴）」
http://www.stat.go.jp/naruhodo/c1graph.htm
及び，第 1 章 1 節等を参照のこと。

・一般に表からは，詳細で正確なデータの数値がわかる。そのため，細かい検証や論証を要求されているときは，表を示して具体的な数値を示すことが求められる。グラフは，その特性や特徴が視覚的に表現されるので，アピール効果が大きい。そのため，プレゼンテーション等では欠かせない。

3.2 Excel 2016 の基本操作
データ入力とセルの取扱い

ここでは，Microsoft Excel 2016 の基本操作画面と，データ入力の方法を学ぶ。

3.2.1　Excel 2016 の起動と基本操作画面

・**Excel 2016 を起動**させるには，画面左下角の[スタート]ボタン→[アプリ一覧]→[Excel 2016]をクリックする。

Microsoft Excel 2016 を起動させよう。図 3.2.1 のような基本操作画面が表示される。

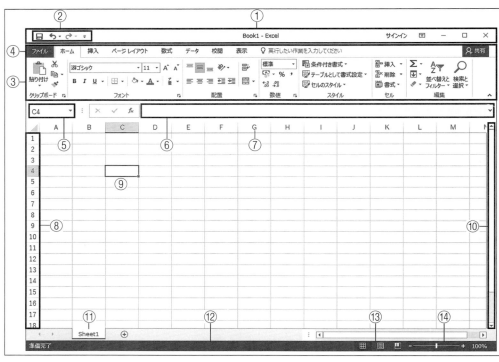

図 3.2.1

Excel 2016 の各ツールの名称は，以下のようである(図 3.2.1)。

① タイトルバー　　　② クイックアクセスツールバー
③ リボン　　　　　　④ ファイルタブ
⑤ 名前ボックス　　　⑥ 数式バー
⑦ 列番号　　　　　　⑧ 行番号
⑨ アクティブセル　　⑩ スクロールバー
⑪ シート見出し　　　⑫ ステータスバー
⑬ 表示モードの切り替え　⑭ ズームスライダー

・⑨**アクティブセル**とは選択されているセルをいう。

これらの各ツールの機能は，以下のようである。

(1) 各ツールの機能

① タイトルバーと ② クイックアクセスツールバー

タイトルバーには，Excel で開いているファイル名が表示される。また，クイックアクセスツールバーには，頻繁に使うボタンが表示されている（脚注図）。

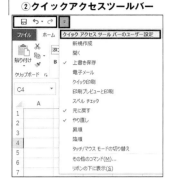

②クイックアクセスツールバー

③ リボン

リボンには，ボタンが機能別にグループ化されて表示されている。［ホーム］［挿入］［ページレイアウト］［数式］［データ］などである。これらのリボンタブをクリックすると，それぞれに応じたリボンが表示される。

たとえば，［挿入］タブの場合では以下のようである（図 3.2.2）。

図 3.2.2

④ ［ファイル］タブ

［ファイル］タブをクリックすると，図 3.2.3 のようなバックステージビューが表示される。

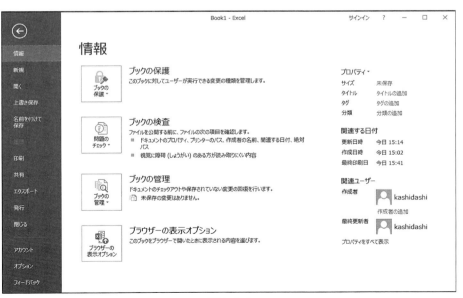

図 3.2.3

・②**クイックアクセスツールバー**
デフォルト（初期設定）では［上書き保存］ボタン等が用意されているが，▼を押してダイアログボックスを開き，表示させたいボタンにチェックマークを付けると，表示される（カスタマイズできる）（上図）。

・③**リボン**に表示されるボタンの絵柄や並び方は，画面の大きさによって変わることがある。

・**リボンを非表示にする**には，画面右上の［リボンの表示オプション］をクリックし，［リボンを自動的に非表示にする］を選択する。画面最上部をクリックすると，再び表示される。非表示にすると全画面表示になる。

・④**ファイルタブのバックステージビュー**には，ファイルを新規作成したり，保存されているファイルを開いたり，作成したファイルを保存または印刷したりするためのボタンが用意されている（図 3.2.3）。

- ⑤**名前ボックス**と⑥**数式バー**を見れば，自分が入力しているデータが正しく入力されているかを確認することができる。

- 数式バーの左側の [*fx*]，[**✗**]，[**✓**] 3つのボタンは，数式を入力した場合に使用可能になる操作ボタンである。

- ⑪**シート見出し**

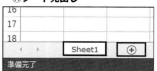

シートはワークシートともいう。

- **シートの削除と挿入**
シートは，下図のように，アクティブシートの上で右クリックし，表示されたメニューから[削除]をクリックすると削除される。同様の方法で，新たにシートを挿入したり，コピーしたりすることができる。

- **アクティブセル**はリボンの下の名前ボックスに表示される。またシート名は画面下のシート見出し（図3.2.1）に，ブック名は画面最上部のタイトルバー（図3.2.1）にそれぞれ表示される。

- **行の選択**

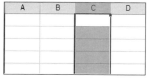

- **列の選択**

	A	B	C	D
1				
2				
3				
4				

⑤ 名前ボックスと ⑥ 数式バー（図3.2.4）

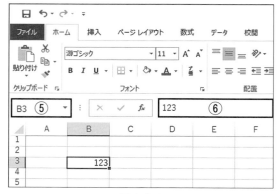

図3.2.4

名前ボックスには，アクティブセルのセル番地が表示される。例えば，図3.2.4では，アクティブセルがB3セルなので，B3と表示されている。数式バーには，アクティブセルに入力されている数値または数式が表示される。図3.2.4の例では，123と入力されていることがわかる。

⑪ シート見出し（脚注図）

シート見出しには，アクティブシート名が表示される。シートを切り替えたいときには，そのシート名をクリックすればよい。右端のアイコン ⊕ をクリックすると，新しいシートが挿入される。

■ 練習 ■

Excel 2016の基本操作画面で，②クイックアクセスツールバー，③リボン，④ファイルタブ，⑤名前ボックス，⑥数式バー，⑪シート見出しをクリックし，表示されるドロップダウンメニューを見てみよう。どんな機能があるだろうか？

■セル，シート，ブック

一つひとつのマス目を**セル**という。セルには数字や文字などのデータを入力することができる。セルをクリックすると，マス目の枠が濃く表示され，そのセルが選択される（図3.2.1）。選択されたセルを**アクティブセル**という。

図3.2.1のように，セルがたくさん集まったものを**シート**「**Sheet**」といい，シートがいくつか集まったものを**ブック**「**Book**」という。

横の1並びを行といい，1行2行というふうに数字で表す。縦の1並びを列といい，A列，B列というふうにアルファベットで表す。**セルの位置**を表すには，この行と列を用いる。

行番号をクリックするとその行が選択され，**列番号**をクリックするとその列が選択される。

3.2 Excel 2013 の基本操作　データ入力とセルの取扱い

■ 練習 ■
1．シートの中のいくつかのセルの位置を言ってみよう。そのときセルの位置が、[名前ボックス]に表示されることを確認しよう。
2．セルをドラッグした場合は、[名前ボックス]にどのように表示されるであろうか？

(2) ファイルの新規作成／ファイルを開く／ファイルの保存

　Excel で作成したファイルをブックと呼ぶ。ブックを新規作成したり、すでに存在しているブックを開くには、前述の[ファイル]タブのバックステージビュー(図 3.2.3)から、それぞれのボタンを選ぶ。ブックを保存する方法は以下のようである。

・Excel のファイル名はブック名と同じである。

■ブックの保存（新規に保存するとき）
＜操作方法＞
① ファイルタブをクリック。
② バックステージビューから[名前を付けて保存]をクリック。
③ 表示された[名前を付けて保存]画面(図 3.2.5)において、[この PC]を選択し、下の[参照]ボタンをクリック。

・③ローカルアカウントの場合は[この PC]が選択されるが、ネットワークアカウントの場合は、[OneDrive]の利用も可能である。

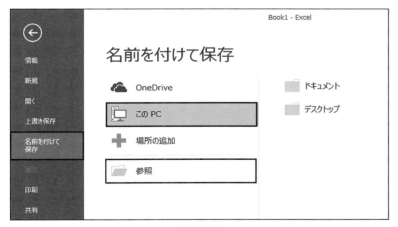

・④[名前を付けて保存]ダイアログボックス

図 3.2.5

④ 表示された[名前を付けて保存]ダイアログボックス(脚注図)上で
　　ファイル名　　　：ブックの名前を付ける
　　ファイルの種類：Excel ブック
　　フォルダ　　　　：保存先のフォルダを指定する。
⑤ [保存]をクリック。

・⑤の保存でタイトルバーにファイル名（ブック名）が表示されることを確認する。

・ブックの上書き保存
すでに名前の付けられているブックを修正し上書保存をするには、以下の2つの方法がある。
①[ファイル]タブをクリックし、表示されるバックステージビューから、[上書き保存]をクリックする。
②クイックアクセスツールバー

の[上書き保存]
🖫をクリックする。

■[OneDrive]に保存する
　Hotmail, Outlook.com などのマイクロソフトのアカウントを用いて、ネ

・**OneDrive とは**
OneDrive とは, Microsoft 社が提供するオンラインストレージである。OneDrive を利用するには Microsoft アカウントが必要である。1.1.3 を参照のこと。

・**①[OneDrive]をクリック**

・**③登録済み OneDrive − 個人用へ保存**

■**[OneDrive]上に保存されているファイルを開く。**

■**OneDrive 上でのファイル共有**については, 1.1.3(3) を参照のこと。

・**OneDrive での共同編集**

ットワーク上の[OneDrive]にファイルを保存したり, 取り出したりすることができる。

＜操作方法＞
① [名前を付けて保存]の画面で[OneDrive]をクリックすると, [サインイン]の画面が表示される(脚注図①)。
② [サインイン]をクリックし, 画面の表示に従って, 登録済みのメールアドレスとパスワードを入力する。
③ 表示された[OneDrive]上のユーザー専用フォルダ(脚注図③)で, ファイルを保存するフォルダをクリックする。
④ 表示されたダイアログボックス上で, ファイル名を入力し, ファイルの種類を選択して[保存]ボタンをクリックする。

■**[OneDrive]上のファイルを開く**

＜操作方法＞
① エクセルの起動画面左下の[他のブックを開く]をクリックする。→表示された画面上で, [開く]欄の[OneDrive]をクリックする(脚注図)。
② 表示された[サインイン]画面で, [サインイン]操作を行う。
③ [OneDrive − 個人用]をクリックすると, [OneDrive]上のフォルダやファイルが表示される(脚注図)。
④ 所定のファイルをクリックすると, エクセルでファイルが表示される。

■**共有（ファイルの共有）**

　OneDrive を利用して, 複数のユーザーがネット上でファイルを共有し, リアルタイムで共同編集することが可能である。共同作業者の一人が Excel ファイルを OneDrive にアップロードし, 共同作業者に共同編集の旨をメールで通知する。通知を受けた共同作業者はメール中の[OneDrive で表示]をクリックすると, Online 版の Excel ファイルにアクセスし編集に参加できる。

　ファイル作成・送信者とファイル受信者の画面の例を脚注図に示す。画面の右上部の表示から, 共同作業者の編集中であることがわかる。作成者, ゲストが行った変更は瞬時に相手側の画面にも反映される。

3.2.2 データの入力と表示形式

課題 1

さっそく, データ(数字または文字)を入力してみよう。

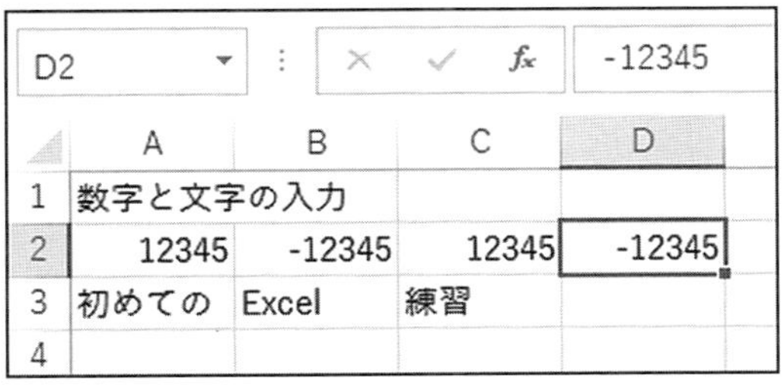

3.2 Excel 2013の基本操作　データ入力とセルの取扱い　139

図3.2.6

(1) セルに数字を入力してみよう

① 任意のセルをクリックする。
② 半角英数入力で数字を入力し，[Enter]キーを押す。
　入力した数字を修正するには，修正したいセルをダブルクリックするか，[F2]キーを押して，[編集]モードに切り替える。
　入力した数字を修正したり，クリア（[Del]キーを押す）したりしてみよう。

■ 練習 ■

同様に，セルに文字を入力してみよう。変換その他はMS-Word（第2章）の場合と同様である。

(2) さまざまなデータ入力の表示形式

エクセルでは用途に応じて数値データの表示形式をさまざまに変えることができる。図3.2.7に一例を示す。

図3.2.7

・**文字の入力と編集**
ステータスバー（Excel画面の下端）の左端に，Excelの操作の状態が表示される。
アクティブセルは[**準備完了**]モードが表示される。セルにデータを入力したり，空白のセルをダブルクリックすると[**入力**]モードに切り替わる。入力済みのセルをダブルクリックすると[**編集**]モードが表示される。
入力する時は，[入力]モードでも[準備完了]モードでも良いが，修正・編集するときは，[編集]モードになっていることを確認しておくと良い。

①さらにダブルクリックすると，入力状態になる。

②ステータスバー（図3.2.1）の左端に[入力]モードと表示される。

・**入力後のアクティブセルの移動**
セルの入力後に[Enter]キーを押すとアクティブセルは下に移動する。これを右方向に移動させたい時は，[右矢印（→）]キーまたは，[Tab]キーを押す。

・**カンマ付き数字（桁区切りスタイル）**

たとえば1000と入力する場合，1,000と入力してもよいが，1000と入力しておいて，[ホーム]タブの[,]ボタンをクリックする。
・**数式バー**にどのように表示されるか確認しよう。

・**％付き数字（パーセントスタイル）**
たとえば5％の場合，半角で5%と入力してもよいが，0.05と入力しておいて，[ホーム]タブ→[％]ボタンをクリックする。

・**￥マーク付き数字入力**
たとえば198000円の場合，半角で￥198,000と入力してもよいが，
① 198000と入力しておいて，
②[ホーム]タブ→[数値の書式]ボタンの▼をクリック。
③表示されたプルダウンメニューの中から，[通貨]をクリックする。

・小数点以下の表示桁数を増やす

・小数点以下の数字の桁数の指定
小数点以下の数字の桁数を指定するには，[数値]グループの右下の端にある ⌐ を，クリックして，[セルの書式設定]ダイアログボックスを表示する。[表示形式]タブの[分類(C)]の中から[数値]を選ぶと[小数点以下の桁数(D)]の欄が出てくるので，ここで桁数を指定すると良い。

■日付の入力
たとえば2016年10月15日と入力すると，そのまま表示されるが，その表示形式は，次のように変えることができる。[ホーム]タブ→[ユーザー定義]右側の▼をクリック→プルダウンメニューの中から[その他の表示形式(M)…]を選ぶ→表示される[セルの書式設定]ダイアログボックスの分類欄で[日付]をクリック。表示される種類の中から目的の表示形式を設定する(下図)。

・「6/1」と入力すると，「6月1日」と表示される。
「6/1」を「6/1」とそのまま表示させたい時は，データの初めに[']（アポストロフィ）を付けて入力する。この場合は文字列扱いになることに注意。
・**日付のデータ**は「/」（スラッシュ），時刻は時・分・秒を「:」で区切って入力する。
「/」や「:」があるとExcelは日付や時刻であると認識する。
・**計算の順序**
四則演算での計算は，乗算・除算が先で，加算・減算が後になる。加算・減算を先に計算する場合は括弧（ ）で囲む。

■小数点以下の数字の桁数指定
　小数点以下の数字の表示桁数を指定するには，[ホーム]タブの[小数点以下の表示桁数を増やす]または[小数点以下の表示桁数を減らす]ボタンをクリックする(脚注図)。

　[⁺⁰⁰] をクリックすると，小数点以下の桁数を増やすことができる。
　[⁰⁰⁻] をクリックすると，小数点以下の桁数を減らすことができる。

(3) セルの参照

　Excelでは，等号(＝)で始まるデータを，数式として認識する。数式ではデータ(数値)そのものでなく，A1, B1のようなセルの名前(セル番地ともいう)を使って計算する。セルの名前を使うと，計算結果が出た後でセル内の数値を変更しても自動的に再計算されるので効率的である。

　データをセル名で指定することを参照するという。同じシート内の参照はセル名のみを使えばよいが，違うシートの参照はシート名も必要で，[シート名！セル名]で参照する。！（びっくり記号）はシート名とセル名の区切りとして使う。下表に，データの呼び出しと加算の2つの場合について数式の例を示す。

参照のセル	処　理	入力する数式
同じシート	A1のデータを呼び出し	=A1
	A1とB1の数値を加算	=A1+B1
違うシート	シートSheet1のA1セルのデータを呼び出し	=Sheet1!A1
	シートSheet1のA1セルの数値とSheet2のB1セルの数値を加算	=Sheet1!A1+Sheet2!B1

(4) セルを使って計算をしてみよう

　Excelでは，等号（＝）で始まるデータを数式として認識する。また，Excelでの四則演算は，加える(プラス)は「＋」，引く(マイナス)は「－」，掛けるは「＊」(アスタリスク)，割るは「／」(スラッシュ)の半角記号を使って計算する。これらは算術演算子と呼ばれる。たとえば，図3.2.8左図のような四則演算を行なう場合はA3～D3セルに各々，下のような式を入力する(図3.2.8右図)。

	A	B	C	D	E
1	100	200			
2	加算	減算	乗算	除算	
3	300	-100	20000	=A1/B1	
4					

AVERAGE　＝A1/B1

加算	=A1+B1
減算	=A1－B1
乗算	=A1＊B1
除算	=A1/B1

　　図3.2.8左図　　　　　　　　　　図3.2.8右図

（5）行や列の挿入と削除

■行（列）の挿入と削除

図 3.2.9

・**行の挿入位置**
行を挿入した場合は，指定した行の上に行が挿入される。

① 行（列）番号をクリック。
② ［ホーム］タブ→［挿入］ボタンをクリックする。

・**行の挿入**
②または右クリックして，表示されたダイアログボックスの中から，［挿入］をクリックしてもよい。

・**行の削除**
削除の場合は，②と同様に［削除］をクリックする。

・**列の挿入**
②または右クリックして，表示されたダイアログボックスの中から，［挿入］をクリックしてもよい。

・**列の挿入位置**
列を挿入した場合は，指定した列の左に列が挿入される。

・**列の削除**
削除の場合は，②と同様に［削除］をクリックする。

・**マウスオーバー**
マウスのカーソルを対象物の上に重ねること。

（6）セルの列幅や行の高さの調整

■セルの列幅の調整

例えばA列の幅を広げる場合，A列とB列の境界をマウスオーバーさせ，カーソルの形が ←|→ に変わったところで適切な列幅にドラッグして調整する。または，境界をダブルクリックすると，A列の文字数に応じた適切な幅に調整される（図 3.2.10）。

図 3.2.10

■行の高さの調整

セル幅の調整と同様に，例えば1行の高さを広げる場合，1行と2行の境界をマウスオーバーさせ，カーソルの形が ⇕ に変わったところで，適切な行の高さにドラッグして調整する。または境界をダブルクリックすると，行の文字サイズに応じた適切な高さに調整される。

（7）セルの移動とコピー

(7)-1 図 3.2.11で，B2 セルを F2 まで移動させてみよう。
① B2 セルをクリック。→カーソルの形が ✥ に変わったところを，ドラ

・セルの移動とコピー
はショートカットキーを用いても良い。
切り取り
[Ctrl]キー＋[X]
コピー
[Ctrl]キー＋[C]
貼り付け
[Ctrl]キー＋[V]

・(7)-2①
[名前ボックス]を確認すること。

・(7)-2②
右クリックして，表示されたダイアログボックスから[コピー]をクリックしても良い。

・(7)-2④
右クリックして，表示されたダイアログボックスの[貼り付けのオプション：]下の左端の[貼り付け(P)]アイコンをクリックしても良い。

・元のセルの列幅が等しくない場合は，[貼り付け]ボタンの下の▼をクリックし，表示されるプルダウンメニューから[元の列幅を保持(W)]を選択すると，列幅も同じに揃えることができる。

・範囲選択マーク(破線)は，[Esc]キーで消すことができる。

・[セルの書式設定]ダイアログボックスは，[ホーム]タブの中の[フォント]グループまたは，[配置]グループまたは，[数値]グループの，右下端の ▫ マークをクリックすると表示される。または，設定したいセルの上で右クリックし，プルダウンメニューから[セルの書式設定(F)]をクリックしても良い。

・たとえば，A1 セルをクリックし，[フォント]，[配置]，または[数値]グループの右下隅の ▫ をクリックすると一括指定のダイアログが表示される。

ッグして F2 セルまで移動しドロップする。

(7)-2 B3〜D3 セルを，F3〜H3 セルにコピーしよう(図 3.2.11)。

① B3 から D3 まで(「初めての Excel 練習」と表示されている)をドラッグする。

② [ホーム]タブ→[コピー]ボタンをクリック(図 3.2.11)。

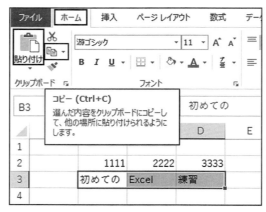

図 3.2.11

③ F3 セルをクリック。

④ [ホーム]タブ→[貼り付け]ボタンをクリックする(図 3.2.11)。

(8) [セルの書式設定]ダイアログボックスによる一括設定

データのフォントや配置，および数値の表示形式に関する指定は，[セルの書式設定]ダイアログボックス(図3.2.12)で一括して指定することができる。

図 3.2.12

3.2.3 オートフィル機能の活用(連続データの入力)

アクティブセルのフィルハンドル(■)をドラッグすると，そのセルの内容をコピーすることができる．特に，セルの内容が日付や時間，曜日，1週目，第1などの場合は，ドラッグすると連番機能が働き，連続するデータを入力できる．このような機能をオートフィル機能という．

ここでは，オートフィル機能の利用方法を学ぼう．

(1) データのコピー

A1 セルを A5 までコピーしてみよう(脚注図)．

〈操作方法〉
① A1 セルに Excel と入力する．
② A1 セルの右下隅にある黒い■(フィルハンドルという)にマウスオーバーさせ，カーソルの形が＋に変わったら，A5 までドラッグする．

(2) 連続データをコピーしてみよう(脚注図)

〈操作方法〉
(1)の操作方法と同様に，A1 セルを A5 セルまでドラッグする．(2)の場合は，データが連続データと認識されて，連番でコピーされる．連続データと認識されるデータは，[ユーザー設定リスト](脚注)に登録されている．また，ユーザー設定リストに新たに登録することができる．

■ 練習 ■

1. 図 3.2.13 のように，A1 セルに第1と入力し，オートフィル機能を使って E1 セルまでコピーしてみよう．同様に2行以降でも試してみよう．

	A	B	C	D	E
1	第1				
2	1月				
3	1月1日				
4	1:00				
5	1週目				
6	月曜日				
7					

図 3.2.13

2. A1 セルに1を入力して，A5 セルまでコピーしてみよう．
3. 上の2において，A1〜A5 のセルに連番で 12345 と表示させるには，どのようにしたらよいだろうか？
4. A1 に5と入力せよ．A2 から A5 まで，5飛びで(5, 10, 15…)数字を表示させるには，どのようにしたらよいか？

・フィルハンドル

(1) データのコピー

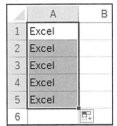

(2) 連続データのコピー

	A	B
1	10月1日	
2	10月2日	
3	10月3日	
4	10月4日	
5	10月5日	
6		

・(2)[ユーザー設定リスト]
オートフィルで連続データと見なされるデータは，年月日，干支などがあるが，[ファイル]タブ→[オプション]→[詳細設定]→[全般]→[ユーザー設定リストの編集(O)]ボタンをクリックすると表示される[ユーザー設定リスト]に一覧が示されている．

・練習3のヒント(1)
① A1 セルに1，A2 セルに2を入力し，A1 から A2 までをドラッグし，範囲選択する．
② A2 のフィルハンドルをマウスオーバーして＋になったところで，A5 までドラッグする．

・練習3のヒント(2)
連番にするには① A1 セルに1を入力，② A1 セルを A5 までドラッグし，[オートフィルオプション]をクリック→表示されたプルダウンメニューから[連続データ(S)]を選ぶ．

3.3 表の作成と印刷

3.3.1 表の作成とシートの取り扱い

課題1

次の表(図3.3.1)を作成しよう。

	A	B	C	D	E	F	G	H	I
1	<平成２６年度生活費>								
2									
3			4月	5月	6月	7月	8月	9月	合 計
4		家賃	70000	70000	70000	70000	70000	70000	
5		水道・光熱費	7800	8500	6800	8700	9450	8300	
6		食費	35000	45320	38970	54800	46800	52800	
7		交通費	14350	9800	13800	10400	7800	16800	
8		教養費	23500	6800	14680	24560	8640	9860	
9		レジャー費	3000	16500	5680	26400	9680	12560	
10		その他	10345	3480	4500	12800	3458	25680	
11		合 計							

図3.3.1

＜表の作成方法＞

① セル(A1セル)に文字(<平成26年度生活費>)を入力する。
② C3セルに「4月」と入力したら,オートフィル(連続データの入力機能)を用いて「9月」までコピーする。
③ B4セル以下,「家賃」「水道・光熱費」等の項目を入力する。
④ 半角英数で,「合計」以外の各セルに数字を入力する。
⑤ セルの書式設定

　　生活費の各項目と,［4月］～［9月］のセルに入力された文字を,中央寄せにし,フォントや文字サイズを変更する(図3.3.2)。

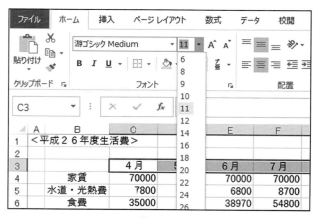

図3.3.2

・**連続データ**
オートフィルで連続データと見なされるデータは,年月日,曜日,干支などがある。3.2.3(2)［ユーザー設定リスト］を参照。

・②すなわち,「4月」と入力されたセルを選択し,右下隅にカーソルを合わせカーソルの形が「＋」になったところで,右にドラッグする。

・③「水道・光熱費」の項目では,B列とC列のセルの境界線をダブルクリックして,セル幅を調整する。

・④の数字は任意であるが,なるべく自分自身の生活に沿って入力すると,日頃の生活を顧みることができる。

・⑤の設定のためのボタンは［ホーム］タブ→［フォント］グループまたは［配置］グループに用意されている。

・**⑤文字の色の指定**
文字に色を付けるには,［ホーム］タブ→[フォント]グループの中から[フォントの色]ボタンの右にある▼をクリックする。すると,色見本のダイアログが表示されるので,この中から色を選んでクリックする。

・**文字の配置**
初期の設定では,数字はセルの右揃えに配置される。文字のセルにおける配置は,[ホーム]タブにある各種の[揃え]ボタンで指定する。

⑥ セルに色を付ける。

下図のように、[月]や[生活費の内訳項目]のセルを選択指定し、[ホーム]タブ→[塗りつぶしの色]ボタンをクリックして、表示されたプルダウンメニューから、色を選択する（図3.3.3）。

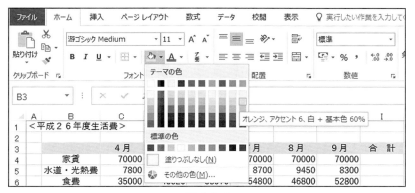

図 3.3.3

⑦ ⑥までに入力したデータを表にする。

表にしたい部分（B3セルからI11セルまで、図3.3.1参照）を選択指定し、[ホーム]タブ→[罫線]ボタンをクリック。表示されたプルダウンメニューから、[格子]をクリックする（脚注図）。

⑧ [Sheet1]シートの[シート見出し]をダブルクリックし、「平成26年度生活費」と変更する（図3.3.4）。

図 3.3.4

課題2

合計金額を算出してみよう。

■各月の生活費合計を求めよう：オートSUMの利用
＜操作方法＞

⑨ 4月分の生活費の各項目のセル（C4～C10）をドラッグして、範囲選択し、[数式]タブ→[オートSUM]ボタンをクリックする。すると、範囲選択されたセルの値の合計がC11に表示される（脚注図）。

⑩ ⑨の結果のセル（C11）を右にコピー（オートフィル）して、9月分（H11セル）までの各月の合計金額を表示する（図3.3.5）。

・⑥セルの色の指定
セルに色を付けるには、[ホーム]タブ→[フォント]グループの中から[塗りつぶしの色]ボタンの右にある▼をクリックする。すると、色見本のダイアログが表示されるので、この中から色を選んでクリックする。

■見やすい表を作成するには
①タイトルを必ず付ける。この時、タイトルは、セルを結合して中央寄せにしておくと良い。
②項目も中央寄せにしておくとよい。
③小数点以下の桁数は揃えておく。（[セルの書式設定]→[表示形式]→[数値]→[小数点以下の表示桁数]）
④列幅やセル幅を揃えておく。
⑤文字のフォントや色を工夫する。
⑥セルの色や罫線の太さや種類も工夫する。

・⑦[罫線]→[格子]ボタン

・⑧シート名を変更するには、[Sheet1]シートの[シート見出し]の上で右クリックし、表示されたダイアログボックスの中から[名前の変更(R)]を選んでもよい。

・⑨Σはシグマといい、総和を表す記号である。[ホーム]タブ→[編集]グループにも[ΣオートSUM]ボタンがある。

146　第3章　Excel 2016による知のデータ分析とその表現

<操作方法>
⑩に続いて、以下のように操作する。
⑪家賃の，4月分(C4セル)から9月分(H4セル)までドラッグして範囲選択する。⑨と同様の手順で，[オートSUM]ボタンをクリックすると，範囲選択されたセルの値の合計が，I4セルに表示される。
⑫⑪の結果のセル(I4)を下にコピーして，生活費の各内訳項目ごとの半年分の合計金額を表示する(図3.3.6)。

・シートの切り替え
シート見出しをクリックすると，シートを切り替えることができる。

・シートの移動
シートを移動するには，シート見出し上でクリック状態を保持し，マウスポインタの形が紙の形に変わったところで，移したい位置にドラッグする。

・シートの削除
シートを削除するには，[シート見出し]上で右クリックし，表示されるメニューから[削除(D)]をクリック。

・シートの追加
方法1：シート見出しの右側にある[新しいシート]ボタン ⊕ をクリックする。
方法2：シート見出し上で右クリックし，表示されたプルアップメニューの中から[挿入(I)]を選ぶ。表示されたダイアログボックス上で[ワークシート]を選択し，[OK]ボタンを押す。
・①コピーされたシートには，「平成26年度生活費(2)」というシート名が付けられている。
・②シート名の変更「平成26年度生活費(2)」のシート名の上で右クリックし，ポップアップウィンドウのメニューから[名前の変更(R)]をクリックして，シート名を「平成27年度生活費」と変更する(下図)。

・②シート名を変更するには，[シート見出し]をダブルクリックしてもよい。

図3.3.5のExcel画面（<平成26年度生活費>，4月～9月の各費目データ，合計列I空欄）

図3.3.5

■同様に各内訳経費の4月～9月の合計を求めよう：オートSUMの利用(脚注を参照のこと)

■シートの挿入，コピー，削除，移動

課題3

図3.3.6のような，平成26年度生活費～平成28年度生活費，3か年合計のシートを作成し，シートの削除・移動・追加をしてみよう。

図3.3.6のExcel画面（<平成26年度生活費>，合計列に420000, 49550, 273690, 72950, 88040, 73820, 60263, 1038313；シートタブ：平成26年度生活費／平成27年度生活費／平成28年度生活費／3ヵ年合計）

図3.3.6

<操作方法>
①「平成26年度生活費」のシートを3枚コピーする。
　シートをコピーするには，シート見出し上で[Ctrl]キーを押しながら，クリック状態を保持し，マウスポインタの形が ｢＋｣ の形に変わったところで，移したい位置にドラッグしドロップする(図3.3.7)。

図3.3.7のExcel画面（シートタブ：平成26年度生活費／平成26年度生活費(2)／平成26年度生活費(3)／平成26年度生活費(4)）

図3.3.7

②「平成26年度生活費(2)」のシート名を，「平成27年度生活費」と書き換える。同様に「平成26年度生活費(3)」のシート名を，「平成28年度生活費」，「平成26年度生活費(4)」を「3か年合計」と書き換える(脚注)。

3.3.2 条件付き書式でセルの値を強調する

課題 4

下の図 3.3.8 左図を，右図のように，食料自給率が 100 を超えるセルが赤く表示されるように設定しよう。

・条件付き書式
指定した条件を満たすデータが入力されているセルにだけ，指定した書式を設定することができる。セルを強調したり，視覚化したいときに用いる。

諸先進国食糧自給率				
国名	自給率			
	穀類	豆類	果実類	油脂類
カナダ	120	129	16	118
フランス	186	87	74	70
ドイツ	111	10	41	69
イタリア	84	29	109	50
オランダ	25	0	23	18
スペイン	78	12	140	73
スイス	59	23	79	26
英国	109	49	5	35
アメリカ	119	146	83	116
日本	28	7	44	13

諸先進国食糧自給率				
国名	自給率			
	穀類	豆類	果実類	油脂類
カナダ	120	129	16	118
フランス	186	87	74	70
ドイツ	111	10	41	69
イタリア	84	29	109	50
オランダ	25	0	23	18
スペイン	78	12	140	73
スイス	59	23	79	26
英国	109	49	5	35
アメリカ	119	146	83	116
日本	28	7	44	13

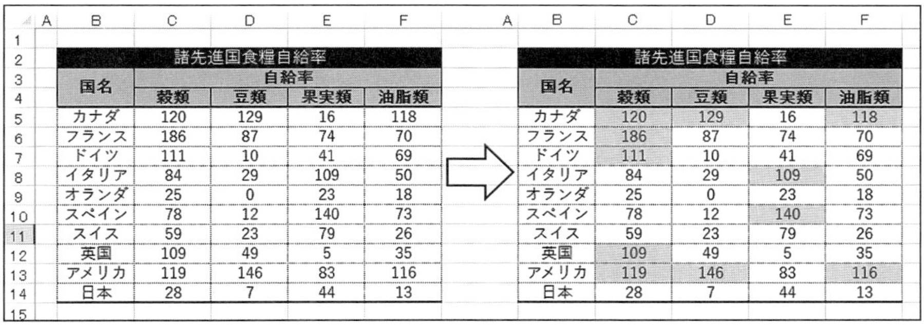

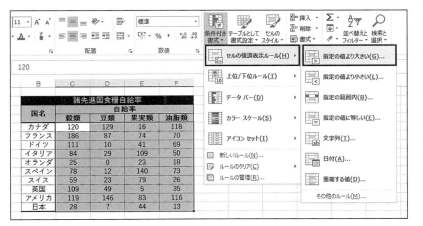

図 3.3.8

<操作方法>

① C5:F14 セルをドラッグして範囲指定する。

② ［ホーム］タブ→［条件付き書式］ボタンをクリック（図 3.3.9）。

③ 表示されたプルダウンメニューから［セルの強調表示ルール(H)］をクリック（図 3.3.9）。

④ 表示されたメニューから［指定の値より大きい］をクリック（図 3.3.9）。

■課題 3 Appendix
課題 3 で，さらに 3 か年の合計を求めるためには，3.2.2(3)［セルの参照］に従って，［3 か年合計］シートの C4 セルに［=平成 24 年度生活費!C4+'平成 24 年度生活費(2)'!C4+'平成 24 年度生活費 (3)'!C4］と入力し，これを C4 セルまでコピーする。さらに，そのまま I11 セルまでコピーする。
［平成 24 年度生活費!C4］と入力するには，［平成 24 年度生活費］シートの C4 セルをクリックすれば良い。

図 3.3.9

⑤ 表示されたウィンドウで，入力ボックスに「100」と入力し［OK］ボタンを押す（図 3.3.10）。

・条件付き書式の解除
課題4で設定した条件付き書式を解除するには，以下のように操作する。
① C5:F14 セルをドラッグして範囲指定する。
② [ホーム]タブ→[条件付き書式]ボタンをクリック(下図)。

③ 表示されたプルダウンメニューから[ルールのクリア(C)]をクリック。
④ 表示されたメニューから[選択したセルからルールをクリア(S)]をクリック。

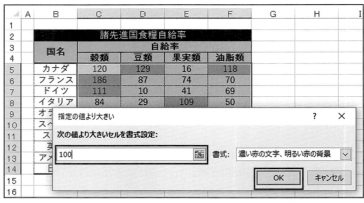

図 3.3.10

課題 5

次の図 3.3.11 のような，データバーの長さがセルの値を示すような，条件付き書式を設定してみよう。

図 3.3.11

・②③④[データバー]の選択

・いろいろな条件付き書式設定
条件付き書式には，カラースケール(S)やアイコンセット(I)もある。それぞれのボタンをマウスオーバーさせると，実際に書式が表示されるので，いろいろと試してみよう。

[新しい書式ルール]ウィンドウでは，新たに条件を設定してセルの表示形式を変更することができる。いろいろと設定を変更してみよう。

<操作方法>
① C5:F14 セルをドラッグして範囲指定する。
② [ホーム]タブ→[条件付き書式]ボタンをクリック(脚注図)。
③ 表示されたプルダウンメニューから[データバー(D)]をクリック(脚注図)。
④ 表示されたメニューから[塗りつぶし(単色)]の[赤のデータバー]をクリック(脚注図)。

条件付き書式設定が，それぞれ，どのようなルールでカラースケールやアイコンセットが決定されているかは，メニューの[新しいルール(N)]をクリックすると表示される**[新しい書式ルール]ウィンドウ**に，適用された条件が表示されるので，確認や変更をすることができる。

3.3.3　Excel の印刷機能

ここでは Excel の印刷機能や，その方法について学ぼう。

図 3.3.12 は印刷設定画面である。この設定画面では，以下のような印刷に関する項目について設定する。

・**印刷設定画面**
[ファイル]タブ→[印刷]をクリックする。

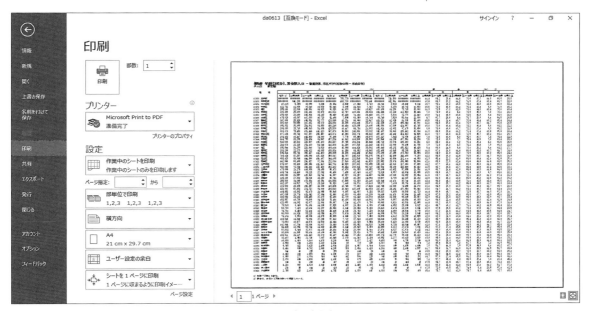

図 3.3.12　印刷設定画面

- **プリンター**：プリンターを選択する。PDFファイルの出力もプリンターの一つとして選択できる。
- **印刷部数**
- **ページ範囲**
- **余白**：ページの上下左右の白い部分を余白という。マージンとも呼ぶ。
- **印刷の向き**：用紙を縦にするか横にするかを設定する。初期設定では，縦向きに設定されている。作成した表が大きくて横にはみだした場合は，印刷の向きを横にすると収まる場合がある。
- **用紙のサイズ**：▼をクリックして，A4，B4等の用紙のサイズを設定する。
- **拡大・縮小**：▼をクリックすると，拡大・縮小に関する設定ができる。シートを1ページに収めるようにしたり，すべての行（列）を1ページに印刷するような設定ができる。
- **印刷プレビュー画面**：印刷結果を画面で表示することができる。

・Excel で作成した小さな表をデフォルトの設定で印刷すると，用紙の左上端に片寄って印刷されることがある。このような場合，簡単な設定で用紙の**中央に印刷**できる。もう少し表が大きくなると，一枚の用紙幅に収まり切らない場合も多い。そのような場合は，自動的に**1枚の用紙に収める機能**もある。さらに表が大きくなって，用紙の範囲を大きく超えてしまうと，表は分割されて印刷されることになる。そのような場合，各ページには，**きりのよいデータ部分が入るよう区切ったり，共通のタイトルや項目を入れる**と，見やすい印刷結果になる。本節では，このような印刷の方法について学ぶ。

・**デフォルト**：既定または初期設定の状態をいう。

・データ(図3.3.13)は下記URLより抜粋
http://www.e-stat.go.jp/SG1/estat/GL08020103.do?_toGL08020103_&tclassID=000001007702&cycleCode=0&requestSender=search
国立社会保障・人口問題研究所

・上のURLは，国立社会保障・人口問題研究所のホームページ(http://www.ipss.go.jp)から，以下のようにして辿ることができる。
http://www.ipss.go.jpにアクセス→[e-Stat]をクリック→[統計データを探す]の[主要な統計から探す]→[国勢調査]→[時系列データ]→[男女, 年齢, 配偶関係]→[東京都]のExcelファイルボタンをクリック。

・図3.3.13
政府統計データの一つで，東京都の平成22年度の年齢(3区分)，男女別人口を示したものである。

・④この場合，印刷の向きは[縦]になっていることに注意。

(1) 印刷範囲の指定と印刷

課題6

平成22年度の東京都23区の人口総数から，一部分を抜き出して印刷してみよう。

図3.3.13

<操作方法>
① 項目も含めてA5からF30までドラッグ操作で選択する。
② [ページレイアウト]タブ→[印刷範囲]をクリックする。
③ 表示されたプルダウンメニューの[印刷範囲の設定]をクリックする。
④ [ファイル]メニューの[印刷]をクリックすると，図3.3.14のような印刷設定画面が表示される。

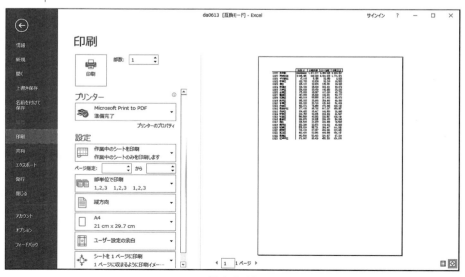

図3.3.14

3.3 表の作成と印刷 | 151

⑤ 印刷設定画面では,右欄に印刷プレビューが表示される。図 3.3.14 の右図に示すように,用紙の左上部分に印刷部分が左に寄っている。

⑥ 印刷設定画面の中央欄の[標準の余白]の▼をクリック。表示されたダイアログにおいて[ユーザー設定の余白(A)…]をクリックする(図 3.3.15)。

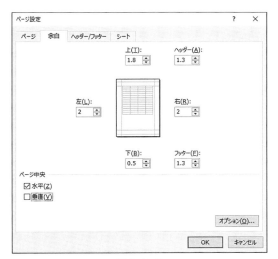

図 3.3.15

⑦ 表示された[ページ設定]ダイアログの左下の[ページ中央]で,[水平]にチェックを入れ,[OK]ボタンをクリックする。すると,印刷部分は中央寄りになる(脚注図)。

⑧ 中央の欄で[プリンター]を選び,[印刷]ボタンをクリックする。

課題 7

もう少し範囲を広くして,東京都 23 区の人口総数と男女の内訳も印刷してみよう。

＜操作方法＞
① ドラッグ操作で項目も含めて A4 から N30 まで選択する。
② [ページレイアウト]タブの[印刷範囲]をクリックし,プルダウンメニューの[印刷範囲の設定]をクリックする。
③ [ファイル]メニューの[印刷]をクリックする。画面の右欄に印刷プレビューが表示される。用紙の幅に入り切らず,2 ページにわたる。
④ 印刷設定画面下方の[拡大縮小なし]ボタンの▼をクリックする。表示されたプルダウンメニュー(脚注図)で,[シートを 1 ページに印刷]を選択すると,1 ページ中に収めて印刷することができる。
⑤ 中央の欄で[プリンター]を選び,[印刷]ボタンをクリックする。

・⑤**印刷プレビュー**
印刷プレビューとは,印刷結果の画面表示のことである。

・⑥**[余白の表示]ボタン**
画面右下隅の[余白の表示]ボタン をクリックすると,プレビュー画面に余白を表示することができる。もう一度クリックすると解除される。

・**[ページに合わせる]ボタン**
画面右下隅の[ページに合わせる]ボタン をクリックすると,印刷プレビューの表示縮尺率が 100%になる。もう一度,クリックすると 1 ページ全体の表示に戻る。

⑦**[ページ設定]ダイアログ**

・⑧必要に応じて[プリンターのプロパティ](図 3.3.14)をクリックし,プリンターの設定を行う。

・**元の編集画面に戻るには**
印刷モードから抜けて元の編集画面に戻るにはプレビュー画面の左上の をクリックする。

・④**[拡大縮小なし]プルダウンメニュー**

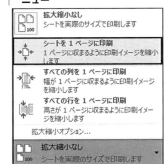

・④[シートを 1 ページに印刷]の代わりに,[すべての列を 1 ページに印刷]を選んでもよい。

3.4 Excel 関数の利用
数式と関数を使って計算をする

3.4.1 基本的な関数の利用

　関数とは, 対象となる範囲の値を, 計算したり処理したりした結果を返すものである。計算をするには数式を打ち込んでも良いが, 一般に, 関数を利用した方が, 入力ミスを防いだり確認もしやすくなる。Excel には, 450 を超えるさまざまな関数が用意されている。関数のツールは, [数式]タブの[関数ライブラリ]グループに用意されている(図 3.4.1)。

> ・Excel の関数は[数式]タブ→[関数ライブラリ]グループに分野別に用意されている。分野には, 財務, 論理, 文字列操作, 日付／時刻, 検索／行列, 数学／三角, その他の関数などがある。

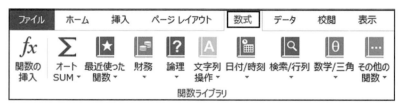

図 3.4.1

Excel の基本的な関数を挙げると以下のようである。

表 3.4.1

	関数名	用途	書き方
①	SUM 関数	対象となる範囲の**合計**を求める	=SUM(対象となる範囲)
②	AVERAGE 関数	対象となる範囲の**平均**を求める	=AVERAGE(対象となる範囲)
③	MEDIAN 関数	対象となる範囲の**中央値**を求める	=MEDIAN(対象となる範囲)
④	MAX 関数	対象となる範囲の**最大値**を求める	=MAX(対象となる範囲)
⑤	MIN 関数	対象となる範囲の**最小値**を求める	=MIN(対象となる範囲)
⑥	RANK.EQ 関数	対象となる項目のその範囲内での**順位**を決める	=RANQ.EQ(対象となる数値, 対象となる範囲)
⑦	DATE 関数	指定した**年月日を表示**する	=DATE(年, 月, 日)
⑧	TODAY 関数	**現在の日付(年月日)**をパソコンの内蔵時計を利用して, 表示する	=TODAY()
⑨	PHONETIC 関数	指定した**文字のフリ仮名**をふる	=PHONETIC(対象となる範囲)
⑩	COUNT 関数	対象となる範囲内で, **数値が含まれるセルの個数**を返す	=COUNT(対象となる範囲)
⑪	COUNTA 関数	対象となる範囲内で, **空白でないセルの個数**を返す	=COUNTA(対象となる範囲)
⑫	IF 関数	**条件判断**	IF(条件となる論理式, 真の場合の処理, 偽の場合の処理)

> ・Excel の基本的な関数としては, 表 3.4.1 の他にも以下のようなものがある。
>
> ・INT 関数
> 引数(数値)に指定した値を超えない最大の整数を返す関数である。
>
> ・AND 関数
> 指定したセル(または論理式)のすべてが[TRUE]となる場合のみ[TRUE]を返し, 1 つでも[FALSE]となる場合は[FALSE]を返す。
>
> ・OR 関数
> 指定したセル(または論理式)のいずれか 1 つでも[TRUE]となる場合は[TRUE]を返し, すべてが[FALSE]となる場合のみ[FALSE]を返す。
>
> ・その他の応用的な関数は p.170, 3.4.4 表 3.4.2 に示されている。

3.4 Excel 関数の利用 数式と関数を使って計算をする

■関数に関する根本的な概念

関数に関する根本的な概念は,**「対象となる範囲」**に**「どのような演算」**を**行う**かということである。例えば, SUM 関数, **SUM(A1:A10)** の場合,

```
SUM            : 関数名
「対象となる範囲」:(A1 セルから A10 セル)
「どのような演算」: 数値の合計を求める(SUM の意味)
```

ということである。

対象となる範囲には, 関数を適用するにあたっての, 条件や, 条件を適用する範囲を書き込む場合も多い。

課題 1

成績一覧表のファイルを開いてみよう。この一覧表の(1)合計点,(2)平均点,(3)最高点,(4)最低点,(5)順位,(6)評定を, 関数を用いて求めよう(図 3.4.2)。

	A	B	C	D	E	F	G	H	I	J
1										
2				＊＊＊＊＊成績一覧表＊＊＊＊＊						
3		学生番号	氏名	国語	数学	英語	合計	平均	順位	評定
4		1	会田久美	90	57	46	193	64.3	7	合格
5		2	秋川ゆかり	77	36	83	196	65.3	6	合格
6		3	岡田健治	58	41	50	149	49.7	10	不合格
7		4	河野洋介	93	50	48	191	63.7	8	合格
8		5	木下あゆみ	100	54	64	218	72.7	4	合格
9		6	工藤知美	48	81	96	225	75.0	3	合格
10		7	澤田謙吾	94	86	72	252	84.0	1	合格
11		8	須藤恵子	45	36	68	149	49.7	10	不合格
12		9	瀬川はるか	100	49	60	209	69.7	5	合格
13		10	立野三郎	89	76	82	247	82.3	2	合格
14		11	榎本明	50	26	78	154	51.3	9	不合格
15		合計点		844	592	747	2183	727.7		
16		平均点		76.7	53.8	67.9	198.5	66.2		
17		最高点		100	86	96	252	84.0		
18		最低点		45	26	46	149	49.7		

図 3.4.2

(1) 合計点を求めよう —SUM 関数の利用—

<操作方法>

① D15 セルをクリック。
② [数式]タブ→[数学/三角]ボタンをクリック(脚注図)。
③ 表示されたプルダウンメニューから, [SUM]をクリック(脚注図)。
④ [関数の引数]ダイアログボックス(図 3.4.3)が表示されたら, 数値1の欄に D4:D14 を指定(ドラッグ)する。

・引数
対象となる範囲とは, その関数が適用されるセル(変数)の範囲である。例えば A1:D5 といった場合である。この対象となる範囲を引数とも呼ぶ。

・課題 1
関数は, その目的に沿ったものをいくつか覚えておくと便利である。しかし, 目的に沿った関数がわからないときは, **関数の検索機能**を使うとよい。

・関数の検索
①[数式]タブをクリック。
②[関数ライブラリ]グループ→[関数の挿入]ボタン ![fx] をクリック。
③表示されたダイアログボックスで[関数の検索]欄に目的のキーワードを入力。

④[検索開始]ボタンをクリック。すると, 候補となる関数がいくつか示される。

②③[数学/三角]→[SUM]関数

・④ D4:D14 とキーボードから入力してもよい。

図 3.4.3

⑤ [OK]ボタンを押す。すると，D15セルに国語の合計点が表示される。
⑥ D15セルをF15セルまでコピーする。すると，各教科の合計点が表示される(図3.4.4)。

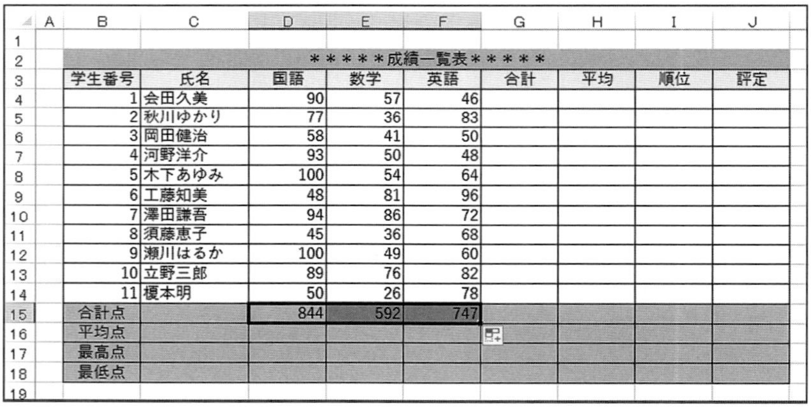

- ⑥ D15セルに入力されている**関数**がF15セルまでコピーされる。

- **ヒント**
各学生個人の合計点の計算
<操作方法>
⑦ G4セルの引数を，前ページの①〜⑤の操作を繰り返して行ない，D4:F4を指定する。
⑧ G4セルをG15セルまでドラッグしてコピーする。

- ②[統計]→[AVERAGE]関数

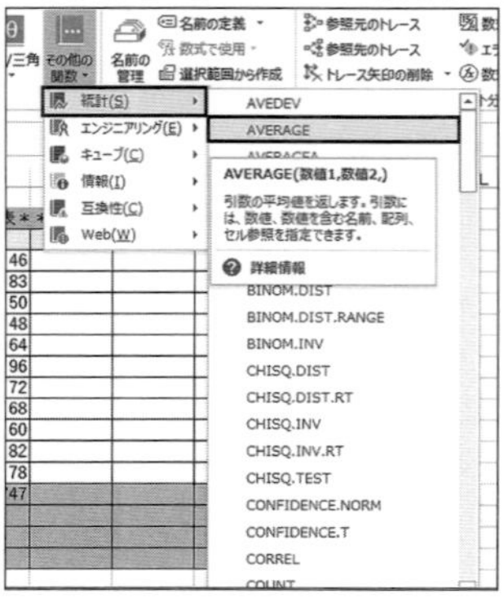

- ③**注意**
引数として，D4セルからD14セルまでドラッグして，範囲指定する。

図 3.4.4

■同様に，各学生個人の合計点を表示してみよう(脚注を参照のこと)

(2) 平均点を求めよう ─AVERAGE関数の利用─

<操作方法>
① D16セルをクリック。→[数式]タブ→[その他の関数]ボタンをクリック。
② 表示されたプルダウンメニューから，[統計]→[AVERAGE]をクリックする(脚注図)。
③ 表示された[関数の引数]ダイアログボックス上で，引数を(1)と同様 D4:D14 として，[OK]ボタンを押す(図3.4.5)。

3.4 Excel 関数の利用　数式と関数を使って計算をする | 155

図 3.4.5

・[関数の引数]ダイアログボックス上の[数値1]の欄でD4:D14となっていることを確認すること（図3.4.5）。

④ D16 セルに平均点が表示される。D16 を F16 までドラッグする。

・④[ホーム]タブ→[小数点以下の表示桁数を減らす]ボタンを何回かクリックし、小数点以下1桁で表示する。

■同様に，学生個人の3教科の平均点を求めよう（脚注を参照のこと）

・ヒント
学生個人の3教科の平均点を求める
<操作方法>
⑤ D16 と同様に，H4 セルをクリック。①から③までと同様の操作を繰り返して，引数を D4:F4 とする。
⑥ H4 を H15 までドラッグしてコピーする。

（3）最高点を求めよう　—MAX 関数の利用—

<操作方法>
① （1）の合計と同様に，D17 をクリックし，[数式]タブ→[その他の関数]ボタンをクリック。
② 表示されたプルダウンメニューから，[統計]→[MAX]をクリックする。
③ 表示された[関数の引数]ダイアログボックス上で，引数を D4:D14 として，[OK]ボタンを押す。
④ D17 セルに，国語の最高点が表示される。D17 セルを，F17 セルまでドラッグする。

（4）最低点を求めよう　—MIN 関数の利用—

<操作方法>
① （1）の合計と同様に，D18 をクリックし，[数式]タブ→[その他の関数]ボタンをクリック。
② 表示されたプルダウンメニューから，[統計]→[MIN]をクリックする。
③ 表示された[関数の引数]ダイアログボックス上で，引数を D4:D14 として，[OK]ボタンを押す。
④ D18 セルに国語の最低点が表示される。D18 を F18 までドラッグする。

・**MIN 関数**は，意味は MINI（最小値）であるが，表示は MIN なので注意。

(5) 順位を求めよう —RANK.EQ 関数の利用—

ここでは，3 教科の合計点の高い者を 1 位とし，各学生に順位を付けよう(図 3.4.6)。このような並べ方を降順(注を参照のこと)という。

・昇順と降順
1．昇順とは，数値が最小のものから大きくなる方向に順位を付ける並べ順である。例えば，1,2,3,4……(数値がだんだん大きくなる)といった具合である。
2．降順とは，この逆で，最大のものから小さくなる方向に順位を付ける並べ順である。例えば，10,9,8,7……(数値がだんだん小さくなる)といった具合である。また，アルファベットで言えば，A→Z，ひらがなで言えば，あいうえお順に並べる並べ方が昇順であり，降順は，この逆である。

学生番号	氏名	国語	数学	英語	合計	平均	順位	評定
1	会田久美	90	57	46	193	64.3	7	
2	秋川ゆかり	77	36	83	196	65.3	6	
3	岡田健治	58	41	50	149	49.7	10	
4	河野洋介	93	50	48	191	63.7	8	
5	木下あゆみ	100	54	64	218	72.7	4	
6	工藤知美	48	81	96	225	75.0	3	
7	澤田謙吾	94	86	72	252	84.0	1	
8	須藤恵子	45	36	68	149	49.7	10	
9	瀬川はるか	100	49	60	209	69.7	5	
10	立野三郎	89	76	82	247	82.3	2	
11	榎本明	50	26	78	154	51.3	9	
合計点		844	592	747				
平均点		76.7	53.8	67.9				
最高点		100	86	96				
最低点		45	26	46				

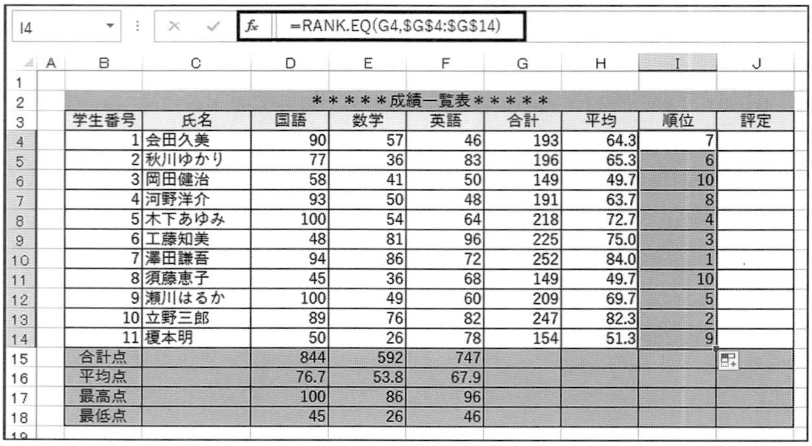

図 3.4.6

＜操作方法＞

① I4 をクリック。

② [数式]タブ→[その他の関数]ボタンをクリック。

③ 表示されたプルダウンメニューから，[統計]→[RANK.EQ]をクリック。

④ RANK.EQ[関数の引数]ダイアログが表示されたら，[数値]に G4 セルを指定(クリック)，[参照]に G4:G14 を絶対指定，[順序]で 0 を指定(降順)する(図 3.4.7)。

・④[数値]に G4 セルを指定するには，[数値]のテキストボックスをクリックして入力状態にした後，G4 セルをクリックする。

・G4:G14 を絶対指定するには， G4 セルから G14 セルまでをドラッグして範囲指定し，F4 キーを押す。

・絶対指定については 3.4.2 を参照のこと。

・[順序]で 0 を入力するには，キーボードで 0 (ゼロ)と入力する。

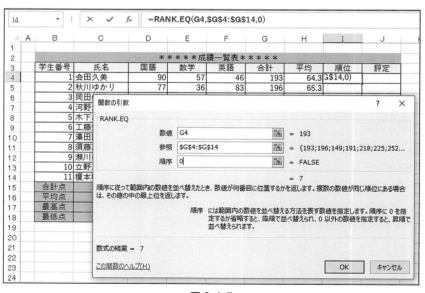

図 3.4.7

⑤ [OK]ボタンを押す。すると，I4セルに順位が示される。**この数字はG4セルの値が，G4〜G14までの範囲で何番目（点数の高い順）か**という順位を示すものである。
⑥ I4をI14までコピーする。すると，各学生たちの順位（点数の高い順）が表示される（図3.4.6）。

・⑥平均点で順位を付ける場合には，④のダイアログの[数値]欄でH4，[参照]欄ではH4:H14を入力（絶対指定）する。

(6) 評定を求めよう　—IF関数の利用—

■ IF関数による条件分岐

一般の関数（たとえば，表3.4.1のような関数）は，計算結果を，その関数を入力したアクティブセルに返すが，IF関数は，条件を論理式で指定し，この条件を満たす場合（真）と，満たさない場合（偽）とで，異なる処理を行い，その結果をアクティブセルに返す関数である。

条件式としては，下表のような比較演算子を使った論理式を用いる。

比較演算子	入力例	意　味
＝	A1=80	セルA1の値は80と等しい
＞	A1>80	セルA1の値は80より大きい
＜	A1<80	セルA1の値は80より小さい（未満）
＞＝	A1>=80	セルA1の値は80以上（数学での≧と同じ）
＜＝	A1<=80	セルA1の値は80以下（数学での≦と同じ）

・演算子
エクセルの演算子には，算術，比較，文字列，参照の4演算子がある。算術演算子は＋－＊/（四則演算）など，文字列は，文字列を結合する＆，参照はセル範囲の指定で用いる：（コロン）などである。

ここでは，平均点が60点以上ならば合格，60点未満ならば不合格（条件式）と表示されるような評定（条件分岐）をしてみよう（脚注図）。

・条件分岐

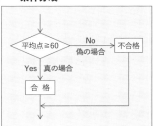

<操作方法>
① J4セルをクリック。
② [数式]タブ→[論理]ボタンをクリック。表示されたプルダウンメニューから，[IF]をクリック（図3.4.8）。

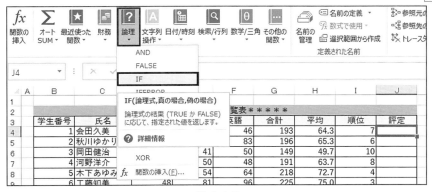

図3.4.8

③ 下図3.4.9のような, IF[関数の引数]ダイアログボックスが表示されたら,

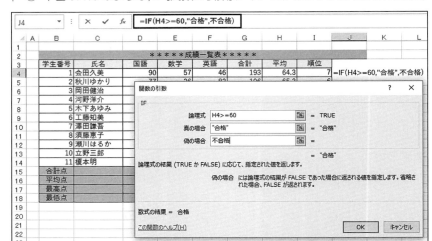

図3.4.9

・「H4>=60」は半角,「合格」,「不合格」は全角で入力する。

・数式バーの表示に注意すること (図3.4.9)。

[論理式]の欄 : H4>=60
[真の場合]の欄 : 合格
[偽の場合]の欄 : 不合格

と入力する。

> このダイアログボックスで, [論理式]とは判定をする条件を示している。[真の場合]とは, その条件を満たした場合, という意味であり, [偽の場合]とは, 満たされなかった場合, という意味である。つまりここでは, **"H4>=60 という条件が満たされたら,「合格」と表示し, 満たされなかったら「不合格」と表示してください"** と指示しているのである。

④ [OK]ボタンを押す。すると, J4セルに合否が示される。
⑤ J4セルを, J14セルまでドラッグする。すると, 各学生たちの合否が示される (図3.4.2)。

・練習(ヒント)
②書式なしコピー
② H2セルに合計を入れH8セルまでコピーすると, セルの下罫線が二重線となる。このような時は, [オートフィルオプション]→[書式なしコピー(フィル)]をクリックするとよい。

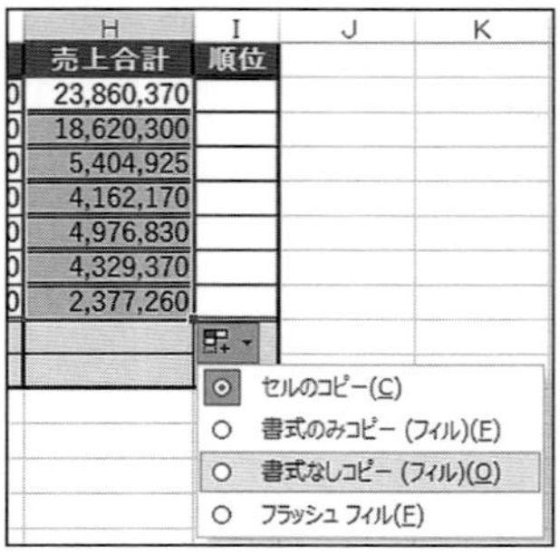

■ 練習 ■

図3.4.10の表で, 以下の①〜③の項目に答えなさい。

① 月ごとの合計金額, 平均金額を求めなさい。
② 商品ごとの売上合計を求めなさい。
③ 売上合計による順位を求めなさい(RANK.EQ関数の利用)

③ 順位:I2セルに「=RANK.EQ(H2, $H$2:$H$8)」と入力し, エンターキーを押す。I2セルに対してコピー(オートフィル操作)をI8セルまで行う。

図3.4.10

3.4.2 相対参照／絶対参照／複合参照

一般に，数式や関数を利用する際には，その関数を適用する対象範囲を指定する。この対象範囲を指定することを，そのセルを参照するという。セルを参照する仕方には，①相対参照，②絶対参照，③複合参照の3通りの方法（脚注）がある。以下，例を挙げて具体的に説明する。

課題2

図3.4.11で，下の①～④の操作をしてみよう。それぞれの参照方法の相違がわかるであろう。

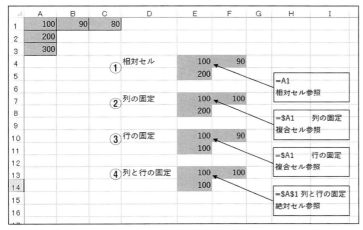

図3.4.11

<操作方法>
① E4セルに，**=A1**と入力。E4セルを，右と下にそれぞれコピーしてみよう。
② ①と同様に，E7セルに **=$A1** と入力。右と下にコピーしてみよう。
③ ①と同様に，E10セルに **=A$1** と入力。右と下にコピーしてみよう。
④ ①と同様に，E13セルに **=$A$1** と入力。右と下にコピーしてみよう。

操作結果として，図3.4.11で示される数字が表示されたであろうか？
① このような参照の仕方を，相対セルまたは**相対参照**という。
② この場合の**参照($A1)では，列のみが固定**されている。このように行または列のみが固定されているような参照の仕方を**複合参照**という。
③ この場合の**参照(A$1)では，行が固定**されている。**複合参照**である。
④ この場合の**参照($A$1)では，列と行が固定**されている。このような参照を絶対参照という。

・セルの参照
①**相対参照**とは，数式が入力されているセルを基点として，対象となるセルの位置を，相対的な位置関係で指定する参照方法である。
②**絶対参照**とは，対象となるセルの位置を固定する参照方法である。
③**複合参照**とは，相対参照と絶対参照を組み合わせた参照方式である。

課題2
・固定する行や列に$マークを付ける。

・参照の種類
①行列ともに固定しない：相対参照
②列の固定：複合参照
③行の固定：複合参照
④行と列の固定：絶対参照

参照方法の操作
・$の付いたところが固定される。
・F4キーを何回か押すと，$の表示が入れ替わる。

・[F4]キーの操作
列と行が相対参照（初期状態）
例：A1
↓
・[F4]を1回押すと，列と行が固定される。
例：$A$1
↓
・[F4]をさらに押すと，行のみ固定される。
例：A$1
↓
・[F4]をさらに押すと，列のみ固定される。
例：$A1
↓
・[F4]をさらに押すと，初期状態に戻る。
・つまり，[F4]キーを押すごとに以下のように$の付く位置が入れ替わる。
A1→$A$1→A$1→$A1→A1

160 | 第**3**章 Excel 2016 による知のデータ分析とその表現

・絶対参照の方法
絶対参照の方法には, 以下の2通りの方法がある。
①キーボードから $C$15 のように $ 記号を入力する。
②C15 と入力後 [F4] キーを押す。

数式を入力したセルをコピーする際には, 計算の対象となるセルを参照する必要がある。以下, 相対参照, 絶対参照, 複合参照が, 実際の関数でどのように利用されるのかを見ていこう。

■相対参照

相対参照とは, 数式が入力されているセル（アクティブセル）を基点として, 対象となるセルの位置を, 相対的な位置関係で指定する参照方法である。前述の課題1で, RANK.EQ 関数以外の, SUM, AVERAGE, MAX 関数などで用いた参照方法は皆, 相対参照である。

■絶対参照

次に絶対参照の例を示そう。

・割引額
割引額は, 標準価格×割引率で求められる。したがって, 例えばゴーグルの割引額はゴーグルの標準価格 2300 円に割引率（E2 セル: 5%）を掛け合わせたものである。

課題3

図 3.4.12 の表で, 割引額を求める式を考えよう。

図 3.4.12

・②で [F4] キーを押さずに [E10] セルまでコピーすると, 下図のようなエラーが表示される.

これは, E5 セルの式をコピーした際に参照した割引率のセル（E2 セル）の位置が, コピーとともに, 下のセルに移動してしまっているからである。割引率を示しているセルは E2 セルなので, この位置は固定しておかなければならない。今回の場合は, 割引率を示すセルの位置を行・列ともに固定する必要がある（絶対参照）。そこで, E2 セルに入力する式を②③「=D5＊$E$2」のように変更する。

＜操作方法＞

① E5 セルをクリックする。

② 半角英数で, 「=」と入力→「D5 セル」をクリック→「＊」を入力→「E2 セル」をクリック→[F4] キーを押す。

③ 「E5 セル」に「=D5＊$E$2」と入力されていることを確認して, [Enter] キーを押す。

④ E5 セルを E10 までコピーする（図 3.4.13）。

図 3.4.13

■ 練習

1. 課題3で、割引率を8%, 13%, 15%に変えてみよう。それに伴って、割引価格が変化するようすを眺めよう。
2. 脚注の表で、構成比を求めなさい。構成比の表示形式は%スタイル（小数点以下1桁）としなさい。
3. 図3.4.14の「コンビニでのおにぎり売上表」で、合計、構成比、達成率などを求め、%スタイル表示で空欄を埋めなさい。G4セル、H4セルにどのような式を入力すればよいだろうか？

	A	B	C	D	E	F	G	H
1				コンビニでのおにぎり売上表				
2								
3		商品名	単価	目標数	売上数	売上金額	構成比	達成率
4		梅干	¥120	20	22	¥2,640		
5		シーチキン	¥140	15	14	¥1,960		
6		昆布	¥130	14	13	¥1,690		
7		たくあん	¥110	14	16	¥1,760		
8		てんむす	¥250	10	7	¥1,750		
9		豚キムチ	¥220	12	9	¥1,980		
10		おかか	¥115	18	16	¥1,840		
11		塩	¥100	15	19	¥1,900		
12		野沢菜	¥135	13	14	¥1,890		
13		合計						

図 3.4.14

■複合参照

課題4

図3.4.15のクラス別の身長調査結果表で、相対度数を求めよう。

	A	B	C	D	E	F	G	H	I	J
1										
2		クラス別の身長調査結果								
3		階級値	度数				階級値	相対度数		
4		cm	男	女	合計		cm	男	女	全体
5		154	0	2	2		154	0.00	0.10	0.04
6		157	1	3	4		157	0.04	0.15	0.08
7		160	3	6	9		160	0.11	0.20	0.15
8		163	3	5	8		163	0.11	0.25	0.17
9		166	9	4	13		166	0.32	0.20	0.27
10		169	8	2	10		169	0.29	0.10	0.21
11		172	3	0	3		172	0.11	0.00	0.06
12		175	1	0	1		175	0.04	0.00	0.02
13		計	28	20	48		計	1.00	1.00	1.00

図 3.4.15

＜操作方法＞

① H5セルをクリック。→キーボードから、半角英数で、[=]を入力。続いてC5セルをクリック。→「/」を入力→ C13セルをクリック。
② ここで、C13セルの行のみを固定する。即ち、[F4]キーを何回か押して「C$13」とする。→[Enter]キーを押す。
③ H5セルをクリック。そのまま下にH13セルまでコピーする（図3.4.15）。
● 同様に「女」・「全体」の相対度数を求めよう。
④ H5:H13をそのままJ13セルまでドラッグしてコピーする。

・**練習2**
構成比とは、各車種の回答数／合計である。

・**練習3**
構成比とは各商品の売上高／合計売上高であり、
達成率とは、各商品の売上数／目標数である。

・**相対度数とは**、その階級の全体に対する割合である。つまり、相対度数表のH5セルには、C5の値（階級値）を、C13の値（男の合計）で割った値を求めればよい。ここで、C13を固定しておく必要があるが、後の操作で、男子だけではなく、女子（I列）・全体（J列）にもコピーすることを考え、ここでは、行のみを固定しておくと良い。このような参照方法を複合参照という。

・**エラーが表示された場合**
#DIV/0! とは、割り算時のエラーで、分母が0になっていることを示している。
エラーの種類と対処方法の項目（3.4.5）を参照のこと。

・②固定する行や列に$マークを付ける。

③[ホーム]タブの[小数点以下の表示桁数を減らす]をクリックして2桁に調整する。

・練習1
操作方法のヒント
①C5セルの計算式は,もともとB5*C4である。
②下にコピーするには,**C4セル**の行を固定する必要がある。
③横にコピーするには,**B5セル**の列を固定する必要がある。

2．かけ算の九九表

・関数のネストは入れ子ともいう。

・ネストは1つの関数の中で最大64階層(レベル)まで指定できる。

■ 練習 ■

1．次の表(図3.4.16)を完成させよう。列や行をどのように固定させたらよいだろうか？

	A	B	C	D	E	F	G
1							
2		●複合参照の利用		下の表を埋めなさい			
3							
4		商品価格	10%	20%	30%	40%	50%
5		100					
6		200					
7		300					
8		400					
9		500					
10		600					
11		700					
12		800					
13		900					
14		1000					
15							

図3.4.16

2．複合参照を用いて,脚注の表のようなかけ算の九九表を作成せよ。

3.4.3　関数のネスト

関数を用いる際に,その関数が対象とする値(入力値)を**引数**という。関数の中で,さらに関数を用いることができる。すなわち関数の引数として,セルを指定するだけではなく,関数をも指定することができる。このような構造を持った関数を,**関数のネスト**という。ここでは,その使用方法について説明する。

課題5

次の図3.4.17の成績表で,前期と後期の成績の平均が60点以上ならば合格,60点未満ならば不合格とする判定を求めてみよう。

	A	B	C	D	E
1					
2			前期成績	後期成績	合否判定
3		外国語	68	87	合格
4		経済入門	45	67	不合格
5		統計学	78	89	合格
6		情報	48	79	合格
7		国際ビジネス論	50	85	合格
8					

図3.4.17

①[論理]ボタンから[IF]を選択

<操作方法>

① E3セルをクリックし,[数式]タブ→[論理]ボタンをクリック。表示されたプルダウンメニューの[IF]をクリックすると(脚注図),IF[関数の引数]ダイアログボックスが表示される(図3.4.18)。

② ［論理式］に，「前期と後期の成績の平均が 60 点以上であるならば」という条件式を代入する訳であるが，それには，まず，AVERAGE 関数を用いるので，以下のように操作して，**関数のネスト**を用いる。まず，**［名前ボックス］の右横にある▼をクリックする**（図 3.4.18）。

・②関数のネストは，［名前ボックス］の右に位置している▼をクリックする。

・数式バーに表示される論理式に注意すること。

図 3.4.18

③ 表示されたプルダウンメニューの関数の中から [AVERAGE]（図 3.4.18）をクリックすると，今までの IF [関数の引用] ダイアログボックスに代わって，AVERAGE [関数の引数] ダイアログボックスが表示される（図 3.4.19）。

・③関数のネスト
ここでは IF 関数の条件文（論理式）の引数として AVERAGE 関数を指定する。
・AVERAGE 関数が図 3.4.18 のように表示されない場合は，［その他の関数］をクリック→表示されたダイアログボックスの中の［関数の分類（C）］の［▼］をクリック→［統計］をクリック→表示された［関数名（N）］の中から，［AVERAGE］をクリックする。

図 3.4.19

- ④ここで[OK]ボタンはまだ押さない。
- ⑤ネストを抜け出して, 元の関数に戻るには, 数式バーの IF をクリックする。

・数式バーに表示される論理式に注目すること。

④ [数値1]の欄を入力状態にし, C3 セルから D3 セルをドラッグして, [C3:D3]と表示されることを確認する(図 3.4.19)。

⑤ **ダイアログボックスの[OK]ボタンをクリックせずに, 数式バーの IF をクリックする(図 3.4.20)。**

⑥ すると, 図 3.4.20 のような, **IF**[関数の引数]ダイアログボックスに戻る。すでに論理式の欄に, AVERAGE(C3:D3)が表示されているので, 続けてキーボードから, >=60 と入力する。さらに,

　　真の場合：合格
　　偽の場合：不合格

を入力する(図 3.4.20)。

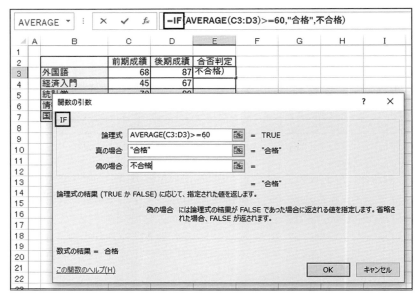

図 3.4.20

- ⑧**フィルハンドルによるコピー**
セルの右下にフィルハンドル(■)が表示される。この状態でドラッグする。

- **練習1ヒント**
AND 関数を利用する
課題5の操作③で, AND 関数(論理関数)を用い,「=IF(AND(C3<70, D3<70),"不合格","合格")」と入力。

- **練習2ヒント**
OR 関数を利用する
課題5の操作③で, OR 関数(論理関数)を用い,「=IF(OR(C3<60, D3<60),"不合格","合格")」と入力。

⑦ [OK]ボタンを押す。

⑧ E3 セルに合格と表示されたら, E3 セルを E7 セルまでコピーする(図 3.4.17)。

■ 練習 ■

1. 課題5 (図 3.4.17)の成績表で, 前期と後期の成績の両方が 70 点未満ならば不合格, それ以外では合格とする判定を求めてみよう。
2. 課題5の図 3.4.17 の成績表で, 前期と後期の成績のどちらかが 60 点未満ならば不合格, それ以外ならば合格とする判定を求めてみよう。

3. 下の図 3.4.21 の表で, 以下の①～④を求めよ。

① フリガナの欄を埋めよ。

② 前期判定を, 60 点以上を合格, それ以外は空白として表示せよ。

③ 後期判定を, 60 点以上を合格, それ以外は空白として表示せよ。

④ 総合判定を, 前期と後期の両方が合格のとき合格とし, それ以外は不合格として表示せよ。

	A	B	C	D	E	F	G	H	I
1									
2		情報リテラシーテスト結果							
3		番号	氏名	ﾌﾘｶﾞﾅ	前期	前期判定	後期	後期判定	総合判定
4		001	山本　孝子		80		80		
5		002	加藤　清		65		70		
6		003	三木　健司		100		55		
7		004	香川　洋子		50		50		
8		005	山口　亮		45		65		
9		006	高木　悦子		75		85		
10		007	伊藤　伊知郎		95		90		
11		008	北原　和夫		40		75		
12									

図 3.4.21

■複数の階層構造を持った関数のネスト：3つ以上の条件分岐

課題 6

次の図(図 3.4.22)のような成績の評定を, 以下の評定基準に従って行う場合を考えてみよう。

	A	B	C	D	E	F
1		成績の評定を求めよう				
2						
3			前期成績	後期成績	平均点	評定
4		外国語	68	87	77.5	B
5		経済入門	45	67	56	不合格
6		統計学	78	89	83.5	A
7		情報	48	79	63.5	C
8		国際ビジネス論	50	85	67.5	C
9						

図 3.4.22

成績の評定基準：前期と後期の成績の平均が

80 点以上　　　　　：(　　平均点≧80)をA,

70 点以上 80 点未満：(80＞平均点≧70)をB,

60 点以上 70 点未満：(70＞平均点≧60)をC,

60 点未満　　　　　：(60＞平均点　　)を不合格とする。

・練習3①ヒント
D4 セルに「=PHONETIC(C4)」と入力し, D11 セルまでコピーする。
[PHONETIC] 関数は, [その他の関数]→[情報]の中にある。

・練習3②③ヒント
偽の場合は, 半角で「" "」を入力する。

・練習3④ヒント
AND 関数を用い,「=IF(AND(F4="合格", H4="合格"), "合格", "不合格")」と入力。

■ IFS 関数
Excel2016 には, IFS 関数が新たに加えられ, 関数のネストを用いなくても, 複数の条件指定が可能となった。たとえば, 課題 6 は, IFS 関数を用いて, IFS(E4>=80, "A", E4>=70, "B", E4>=60, "C", E4<60, "不合格")と入力すれば良い。E4<60 は単に TRUE としても良い。
但し, 現時点(2017 年 10 月)においては, IFS 関数は, Office 365 のサブスクリプション及びオンライン, Excel Mobile のみに提供されるサービスであり, また, 2016 以前の Version で開くとエラーとなる。そのため条件指定の汎用性を考慮し, 本書ではネストについて触れておく。COUNTIFS 関数, SUMIFS 関数も, 上記の環境で提供されている。

・関数のネストの階層
ネストの階層としては
評定A：第 1 階層
評定B：第 2 階層
評定C：第 3 階層
となり, 不合格で第 1 階層に戻る。

ここでは，複数の階層を持ったネスト構造を入力する。

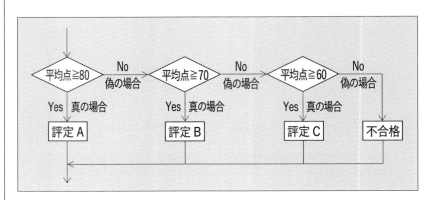

Step 1　まず初めに，平均点を求めよう（脚注を参照のこと）。

・Step 1 平均点を求めるには以下のように操作する。
① E4 セルをクリック。
② [数式]タブ→[その他の関数]をクリックし, [統計]にマウスオーバー。
③ 表示されたプルダウンメニューから, [AVERAGE]関数をクリックする。

Step 2　次に成績の評定を求めよう。

＜操作方法＞
① F4 をクリック。
② [数式]タブ→[論理]ボタンをクリック。表示されたプルダウンメニューから, [IF]関数をクリック（脚注図）。
③ [関数の引数]ダイアログボックスが開いたら（図 3.4.23）, [論理式]のボックスに, キーボードから E4>=80 と入力。

Step 2 ②[論理]ボタン→[IF]をクリック。

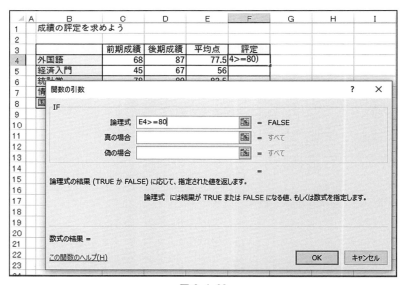

図 3.4.23

④ [真の場合]の欄に, A を入力する。
⑤ [偽の場合]をクリック。→ IF の[名前ボックス]の右側にある▼をクリック。→表示されたプルダウンメニューから, [IF]をクリック（図 3.4.24）。

・数式バーに表示される論理式に注目すること。

3.4 Excel 関数の利用　数式と関数を使って計算をする | 167

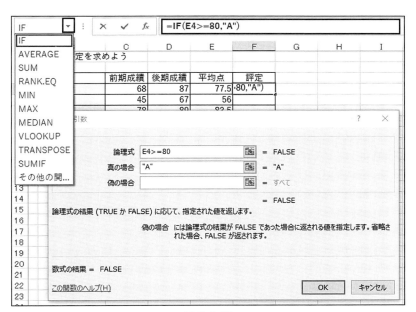

図 3.4.24

・操作の流れは,以下のようである。
・**関数のネスト第1段階(A)(④)**

・**関数のネスト第2段階(B)(⑤)(⑥)**

・**関数のネスト第3段階(C)(⑦)**

・**関数のネストを抜けて,初めのIF 関数に戻る(⑧)。**

⑥ 表示された,IF［関数の引数］ダイアログボックス(図 3.4.25)で,［論理式］ボックスに,キーボードから［E4>=70］と入力。［真の場合］ボックスに［B］を入力。

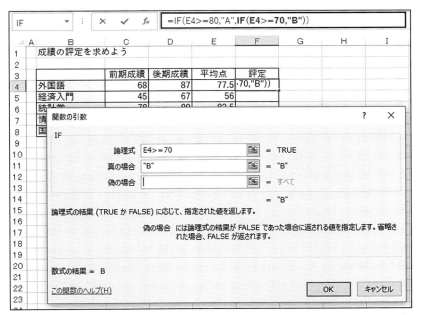

図 3.4.25

⑦ ［偽の場合］をクリック,⑤～⑥を繰り返し,評定 C まで入力する。
⑧ E4 セルの得点が 60 点以上を満たさない(偽の)場合は,「不合格」なので,［偽の場合］の欄に「不合格」と入力する(図 3.4.26)。

・E4 セルを指定するには,E4 セルをクリックしてもよい。

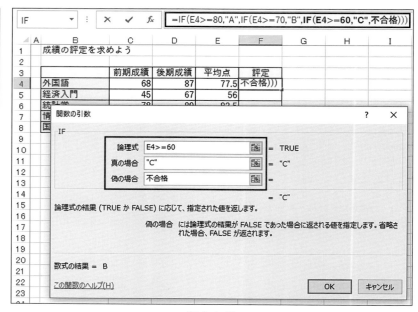

図 3.4.26

・数式バーに表示される論理式に注目すること。

⑨ [OK] ボタンを押す。すると, F4 セルに評定 B が表示される。

この時, 数式バーを確認すると, 以下のようである。

=IF(E4>=80,"A",IF(E4>=70,"B",IF(E4>=60,"C","不合格")))

⑩ F4 セルを, F8 セルまでコピーする(図 3.4.27)。

成績の評定を求めよう

	前期成績	後期成績	平均点	評定
外国語	68	87	77.5	B
経済入門	45	67	56	不合格
統計学	78	89	83.5	A
情報	48	79	63.5	C
国際ビジネス論	50	85	67.5	C

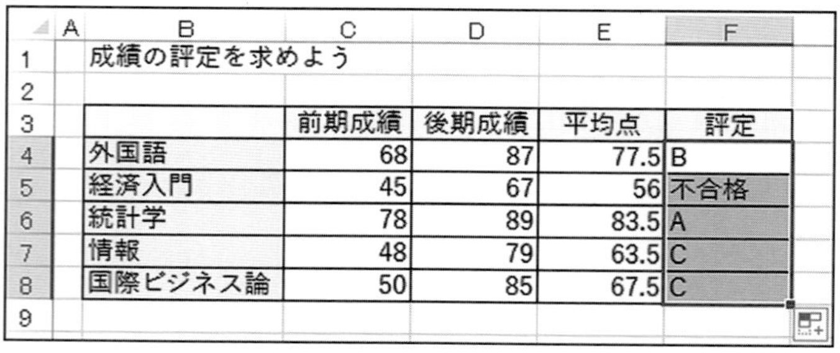

図 3.4.27

上の図 3.4.27 のような評定が得られたであろうか？

練習

1. 以下の図 3.4.28 で, 総合成績を前期と後期の成績の平均として求めよ。また前期評定, 後期評定, 総合評定を, 以下の評定基準として判定しなさい。

80 点以上　　　　　：(80≦点数)をA,
70 点以上 80 点未満：(70≦点数＜80)をB,
60 点以上 70 点未満：(60≦点数＜70)をC,
60 点未満　　　　　：(点数＜60)を不合格とする。

3.4 Excel 関数の利用 数式と関数を使って計算をする | **169**

	情報リテラシーテスト結果						
番号	氏名	前期	前期判定	後期	後期判定	総合成績	総合判定
001	山本　孝子	80		80			
002	加藤　清	65		70			
003	三木　健司	100		55			
004	香川　洋子	50		50			
005	山口　亮	45		65			
006	髙木　悦子	75		85			
007	伊藤　伊知郎	95		90			
008	北原　和夫	40		75			

図 3.4.28

2． 以下の図 3.4.29 で，合計点と順位を求めよ。また評定を以下の評定基準として合否を判定しなさい。

　　　　順位 1 位〜 4 位：　　合格
　　　　順位 5 位〜 6 位：　　補欠合格
　　　　順位 7 位〜 9 位：　　不合格

＊＊＊＊＊成績一覧表＊＊＊＊＊							
学生番号	氏名	国語	数学	英語	合計	順位	評定
36914	会田久美	98	51	83			
15895	秋川ゆかり	55	100	86			
21356	岡田健治	93	51	65			
37925	河野洋介	75	65	70			
16889	木下あゆみ	81	72	56			
32073	工藤知美	97	79	79			
78172	澤田謙吾	93	52	85			
58158	須藤恵子	73	47	88			
33186	瀬川はるか	63	87	73			

図 3.4.29

3． 以下の図 3.4.30 で，各人の BMI を求めよう。さらに，以下の基準を基に肥満度を判定せよ。

　　　　　　BMI＜18.5：低体重
　　　18.5≦BMI＜25　：普通体重
　　　25≦BMI＜30　：軽い肥満
　　　30≦BMI　　　：肥満

・BMI とは
BMI（Body mass index）と は 1999 年，日本肥満学会によって定められた肥満の判定基準であり，体重（kg）／身長（m）^{2} で計算される。一般に BMI＝22 が理想とされている。

・算術演算子[∧]（ハットと読む）
一般に 2^3 は［＝ 2 ∧ 3］と入力する。

肥満度の判定					
学生番号	氏名	身長(m)	体重(kg)	BMI	肥満度の判定
36914	会田久美	1.48	51		
15895	秋川ゆかり	1.55	48		
21356	岡田健治	1.73	51		
37925	河野洋介	1.83	65		
16889	木下健太	1.63	78		
32073	工藤義男	1.68	86		
78172	澤田謙吾	1.69	60		
58158	須藤恵子	1.53	47		
33186	瀬川智彦	1.78	87		

図 3.4.30

170 | 第**3**章 Excel 2016 による知のデータ分析とその表現

3.4.4 | その他の関数の利用 ―関数の応用―

Excel に用意されている，基本的な関数については 3.4.1 で触れた。ここでは，さらに以下のような関数について説明をする。いずれも大変有効な関数である。

表 3.4.2

	関数名	用　途	書き方
①	SUMIF 関数	対象となる範囲の中で，検索条件に一致するセルの行の合計範囲にあるセルの値の合計を求める	=SUMIF（検索範囲, 検索条件, 合計範囲）
②	COUNTIF 関数	対象となる範囲の中で，検索条件を満たすセルの個数を求める	=COUNTIF（対象となる範囲, 検索条件）
③	AVERAGEIF 関数	対象となる範囲の中で，検索条件に一致するセルの行の平均範囲にあるセルの値の平均を求める	=AVERAGEIF（検索範囲, 検索条件, 平均範囲）
④	VLOOKUP 関数	対象となる範囲の中で，検索値と一致する値がある行の列番号で指定した列のセルの値を求める	=VLOOKUP（検索値, 範囲, 列番号, 検索方法）

(1) SUMIF 関数の利用

課題 7

下図 3.4.31 のような，店舗別商品売上個数の表から，商品別販売個数の合計を求めよう。すなわち，店舗別，商品名別になっている売上個数表から，商品名別の売上個数の合計を求めよう。

▲	A	B	C	D	E	F	G
1							
2		店舗別商品売上個数				商品別販売個数	
3		店舗名	商品名	売上個数		商品名	売上個数
4		千葉	クランプ	3		試験管	
5		松戸	フラスコ	34		クランプ	
6		越谷	ビーカー	31		ゴーグル	
7		本郷	試験管	22		シャーレ	
8		茗荷谷	シャーレ	85		ビーカー	
9		日比谷	ビーカー	12		フラスコ	
10		御茶ノ水	試験管	5		レトルト	
11		銀座	ゴーグル	30		漏斗	
12		池袋	漏斗	2			
13		目黒	フラスコ	4			
14		大岡山	クランプ	85			
15		相模原	ビーカー	2			
16		橋本	レトルト	1			
17		八王子	試験管	9			
18		御殿場	ゴーグル	28			

図 3.4.31

3.4 Excel関数の利用　数式と関数を使って計算をする

<操作方法>

① G4をクリック。
② [数式]タブ→[数学／三角]ボタンをクリック。表示されたプルダウンメニューから，[SUMIF]をクリック。
③ 表示されたSUMIF[関数の引数]ダイアログボックス（下図3.4.32）上で，

　　範　　囲：$C$4:$C$18
　　検索条件：F4
　　合計範囲：$D$4:$D$18　を入力し，[OK]ボタンを押す。

・③の操作
C4:C18をドラッグ。[F4]キーを押して絶対参照指定する。

図3.4.32

　すると，試験管の売上個数合計（G4セル）に「36」と表示される。
　つまり，前述の手順で，**商品名の項目（範囲：$C$4:$C$18）から，漏斗の項目（検索条件：F4）を捜し出し，売上個数（合計範囲：$D$4:$D$18）にある数値の合計が表示されたのである。**
④ G4セルをG11セルまでコピーする（図3.4.31）。

■ 練習 ■

　以下の図3.4.33の表は，漫画サークルの2016年9月における諸経費を示したものである。左表を基に，以下の①②の問いに答えなさい。
① 右表の費用項目別合計，部員名別合計を算出しなさい。表示形式を通貨としなさい。
② 各項目における割合を，％スタイルで示しなさい。

・②割合とは各項目／合計（金額）である。

諸経費明細（2016年9月）

日付	費用項目	部員名	金額
2	交通費	斉藤	¥4,120
4	通信費	下田	¥680
5	資料代	須永	¥3,800
6	会議費	瀬戸	¥3,830
11	備品代	園田	¥500
12	会議技	下田	¥4,500
17	交通費	瀬戸	¥1,640
18	備品代	斉藤	¥600
19	交通費	園部	¥2,210
22	通信費	斉藤	¥1,260
24	交通費	瀬戸	¥1,960
25	資料代	須永	¥1,600
26	交通費	岡部	¥3,640
29	資料代	須永	¥2,500
合計			¥32,840

費用項目別合計

費用項目	金額	割合（%）
会議費		
交通費		
資料代		
通信費		
備品代		

部員名別合計

部員名	金額	割合（%）
斉藤		
下田		
須永		
瀬戸		
園部		

図 3.4.33

(2) COUNTIF 関数の利用

課題 8

下の表(図 3.4.34)は，主要先進国の食糧自給率を%表示で示したものである。この表から自給率が 100%以上の国の数を求めよう。

H10 =COUNTIF(C5:C14,">=80")

諸先進国食糧自給率

国名	自給率			
	穀類	豆類	果実類	油脂類
カナダ	120	129	16	118
フランス	186	87	74	70
ドイツ	111	10	41	69
イタリア	84	29	109	50
オランダ	25	0	23	18
スペイン	78	12	140	73
スイス	59	23	79	26
英国	109	49	5	35
アメリカ	119	146	83	116
日本	28	7	44	13

100%以上の自給率

穀類	豆類	果実類	油脂類
5	2	2	2

80%以上の自給率

穀類	豆類	果実類	油脂類
6	3	3	2

図 3.4.34

<操作方法>

① H5 をクリック。

② [数式]タブ→[その他の関数]ボタンをクリック。表示されたプルダウンメニューから，[統計]→[COUNTIF]をクリック。

③ 下図 3.4.35 のような，COUNTIF [関数の引数] ダイアログボックスが表示されたら，

範　囲：C5:C14

検索条件：>=100　を入力し，[OK]ボタンを押す。

・③範囲の指定
C5からC14までをドラッグする。

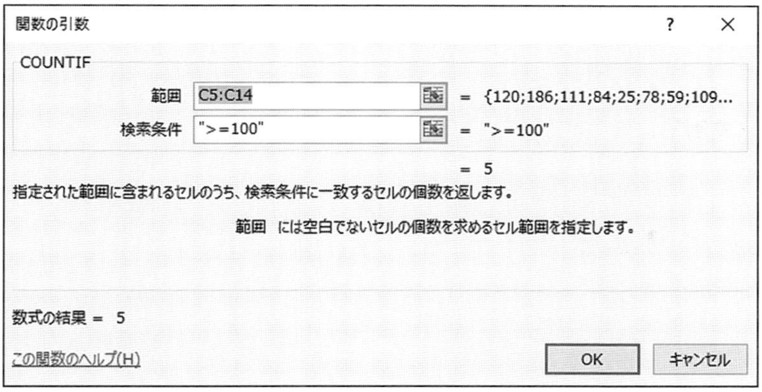

3.4 Excel 関数の利用 数式と関数を使って計算をする | **173**

図 3.4.35

すると,「100%以上の自給率」の表で,「穀類」の欄(H5 セル)に「5」という数字が表示される。つまり,**COUNTIF 関数を用いると,範囲：C5:C14 の中から,検索条件：>=100 を満たす項目の個数の合計を算出し,その結果を表示する**のである。

④ H5 セルを K5 までコピーする(図 3.4.34)。

■ 練習 ■

1. 課題 8 と同様にして,自給率が 80%以上の国の数を求めてみよう(図 3.4.34)。

2. 次の図 3.4.36 の表は,川中君が前期に取得した成績を示したものである。左表を基に,右表の空欄を埋めなさい。但し,60 点以上を合格とする。

	A	B	C	D	E	F	G	H
1								
2		科目	単位数	点数	評定		成績結果	
3		科目A	2	79	B		全科目数	
4		科目B	2	85	A		合格科目数	
5		科目C	2	78	B		取得単位数	
6		科目D	4	50	F		評定別科目数	
7		科目E	2	83	A		S	
8		科目F	1	65	C		A	
9		科目G	2	30	F		B	
10		科目H	2	88	A		C	
11		科目I	2	80	A		F	
12		科目J	2	X	X		X	
13		科目K	4	75	B			
14		科目L	2	80	A			
15		科目M	1	95	S			
16		科目N	1	X	X			
17		科目O	3	95	S			
18		科目P	2	61	C			
19		科目Q	4	45	F			
20		科目R	2	60	C			
21		科目S	2	80	A			
22		科目T	2	79	B			
23								

図 3.4.36

・練習 2 のヒント

・全科目数の H3 セルに入力する関数は「=COUNTA(B3:B22)」である。

・合格科目数での合格基準は,60 点以上の得点を取得することである。従って,H4 セルに入力する関数は「=COUNTIF(D3:D22, ">=60")」である。

・取得単位数(H5 セル)は,SUMIF 関数を用いる。
つまり,H5 セルに,「=SUMIF(D3:D22, ">=60", C3:C22)」と入力する。

・評定別科目数の S の欄(H7 セル)には,「=COUNTIF($E$3:$E$22, G7)」と入力する。

174 | 第**3**章 Excel 2016 による知のデータ分析とその表現

・練習3のヒント
登録者数は COUNTA 関数, 受験者数は COUNT 関数, 合格者数は COUNTIF 関数, 合格者平均点は AVERAGEIF 関数を用いる。

3. 次の図 3.4.37 の表は, 情報リテラシーのテスト結果を示したものである。図の上部の表を基に, 下部の表の空欄を埋めなさい。ただし, 60 点以上を合格とする。

	B	C	D	E
2	情報リテラシーテスト結果			
3	番号	氏名	前期	後期
4	10101	山本　孝子	80	80
5	10118	加藤　清	65	欠席
6	10125	三木　健司	100	65
7	10342	香川　洋子	50	50
8	10355	山口　亮	欠席	欠席
9	10555	高木　悦子	75	85
10	10567	伊藤　伊知郎	95	90
11	10600	北原　和夫	40	75
12				
13		項目	前期	後期
14		登録者数		
15		受験者数		
16		合格者数		
17		合格者平均点		

図 3.4.37

(3) VLOOKUP 関数の利用

・VLOOKUP 関数の利用
VLOOKUP 関数は, 見積の明細書等で商品コードを入力すると, 指定されたデータベースからその商品コードに対応した商品名や単価, 原産国などの情報を表示させる関数で, 書類作成の効率を上げることができる。

課題9

下の図のようなカラーコードリスト(図 3.4.38 の左図)がある。このリストを利用して, カラーコードの番号を入力すると, その番号に対応する色を表示する表(図 3.4.38 の右図)を作成しよう。

H3　　=VLOOKUP(F3,$B$4:$D$13,3,0)

	B	C	D	E	F	G	H
2	カラーコード				番号	色	記号
3	番号	色	記号		3	橙	D
4	0	黒	B		5	緑	G
5	1	茶	C		7	紫	P
6	2	赤	R		1	茶	C
7	3	橙	D		6	青	BL
8	4	黄	Y		2	赤	R
9	5	緑	G				
10	6	青	BL				
11	7	紫	P				
12	8	灰	GR				
13	9	白	W				

図 3.4.38

<操作方法>

① G3 をクリック。

② [数式]タブ→[検索／行列]ボタンをクリック。表示されたプルダウンメニューから, [VLOOKUP]をクリック。

③ 表示された VLOOKUP［関数の引数］ダイアログボックス（図 3.4.39）で，
　　検索値：F3（番号を指定する）
　　範　囲：$B$4:$C$13（検索照合の範囲を指定する）
　　列番号：2
ここで，列番号には，検索値で指定した列から，何列目に色（表示させたい項目）の列があるか（この場合2列目）を指定する。
　　検索方法：0　と入力する。

・**範囲**を $B$4:$D$13 としてもよい。

・**検索方法**とは，検索値が見つからない場合の対処を0または1で示すものである。
ここで，0を指定すると値の代わりにエラー値［#N/A］が表示され，1を指定すると，検査値未満の最大の値が表示される。

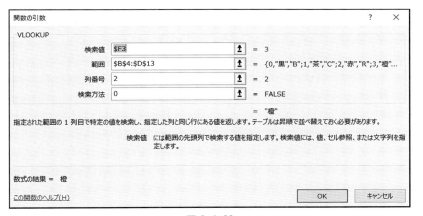

図 3.4.39

すると，番号3に対して，「橙」と表示される（G3 セル）。
④ G3 から G8 までをドラッグし，コピーする。

■ 練習 ■

1．課題9と同様の方法で，「番号」から「記号」を表示させ，表を完成（図 3.4.38 の右図）せよ。
2．次の図 3.4.40 の表は，仕入先，商品，種別を，コードで示した一覧表である。この一覧表を基に，仕入伝票（図 3.4.41）の表に，以下の①～⑤の項目を埋めなさい。
　　①日付　②原産国　③商品名　④金額・消費税・合計金額　⑤種別

・練習2のヒント
① 日付（TODAY 関数の利用）
② 原産国（VLOOKUP 関数の利用，仕入先一覧を参照）
③ 商品名，単価（VLOOKUP 関数の利用，商品一覧を参照）
④ 金額，消費税，合計金額を算出する。
⑤ 種別（VLOOKUP 関数の利用，種別表を参照）

・練習2の答え
＜操作方法＞
①日付
TODAY 関数の利用
C14セルに「=TODAY()」を入力，［Enter］キーを押す。

②原産国
VLOOKUP 関数の利用。仕入先一覧を参照
E14 セルに「=VLOOKUP(D14, $B$4:$C$10,2,0)」と入力し，［Enter］キーを押す。

176 | 第**3**章 Excel 2016 による知のデータ分析とその表現

③商品名：
VLOOKUP 関数の利用。商品一覧を参照
C17 セルに「=VLOOKUP(B17, $D$4:$F$10,2,0)」と入力し，[Enter]キーを押す。
C17 セルを C21 セルまでコピーする。
単価：
D17 セルに「=VLOOKUP(B17, $D$4:$F$10,3,0)」と入力し，[Enter]キーを押す。
D17 セルを D21 セルまでコピーする。

④金額：
金額の F17 セルに「=D17＊E17」と入力し，[Enter]キーを押す。
表示形式を通貨とする。F17 セルを F21 セルまでコピーする。
消費税：
消費税は，F17 セルから F21 セルまでの合計金額に消費税率(0.08)を掛けたものである。したがって，F25 セルに「=SUM(F17:F21)＊0.1」と入力し，[Enter]キーを押す。
合計金額：
全体の合計金額である F26 セルには，「=SUM(F17:F25)」と入力し，[Enter]キーを押す。

⑤種別
種別は合計金額で判定する。したがって，F14 セルに「=VLOOKUP (F26, G4:H10,2,1)」と入力し，[Enter]キーを押す。
この場合，検索方法を１とすることに留意。

	仕入先一覧		商品一覧			種別表	
	仕入先コード	原産国	商品コード	商品名	単価	合計金額	種別
	21	エクアドル	31	バナナ	150	0	F
	22	台湾	32	スイカ	800	20000	E
	23	南アフリカ	33	オレンジ	90	40000	D
	24	韓国	34	トマト	125	60000	C
	25	メキシコ	35	メロン	400	80000	B
	26	アメリカ	36	チェリー	350	100000	A
	27	デンマーク	37	キウイ	90	120000	S

図 3.4.40　仕入先・商品・種別一覧表

伝票Ｎｏ．		22318	仕入先コード	原産国	種別
日付		①	25	②	⑤
商品コード	商品名	単価	数量	金額	
34	③		55	④	
33			124		
32			24		
36			55		
31			210		
			消費税	④	
			合計金額		

図 3.4.41　仕入伝票

3.4.5 | エラーのチェックと対処方法

数式を処理していると，時折エラーが表示されることがある。それらのエラー表示や原因を示すと，以下のようである。

表 3.4.3

エラー値	エラーの原因
#####	列幅が狭いか，負の値の日付や時刻が入力されている。
#VALUE!	引数の種類が正しくない(文字と数値を足し算しているなど)。
#N/A	VLOOKUP 関数などの検索関数で，検索値が検索範囲内に存在しない。
#REF!	数式の計算で，無効なセルを参照したり，参照していたセルが削除されてしまった。
#DIV/0!	割り算で分母が 0 である。
#NUM!	数値に何らかの問題がある。引数が不適切な値になっている等。
#NAME?	認識できない文字列が使われている。
#NULL!	指定した２つのセル範囲に共通部分がない。

3.4 Excel関数の利用　数式と関数を使って計算をする | **177**

＜対処方法＞

対処方法としては，例えば，

　　　　#DIV/0!の場合：数式の割算で分母となるセルの値が0（ゼロ）また
　　　　　　　　　　　　は空白になっていないか確認する。
　　　　##### の場合：セル幅を広げる。
　　　　#NAME? の場合：関数やセルの名前に誤りがないか確認する。
などである。

■エラーチェックオプションボタンの利用

　エラーが起こると，下の図 3.4.42 のような［エラーチェックオプション］ボ
タンが表示される場合がある。

C11			×	✓	fx	=avarage(C4:C10)		

	A	B	C	D	E	F	G	H	I
1	＜平成２６年度生活費＞								
2									
3			4月	5月	6月	7月	8月	9月	合　計
4		家賃	70000	70000	70000	70000	70000	70000	
5	水道・光熱費		7800	8500	6800	8700	9450	8300	
6		食費	35000	45320	38970	54800	46800	52800	
7		交通費	14350	9800	13800	10400	7800	16800	
8		教養費	23500	6800	14680	24560	8640	9860	
9	レジャー費		3000	16500	5680	26400	9680	12560	
10		その他	10345	3480	4500	12800	3458	25680	
11		合　計	#NAME?						

　　　　無効な名前のエラー
　　　　このエラーに関するヘルプ(H)
　　　　計算の過程を表示(C)...
　　　　エラーを無視する(I)
　　　　数式バーで編集(F)
　　　　エラー チェック オプション(O)...

図 3.4.42

　このような場合には，［エラーチェックオプション］ボタン ◈ の▼をクリッ
クすると，脚注の機能が表示されるので，どれかをクリックして修正するとよい。
　図 3.4.42 の場合では，図 3.4.43 のような［数式の検証］ダイアログボック
スが表示される。この検証を参考にして，数式バーに表示されている式を修
正するとよい。

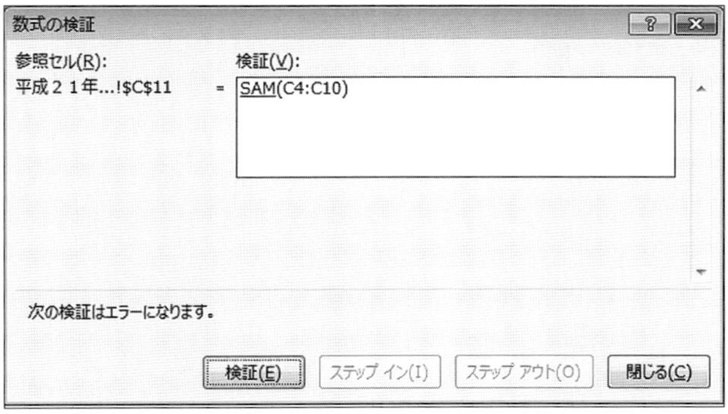

数式の検証	? ×

参照セル(R):　　　　　　検証(V):
平成２１年...!$C$11　＝　SAM(C4:C10)

次の検証はエラーになります。

　　　　　　　　検証(E)　ステップ イン(I)　ステップ アウト(O)　閉じる(C)

図 3.4.43

・［エラーチェックボタン］に表
示される機能
①無効な名前のエラー
②このエラーに関するヘルプ(H)
③計算の過程を表示(C)
④エラーを無視する(I)
⑤数式バーで編集(F)
⑥エラーチェックオプション(O)
このうち，［③計算の過程を表示
(C)］をクリックすると，エラーに
至った計算の過程を検証するダイ
アログボックスが表示される。

第3章

3.5　グラフの作成と編集

表とグラフ　　図表・グラフリテラシー

　図表やグラフは，レポートや論文を書く上で欠かせない。データを数理的に処理し客観的に捉えたり表現することで，自分自身の思考も整理され，読む人に説得力のある説明をすることができる。表からは，詳細で正確なデータの数値がわかる。そのため，論文などでは正確性を示すためにグラフだけでなく，やはり表を示すことが必要である。一方，グラフは，その特徴が視覚的に表現されるので，読む人に与える影響が大きい。それぞれのグラフには，特徴があるので，これらの特徴を生かして使い分けることが大切である。

グラフを用いてデータを視覚的に表現しよう

　Excel 2016 に用意されているグラフツールを用いて，さまざまなグラフを描いてみよう。グラフ作成のためのツールは，[挿入]タブ→[グラフ]グループに用意されている（図3.5.1）。

- 1.1.4(2)「表やグラフを入れよう　図表・グラフリテラシー」(p.23)を参照のこと。

・**表とリスト**
表とリストは，厳密な意味では異なる。表は，データを項目別に行と列を用いて並べたものである。リストは，一定の条件を満たす表である。Excelでデータ分析を行う際には，表を整えてリストの形にしておかなくてはならない。詳しくは，3.6.1データの並べ替え(p.198)を参照のこと。

図 3.5.1

3.5.1　はじめに，棒グラフを描いてみよう

課題1

下図3.5.2の表を基に，2013年度の棒グラフを描いてみよう。

・**グラフの種類**には，縦棒，折れ線，円，横棒，面，散布図，株価，等高線，ドーナツ，バブル，レーダーなどがある。それぞれの特性や用途については，1.1.4 図表・グラフリテラシーを参照のこと。

・**スパークライン**
スパークライン(図3.5.1)とは，単一のセルの中に棒グラフや折れ線グラフを表示する簡易グラフツールである。グラフの簡易デザイン機能もある。

	A	B	C	D
1	デジタルカメラ会社別売上高（単位：億円）			
2	会社名	2013年度	2014年度	2015年度
3	A社	206	256	266
4	B社	220	230	287
5	C社	233	220	272
6	D社	209	185	235
7	E社	120	137	155
8	F社	85	98	139

図 3.5.2

3.5 グラフの作成と編集

〈操作方法〉

① まず，グラフを描く対象となるデータの範囲指定をする。ここでは，2013年度の各会社の売上高を対象としたいので，A2セルからB8セルまでを範囲指定しよう。

② ［挿入］タブ→［グラフ］グループ→［縦棒/横棒グラフの挿入］ボタン をクリック。

③ 表示されたプルダウンメニューの中から，[2-D 縦棒]→[集合縦棒]をクリック。

④ 図3.5.3のような棒グラフが表示される。ワークシート内のセルをクリックするとグラフが確定される。

・①データの範囲指定
範囲指定は，マウスをドラッグして行う。会社名や2013年度などの項目を含めることに留意すること。

・［おすすめグラフ］ボタン
データを範囲指定した後，［挿入］タブ→［おすすめグラフ］ボタン をクリックすると，そのリストに合ったおすすめのグラフがいくつか表示される。

・グラフ内をクリックするとグラフの編集モードになる。この時，リボンもグラフ編集用に変わることに留意すること。

・グラフタイトルを削除するには，グラフタイトルをクリックし，[Del]キーを押す。
または，グラフタイトルの上で右クリックし，生じるプルダウンメニューで[削除]を選ぶ。凡例の削除も同様である。

・2014年度 2015年度とデータの範囲を変えてみよう。

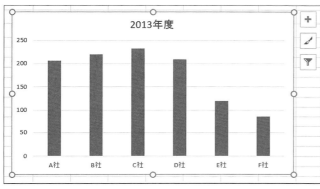

図3.5.3

練習

1. 次の表（図3.5.4）は日本の人口の推移を示したものである（単位：千人）。この表を基にして，人口の推移を棒グラフ及び，折れ線グラフで表しなさい。

	A	B
1	年	人口
2	1920年	55,963
3	1930年	64,450
4	1940年	71,933
5	1950年	83,200
6	1960年	93,419
7	1970年	103,720
8	1980年	117,060
9	1990年	123,611
10	2000年	126,926
11	2010年	127,510

図3.5.4 ［出典：国立社会保障・人口問題研究所］

2. 次の表（図3.5.5）は，日本の普通乗用車と小型乗用車の生産台数を示したものである（単位：千台）。変化のようすを，図3.5.6のような折れ線グラフで表しなさい。

・折れ線グラフ
折れ線グラフの描き方は，操作やメニューなど棒グラフと同様である。データを折れ線上に表示するマーカー付き折れ線と，表示しない折れ線とがある。

・注
図3.5.4の年の欄が数字のみの場合，下図のようなグラフが描かれる。その場合はグラフエリア内でマウスの右ボタンをクリックし，プルダウンメニューの中で[データの選択]を選び，[横（項目）軸ラベル]の[編集]をクリックして横軸の範囲を指定し，[凡例項目]で，系列(年)を削除する。

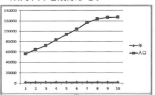

・マーカー付き折れ線を選ぶ(図3.5.6)。

・**練習2[クイック分析]ボタン**
データを範囲指定した時に,右下に表示される[クイック分析]ボタン(下図)をクリックすると,グラフ,合計,テーブル等そのリストに合った分析方法がいくつか表示される。

図3.5.5 [出典:財団法人 日本自動車工業会]

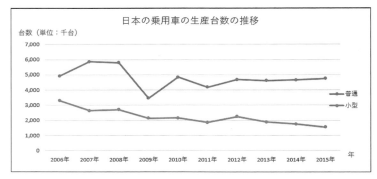

図3.5.6

■**グラフを見やすく整えるために**
グラフは,読む人に視覚的に訴えるものである。そのため見ただけでわかるように,わかりやすいグラフにすることが必要である。
①**タイトル**を必ず入れる。
②**プロットエリア**はできるだけ大きくする。
③**縦(値)軸ラベル,横(項目)軸ラベル**も必ず入れる。
④**目盛の間隔**はわかりやすく入れる。あまり細か過ぎても見づらい。
⑤時には,**目盛線**を入れてみるのも効果的である。
⑥**系列**に色を付けたり,立体的にするのも効果的である。
(グラフレイアウトの利用)

3.5.2 グラフの要素と編集

　ここでは,グラフをより美しく見やすくするための編集の仕方を学ぼう。一度挿入したグラフをさらに見やすく編集するには,[グラフツール]を利用する。[グラフツール]には,[デザイン][書式]タブが用意されていて,それぞれのタブをクリックすると,グラフのデザインやレイアウトに関するリボンが開く。[グラフツール]は,編集中のグラフをクリックすると表示される(図3.5.7)。
　図3.5.8のグラフについて,その要素の名称を示すと以下のようである。

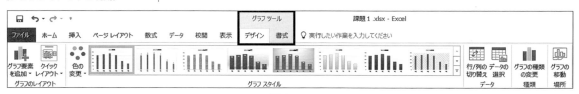

図3.5.7

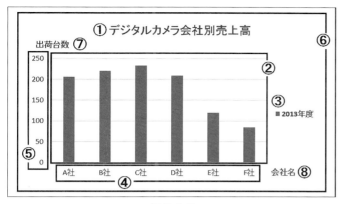

図 3.5.8

■ グラフ要素
①グラフタイトル ②プロットエリア ③凡例 ④横(項目)軸
⑤縦(値)軸 ⑥グラフエリア ⑦縦(値)軸ラベル ⑧横(項目)軸ラベル

このうち,プロットエリアは大きさや位置を変更できる。タイトル,凡例,および,各種ラベルは位置を変更できる。また,その要素を右クリックすると,プルダウンメニューが表示されるので,各種書式設定を選ぶと,フォントや色,目盛などを細かく設定することができる。

練習

3.5.1 課題1で描いたグラフ(図3.5.3)で,①〜⑧の要素をクリックして確認しよう。

課題2

例えば3.5.1の課題1で描いたグラフのプロットエリアを編集してみよう。ここではプロットエリアの大きさを変え,グラデーションをかける(図3.5.12)。

<操作方法>
① プロットエリアをクリックして,その範囲を表示し,大きさを変えてみよう。またグラフエリア内を移動させてみよう。
② プロットエリア内で右クリックし,表示されたメニューから[プロットエリアの書式設定(F)]をクリックする。
③ 表示された[プロットエリアの書式設定]作業ウィンドウの,[塗りつぶしと線]ボタン ◇ をクリック。→[塗りつぶし]をクリック→[塗りつぶし(グラデーション)(G)]を選ぶ。
④ 脚注図のような設定画面が表示されるので,既定のグラデーション(R)で色(例えば薄いグラデーション・アクセント6)等を設定する。

・①要素の拡大／縮小
グラフ要素を拡大・縮小するには,枠線にカーソルを合わせ,カーソルの形が ↗ になったところでドラッグする。

・①要素の移動
要素(ラベル)を移動させるには,枠線にカーソルを合わせ,カーソルの形が ✥ になったところでドラッグする。

②各種[書式設定]作業ウィンドウを表示するには,その要素をクリックし,[グラフツール]→[書式]タブ→[選択対象の書式設定]をクリックするのが最も確実である。また,その要素をダブルクリックしても[書式設定]作業ウィンドウが表示される。

・②③④プロットエリアの書式設定

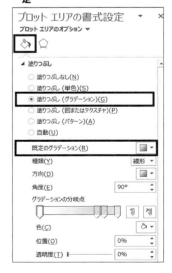

- **グラデーションの分岐点**では，選択されている分岐点の色，位置，透明度，明るさを設定することができる。

- **練習のヒント**
図3.5.11の棒グラフ上で右クリック→[データ系列の書式設定]→[効果]ボタン🔘をクリック。→[3-D書式]の[面取り]などで，棒グラフが立体的に見えるように編集する。

- **課題3**
ここでは，グラフタイトルを「2013年度デジタルカメラ会社別売上高」とし，縦軸ラベルに「売上高（億円）」，横軸ラベルに「会社名」と入力する。

⑤ [閉じる]をクリックすると，グラフの背景がグラデーションのかかった薄い緑色に変更されている（図3.5.12）。

■ 練習 ■

上の課題2で，棒グラフを立体的に表示してみよう。

■ デザインタブとグラフ要素の編集

課題3

3.5.1 課題1で描いたグラフ（図3.5.3）に，縦（値）軸ラベルと横（項目）軸ラベルを挿入してみよう（図3.5.12）。

＜操作方法＞
① グラフをクリック。
② [グラフツール]→[デザイン]タブをクリックする。→[グラフのレイアウト]グループの，[グラフ要素を追加]ボタンをクリック。

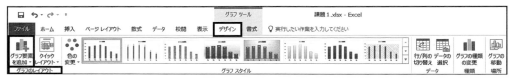

図3.5.9 レイアウト

- **[デザイン]タブの[クイックレイアウト]**
[軸ラベル]を含めてレイアウトを一括設定できる。課題3の場合，[レイアウト9]をクリックすると，縦，横の[軸ラベル]が一度に設定される。

③ 表示されたプルダウンメニューから[軸ラベル]→[第1縦軸（V）]をクリック（図3.5.10）。すると，グラフエリアに軸ラベル（縦軸）が表示される（図3.5.10）。

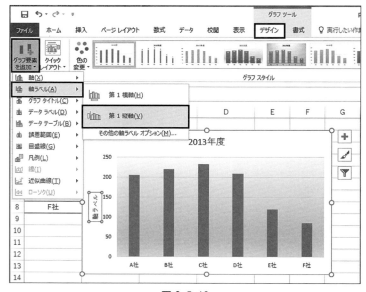

図3.5.10

3.5 グラフの作成と編集 | 183

④ 同様にして，[第1横軸(H)]をクリックして，グラフエリアに横軸ラベルを挿入する。
⑤ 縦軸ラベルを右クリック→表示されたダイアログボックス上で[軸ラベルの書式設定]をクリック。表示された[軸ラベルの書式設定]作業ウィンドウで[サイズとプロパティ]ボタン をクリック。
⑥ [配置]→[文字列の方向(X)]で[横書き]を選択する(図3.5.11)。

・**文字列の方向**には，[横書き]，[縦書き]，[右へ90度回転]，[左へ90度回転]，[縦書き(半角文字含む)]の5種類がある。

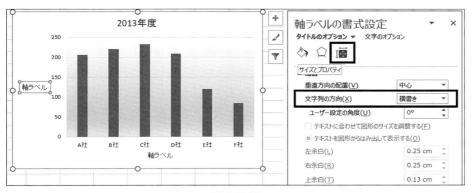

図3.5.11

⑦ 縦軸ラベルをドラッグして，縦軸の上部に配置し，プロットエリアのサイズを調整する。
⑧ 縦軸ラベルを「売上高(億円)」に，横軸ラベルを「会社名」に変更する。さらに，グラフタイトルを，「2013年度デジタルカメラ会社別売上高」と入力する(図3.5.12)。

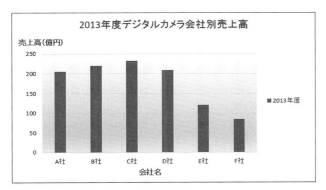

図3.5.12

■ 練習 ■

1．[グラフ書式コントロール]の3つのボタンをクリックし，それぞれどのような機能があるのか見てみよう。
2．各ラベルのフォント(文字の大きさや字体)を変えてみよう。また，位置や配置を変えてみよう。

・[軸ラベル]
テキストボックスになっている。設定したらそのまま文字をキーボードから入力すればよい。

・[グラフタイトル]
テキストボックスになっている。選択後そのまま文字をキーボードから入力すればよい。

・[凡例]を追加するには，[グラフ要素を追加]ボタン→[凡例]を選ぶ。

・**練習1[グラフ書式コントロール]**(図3.5.10及び，3.5.11)
グラフを選択すると，グラフ右横に[グラフ書式コントロール]の以下のような3つのボタンが表示される。

[グラフ要素]ボタン：
グラフ要素の追加や削除

[グラフスタイル]ボタン：
グラフのスタイル(レイアウト)や配色の設定

[グラフフィルター]ボタン：
各データの抽出と表示
これらのボタンを使うと，よりスピーディーにグラフを編集することができる。

・課題4
ここでは,目盛の間隔を30おきになるよう変更する。

> 課題4
> 上の課題3で描いたグラフ(図3.5.12)で,目盛の間隔を変えてみよう。

＜操作方法＞

・グラフの縦軸上でダブルクリックしても良い。

① グラフ(図3.5.13)の数値軸(縦軸)上で,右クリック。表示されたメニューから[軸の書式設定(F)]をクリック。すると[軸の書式設定]作業ウィンドウが表示される(図3.5.13)。

・[単位]の[主]入力欄の右にある[リセット]ボタンをクリックすると,元(自動)の目盛間隔に戻る。

② [軸の書式設定]作業ウィンドウで,[軸のオプション]の[単位]の[主(J)]入力欄に30と入力する(図3.5.13)。

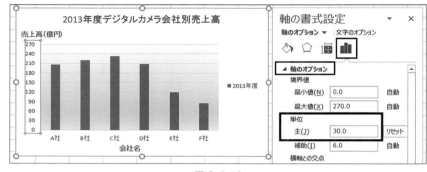

図3.5.13

すると,グラフ(図3.5.12)の縦軸の目盛が,30おきに表示される(図3.5.13)。

■ 練習 ■

軸の書式設定で最大値や補助目盛間隔を設定し,グラフがどのように変わるか観察しよう。

・練習のヒント
① 縦(値)軸上を右クリックし,[軸の書式設定(E)]をクリック→表示された作業ウィンドウで[軸のオプション]の[境界値]の項目で[最大値]に,任意の値を入力してグラフの変化を見てみよう。
② ①と同様に,縦(値)軸上で右クリック→[補助目盛線の追加(N)]をクリックして補助目盛線を挿入してみよう。補助目盛線の目盛間隔は,①と同様,[軸の書式設定(E)]作業ウィンドウで設定する。

■グラフのデータ対象範囲の変更

> 課題5
> 3.5.2の課題3で描いた棒グラフ(図3.5.12)で,データ範囲を2014年度および2015年度に変更してみよう(図3.5.14)。

・課題5
グラフの基になっている表は,図3.5.2にある「デジタルカメラ会社別売上高(単位:億円)」の2013年度である。図3.5.12では,グラフエリアをクリックすると,2013年度のデータ範囲が色の付いた枠線で表示される。

3.5 グラフの作成と編集

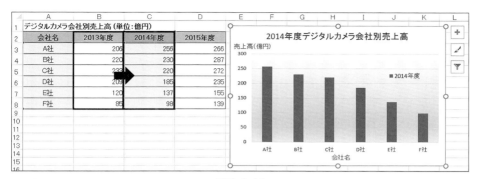

図 3.5.14

＜操作方法＞
① 課題3で描いたグラフの, グラフエリア内のどこかをクリックする。
② グラフの基になっているデータ範囲が, 色の付いた枠線で表示される(図3.5.14)。
③ 枠線を2014年度になるようドラッグする。そのデータ範囲は, グラフに反映され, 2014年度の各社の売上高を示した棒グラフとなる(図3.5.14)。
④ ③と同様に, 2015年度のグラフを作成してみよう。

③④
凡例は自動的に変更されるが, グラフタイトルは変更されないので, 手動で変更する。

■ 練習 ■

1. 脚注の表は, 日本の5社の携帯電話出荷台数(単位:万台)を示したものである。この表を基に, 図 3.5.15 のようなグラフを描きなさい。

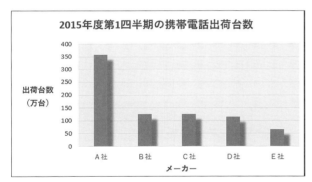

図 3.5.15

2. 3.5.1の課題1の表を基に, 図 3.5.16 のような 2013 年度〜2015 年度の集合縦棒グラフを描きなさい。さらに, 縦軸ラベルと横軸ラベルを入れ替えて, 図 3.5.17 のようなグラフを描きなさい。

・練習1　日本の5社の携帯電話出荷台数(単位：万円)

	A	B
1	2015年第1四半期	国内携帯電話出荷台数
2	メーカー	出荷台数
3	A社	357
4	B社	127
5	C社	127
6	D社	116
7	E社	67

・棒グラフの影をつける
棒の上でダブルクリック→表示された[データ系列の書式設定]作業ウィンドウ上で, [効果]ボタンをクリック。→[影]→[標準スタイル(P)]の右にある[影]ボタンをクリック。→図3.5.16と同様な影の位置を選択する。さらに, [距離(D)]で影の距離を決めると良い。

・3.5.1課題1 (図3.5.2)

・練習2のヒント
集合縦棒グラフは,
①課題1の表で, A2からD8までドラッグし範囲指定する。
②[挿入]タブ→[縦棒／横棒グラフの挿入]ボタンをクリック。
③表示されたプルダウンメニューから, [2-D 縦棒]→[集合縦棒]をクリックする。

縦軸ラベルと横軸ラベルを入れ替えるには

①プロットエリアを右クリック→表示されたメニュー（下図）から，[データの選択(E)]をクリック。

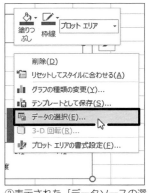

②表示された，[データソースの選択]ダイアログボックスで，[行/列の切り替え(W)]をクリック（下図）。

・データの選択

グラフをクリックし，[グラフツール]→[デザイン]タブ→[データの選択]ボタンをクリックしても良い（下図）。

・上の①②の代わりに，[グラフツール]→[デザイン]タブ→[行/列の切り替え]でもよい。

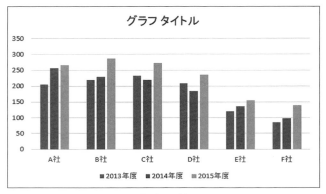

図 3.5.16

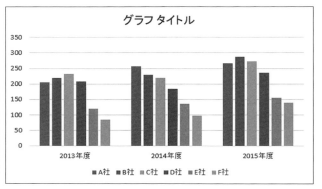

図 3.5.17

3． 次の表（図 3.5.18）を用いて，各月ごとに販売台数をメーカー間で比較する棒グラフ，また，各社ごとに半年間の販売台数の変化を示す棒グラフを作成せよ。

	A	B	C	D	E	F	G
1		新車販売台数（2016年）					
2	メーカー	1月	2月	3月	4月	5月	6月
3	トヨタ	110,284	114,840	182,836	111,693	105,528	138,878
4	日産	30,743	39,286	48,712	19,177	24,690	30,561
5	ホンダ	26,457	36,190	49,364	23,993	27,949	33,944
6	マツダ	17,109	17,879	21,200	9,441	10,484	10,478
7	出典：日本自動車販売協会連合会						

図 3.5.18

3.5.3 ドーナツグラフと円グラフ

課題6

ドーナツグラフと円グラフは,作成方法が類似している。ここでは下の表(図3.5.19)を基に,ドーナツグラフを描いてみよう。

	A	B	C	D
1	デジタルカメラ会社別売上高(単位:億円)			
2	会社名	2013年度	2014年度	2015年度
3	A社	206	256	266
4	B社	220	230	287
5	C社	233	220	272
6	D社	209	185	235
7	E社	120	137	155
8	F社	85	98	139

図 3.5.19

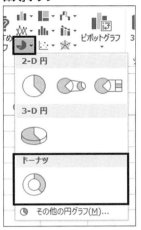

・②[円またはドーナツグラフの挿入]ボタン

<操作方法>
① グラフの対象となるデータの範囲を,2013年度の各会社の売上高とする。表のA2セルからB8セルまでをドラッグ(範囲指定)する。
② [挿入]タブ→[円またはドーナツグラフの挿入]ボタンをクリック。→[ドーナツ]ボタンを選択する。
③ ドーナツグラフが表示されたら,ドーナツの部分を右クリック(図3.5.20)。[データラベルの追加(B)]をクリック。

・③で,[グラフツール]→[デザイン]タブ→[グラフの要素を追加]ボタンをクリック。表示されたプルダウンメニューから[データラベル]→[その他のデータラベルオプション]をクリックしても良い。

図 3.5.20

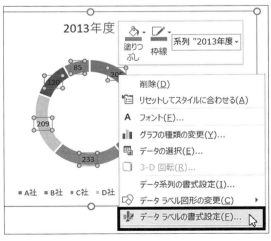

図 3.5.21

④ 図3.5.21のように,グラフ上にデータラベル(売上高)が表示される。このデータラベル上で右クリックし,表示されたメニューから[データラベルの書式設定(F)]をクリック。

・⑤[引き出し線を表示する(H)](図3.5.22)にもチェックマークを入れておくと良い。

・引き出し線
ラベルの数が多くて,円グラフ上にすべてのデータラベルが表示されない場合,データラベルの一部を引き出し線を引いてグラフエリアに表示する。

⑤ 表示された[データラベルの書式設定]作業ウィンドウ(図 3.5.22)の,[ラベルオプション]の欄で,[分類名(G)],[値(V)],[パーセンテージ(P)]にチェックマークを入れる。

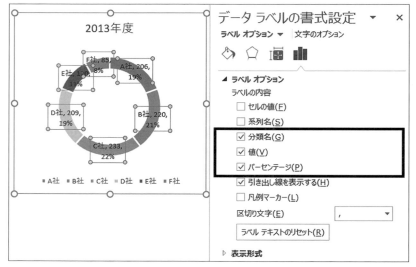

図 3.5.22

⑥ [区切り文字]で(改行)を選ぶと,データラベルを縦に配置することができる(図 3.5.23)。

・区切り文字
区切り文字では,データラベル内の文字の区切り方を指定することができる。[(スペース)]の代わりに[(改行)]を設定することも可。

・[パーセンテージ]
これをチェックすると比率が表示される。[パーセンテージ]を表示するには,[データラベルの書式設定]作業ウィンドウで[パーセンテージ(P)]にチェックマークを入れる。

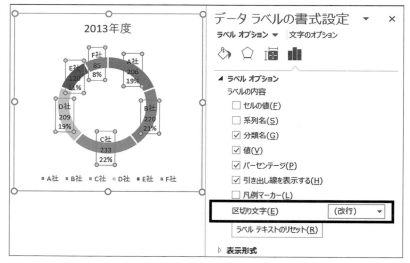

図 3.5.23

⑦ データ系列(ドーナツの部分)をクリックする。表示された[データ系列の書式設定]作業ウィンドウで,→[系列のオプション]→[ドーナツの穴の大きさ(D)]のパーセンテージを小さくして,ドーナツの穴を小さくする。データラベルがすべてドーナツ上に入るくらいにすると良い。

3.5 グラフの作成と編集 | 189

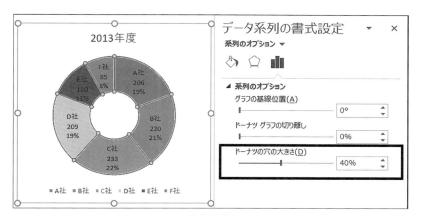

図 3.5.24

・円グラフでは，グラフ上に要素名やデータの値を表示するとわかりやすい。

⑧ グラフタイトルを「2013年度デジタルカメラ会社別売上高」とし，ドーナツ型の中央にドラッグする（下図 3.5.25 を参照）。

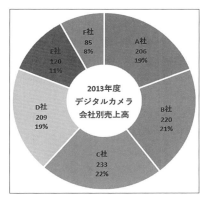

図 3.5.25

⑨ グラフタイトルやデータラベルが，はっきりと表示されるように［プロットエリア］サイズを調整する。さらに，凡例をクリックし，[Del]キーを押して削除する（図 3.5.25）。

■ 練習 ■

1．図 3.5.19 の表を基に，データ範囲をドラッグして，2014 年度版および 2015 年度版を作成してみよう。
2．同じ表で，データ範囲を 2013〜2015 年度の 3 か年とすると，集合ドーナツグラフが描ける。実際に描いてみよう。
3．上の課題と同様の手順で，円グラフも作成してみよう。
4．次の表は，2015 年の主要国の原油産油量を示したものである（図 3.5.26）。各国の比率を 3-D 円グラフで表しなさい（図 3.5.27）。

・練習 1 のヒント
図 3.5.25 のドーナツグラフで，基になっている図 3.5.19 の表のデータ範囲を 2013 年度から，2014 年度および 2015 年度にドラッグする。

・練習 2．集合ドーナツグラフ

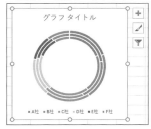

・練習 4 のヒント
データラベルの％の桁数を変更するには，［データラベルの書式設定］作業ウィンドウ→［ラベルオプション］→［表示形式］→［カテゴリ］で「パーセンテージ」を選択し，［小数点以下の桁数(D)］で任意の値を入力する。

	A	B
1	主要国の原油生産量（2015年）	
2		単位：千トン
3	国名	2015年
4	サウジアラビア	568,493
5	アメリカ	567,250
6	ロシア	540,725
7	カナダ	215,464
8	中国	214,560
9	イラク	197,020
10	イラン	182,577
11	アラブ首長国連邦	175,456
12	クウェート	149,106
13	ベネズエラ	135,194
14	その他	1,416,045
15	世界計	4,361,890
16	出典：イギリスBP社（世界エネルギー統計2015）	

図 3.5.26 ［出典：(財)中東協力センターニュース(投資関連情報)2000］

・系列位置の変更は[回転]を用いる。

・**回転**
[プロットエリアの書式設定]→[プロットエリアのオプション]→[3D回転]の[X方向に回転]で，グラフを右方向に回転させることができる。また，[Y方向に回転]や[透視投影(E)]を調整して下部の表示スペースを広くする方法もある。

・**円グラフ(図3.5.27)のヒント**
国の数が多くて凡例にすべての国が表示されていない場合，凡例の範囲を高さ方向に拡げるか，凡例のフォントを小さくする。

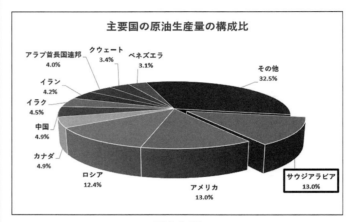

図 3.5.27

・**練習5のヒント**
[2-D円]の[円]を使用する。
[データラベルの書式設定(B)]で[分類名(G)]と[値(V)]にチェックを入れる。
グラフエリア内でプロットエリアの大きさと位置を調整し，文字が重ならないようにする。
[区切り文字]は[スペース]を使うとよい。

5．下の表は，2016年Rioオリンピックの金銀銅メダルの総獲得数を国別に示したものである（図3.5.28）。この表を基に，国とメダル数を表示した円グラフを描きなさい。

	A	B	C	D	E	F
1		2016年Rioオリンピックメダル獲得数				
2		国名	銅	銀	金	合計
3	1	アメリカ	46	37	38	121
4	2	イギリス	27	23	17	67
5	3	中国	26	18	26	70
6	4	ロシア	19	18	19	56
7	5	ドイツ	17	10	15	42
8	6	日本	12	8	21	41
9	7	フランス	10	18	14	42
10	8	韓国	9	3	9	21
11	9	イタリア	8	12	8	28
12	10	オーストラリア	8	11	10	29
13		その他の国	125	149	183	457
14		合計	307	307	360	974
15	出典：NHKホームページ「Rioオリンピック メダル」					

図 3.5.28

3.5.4 | 2軸上の,棒グラフと折れ線グラフの複合グラフ

　ここでは, 2つの軸を持ち, さらに棒グラフと折れ線グラフのように異なった種類のグラフが組み合わされたグラフの描き方を学ぼう。このようなグラフを**複合グラフ(組み合わせグラフ)**という。コンビニの客数と平均支払金額(課題7), GDP と経済成長率(練習3)のように, 性質や単位が異なるデータや, 比較と推移のような意味合いが異なるデータを一つのグラフで表す場合には, 以下のような方法を用いる。

課題7

　図3.5.29 は, コンビニエンスストアの顧客数(延べ数)と顧客一人当たりの平均支払金額を示したものである。この表から, 棒グラフと折れ線グラフの組み合わせグラフを作成しよう。

	A	B	C	D
1		コンビニエンスストアの		
2		顧客数(述べ数)と顧客一人当たりの平均購入額		
3		西暦	客数(千人)	平均購入額(円)
4		2005年	12,083,060	577.0
5		2006年	12,234,430	574.2
6		2007年	12,504,410	588.8
7		2008年	13,282,373	591.5
8		2009年	13,660,742	578.6
9		2010年	13,892,084	577.1
10		2011年	14,287,098	605.2
11		2012年	14,901,828	605.8
12		2013年	15,483,091	606.4
13		2014年	16,061,037	606.1
14		2015年	16,730,891	609.2

図 3.5.29
[出典:日本フランチャイズチェーン協会 総務省統計局(総人口データ)より作成]

<操作方法>

① グラフを描く対象データの範囲(B3 セルから D14 セルまで)をドラッグ(範囲指定)し, [挿入]タブ→ [すべてのグラフを表示]ボタン をクリック。

② 表示された[グラフの挿入]ダイアログボックス(図3.5.30)上で, [すべてのグラフ]タブ → [組み合わせ]をクリック。

③ 図3.5.30 で, 平均購入額の[グラフの種類]を[マーカー付き折れ線]に変え, [第2軸]に ✓ マークを入れる。

・① [おすすめグラフ]ボタンをクリックしても良い。

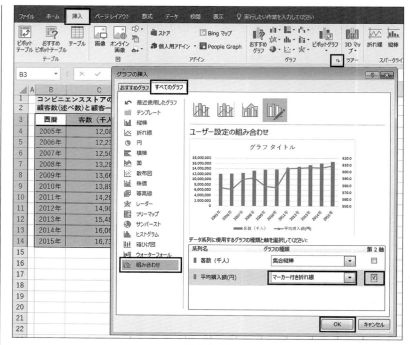

図 3.5.30

⑤ [OK]ボタンをクリックすると，図 3.5.31 のような組み合わせグラフが表示される。

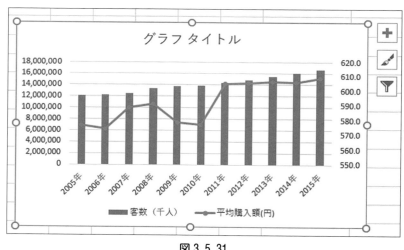

図 3.5.31

⑥ タイトル，第 1 縦軸ラベル，第 2 縦軸ラベルを入れ，目盛りを調整して，図 3.5.32 のように見やすいグラフに整える。

・⑥ 3.5.2 グラフの要素と編集を参照のこと。

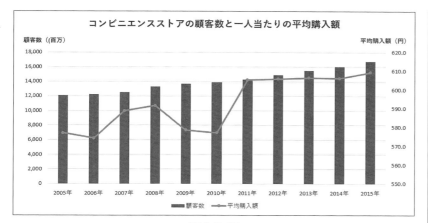

図 3.5.32

練習

1. 下表はトヨタの過去 5 年の 10 月の新車販売台数と比率を示したものである（図 3.5.33）。販売台数を主軸（棒グラフ），シェアを第 2 軸（マーカー付き折れ線グラフ）とするグラフを作成せよ。

	A	B	C	D	E	F	G
1							
2		新車（乗用車）販売台数（10月）					
3		メーカー	2012年	2013年	2014年	2015年	2016年
4		トヨタ	104,853	117,079	102,670	106,079	104,721
5		ホンダ	41,179	62,470	56,680	53,234	55,126
6		メーカー合計	299,334	354,496	328,329	315,190	314,705
7		日本自動車販売協会連合会					
8		注）乗用車は，普通車，小型車，軽自動車の合計					
9							
10		シェア					
11		メーカー	2012年	2013年	2014年	2015年	2016年
12		トヨタ	35%	33%	31%	34%	33%
13		ホンダ	14%	18%	17%	17%	18%

図 3.5.33

2. 上の練習 1 に関して，同様の操作でホンダの場合のグラフを作成せよ。
3. 下表は，1960 年～2010 年における日本の国内総生産（実質 GDP）とインフレ／デフレの度合いを表す GDP デフレータ対前年度増加率を示したものである（図 3.5.34）。実質 GDP を主軸，GDP デフレータ対前年度増加率を第 2 軸とするグラフを作成せよ。

・グラフの工夫
主軸，第 2 軸の上でマウスの右ボタンをクリックし，プルダウンメニューで[フォント(F)]をクリック。表示されたダイアログボックスで，フォントの色や大きさを調整するとグラフが見やすくなる。

・棒グラフの幅を調整するには
棒グラフ上でマウスの右ボタンをクリックし，プルダウンメニューの中で[データ系列の書式設定(F)]をクリックすると，[データ系列の書式設定]ダイアログが表示される。[要素の間隔]の数字を調整すると棒グラフの幅が調整できる。

・練習 1 のヒント：凡例項目名の変更
複合グラフを作成すると，凡例項目がともに「トヨタ」となる。そこで，凡例項目名を変更する。[グラフツール]→[デザイン]タブ→[データの選択]をクリック。[凡例項目(系列)(S)]で系列（主軸のトヨタ）を選択→「編集」→「系列名(N)」で「販売台数」と入力。[OK]をクリック。同様にして，もう 1 つの凡例（系列）項目名を「シェア」に変更する。

・GDP デフレータ
名目 GDP を実質 GDP で割ったもの。

・GDP (Gross Domestic Product)
国内で産み出された付加価値の総額。GDP の伸び率が経済成長率である。

	A	B	C	D
1				
2		暦年	実質GDP (単位10億円)	GDPデフレータ 対前年増加率(%)
3				
4		1960年	71,683.1	7.4
5		1965年	111,294.3	5.3
6		1970年	188,323.1	6.9
7		1975年	234,458.7	7.2
8		1980年	284,375.0	5.4
9		1985年	350,601.6	1
10		1990年	447,369.9	2.3
11		1995年	479,716.4	-0.5
12		2000年	503,119.8	-1.7
13		2005年	536,762.2	-1.2
14		2010年	539,742.5	-2.1
15				

図 3.5.34

4． 3.5.1 の課題 1 で，下図 3.5.35 上図のように各年ごとのシェアを算出した表を作成し，2013 年度について，棒グラフ（売上高）と折れ線グラフ（シェア）の複合グラフで表してみよう（図 3.5.35 下図）。

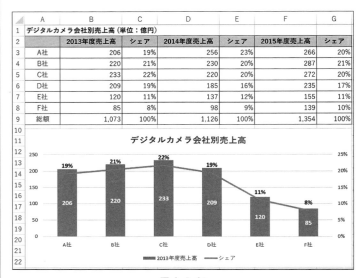

図 3.5.35

5． 4 で，基になるデータ範囲を 2014 年度，2015 年度とドラッグして，グラフがどのように変わるか観察してみよう（図 3.5.36 を参照のこと）。

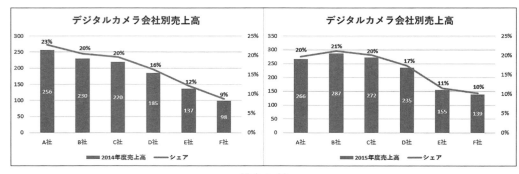

図 3.5.36

3.5.5 散布図

2つの項目のデータに関連性があるかないかを分析する場合，**散布図**が用いられる。散布図とは，データを点としてプロットしたもので，Excel では**近似曲線**や**相関係数**も算出できる。

> **課題8**
>
> 脚注の表は学生 20 名の国語と英語の試験結果を表したものである。この表を基に散布図（図 3.5.37）を作成しなさい。さらに一次直線で近似し，相関係数を求めなさい。

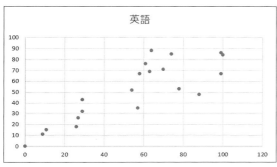

図 3.5.37

＜操作方法＞

① 脚注の表の B2 セルから C22 セルまでの範囲を選択する。
② ［挿入］タブ→［散布図(X, Y)またはバブルチャートの挿入］ボタンをクリック。表示されたプルダウンメニューから［散布図］をクリックする（図 3.5.38）。

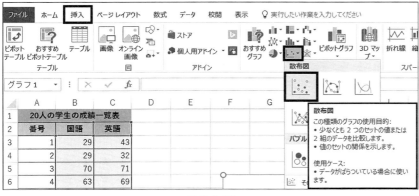

図 3.5.38

③ すると，図 3.5.37 のような散布図が表示される。表示された散布図のマーカー（データ）上で，マウスの右ボタンをクリックし，表示されるダイアロ

・**相関と相関関係**
身長と体重とか，農産物の生産量と価格等のように，2つの変量間，さらに3つ以上の変量間における関連の有無や関連性を，それらの変量間における相関または相関関係という。

・**正の相関と負の相関**
散布図を描くと，プロットしたデータが，ある範囲でばらつきを示しながら，全体として，一方の値が増加すると他方の値は増加（または減少）するといった傾向を示す場合がある。
一般に，変量 x の増加に対して，変量 y も増加している時には，変量 x と y との間には**正の相関**があるといい，変量 x と y の一方が増加するとき，他方が減少する傾向にあるときには，変量 x と y との間に**負の相関**があるという。

課題8

	A	B	C
1	20人の学生の成績一覧表		
2	番号	国語	英語
3	1	29	43
4	2	29	32
5	3	70	71
6	4	63	69
7	5	74	85
8	6	27	26
9	7	61	76
10	8	57	35
11	9	11	15
12	10	100	84
13	11	99	67
14	12	54	52
15	13	99	86
16	14	9	11
17	15	0	0
18	16	58	67
19	17	26	18
20	18	78	53
21	19	88	48
22	20	64	88

・**一次直線**
一次直線とは，
$y = a + bx$ の式で表される直線をいう。ここで a と b は定数である。

④ [近似曲線の書式設定]作業ウィンドウ

・[グラフツール]→[デザイン]タブ→[グラフ要素を追加]ボタン→[近似曲線(T)]→[その他の近似曲線オプション(M)]をクリックしてもよい。

・**近似曲線**
直線以外に，2～6次曲線，指数・対数曲線などがある。

・**散布図と相関係数**
変数間の関数を視覚的に表すものが散布図(図3.5.37)で，数値として表すものを相関係数という。

・**R-2乗値**
相関係数 R の 2 乗値。R-2乗値のルートを取ると相関値になる。

・**相関係数 R**
相関係数については次の性質がある。
(1) 常に $-1 \leq R \leq 1$ である。
(2) $R > 0$ のとき正の相関，$R < 0$ のとき負の相関があるという。
(3) $|R|$ が 1 に近いほど相関関係が強く，$|R|$ が 0 に近いほど，相関の度数が弱い。

・**相関の有無**
一般に，$|R| > 0.5$ のときは相関関係がはっきりあると認められ，$|R| < 0.3$ ならばほとんど，相関関係がないと考えてよいとされている。

・**相関係数 R の算出方法**
変数 x, y についてそれぞれ平均値 $\bar{x}, \bar{y}$ 標準偏差 S_x, S_y とする。このとき，次の式で表される R を 2 つの変数 x, y の相関係数という。

$$R = \frac{\sum (x_k - \bar{x})(y_k - \bar{y})}{n S_x S_y}$$

グボックスで[近似曲線の追加(R)]をクリックする。
④ 表示された[近似曲線の書式設定]作業ウィンドウ(脚注図)で，[線形近似]，[グラフに数式を表示する]，[グラフにR-2乗値を表示する]のそれぞれチェックマークを入れ，[閉じる]ボタンを押す。
⑤ 図3.5.39のグラフが表示される。この場合，相関係数 R はおよそ0.85（注：相関係数 R の算出方法を参照）になる。

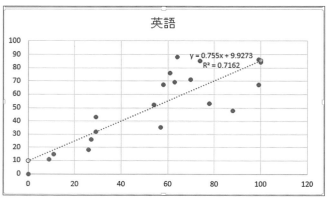

図 3.5.39

■グラフの書式を整えて，図3.5.40のような散布図を作ろう

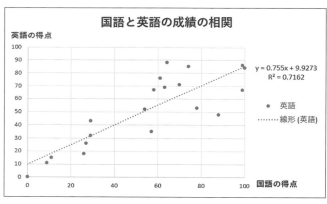

図 3.5.40

⑥ グラフ上でクリック。→[グラフツール]→[デザイン]タブ→[クイックレイアウト]をクリックする。→[レイアウト1]を選択する。縦軸ラベルを右クリックし，[軸ラベルの書式設定]を選択する。表示された[軸ラベルの書式設定]作業ウィンドウで，[文字列の方向]を[横書き]とする。
⑦ さらに縦軸ラベルをドラッグして縦軸の上に移動し，横軸ラベルも横軸の右に移動する。[グラフタイトル]に「国語と英語の成績の相関」，[縦軸ラベル]に「英語の得点」，[横軸ラベル]に「国語の得点」と入力する。
⑧ 横軸の国語の目盛を 120 から 100 に変更する。

■ 練習 ■

1． 次の表(図 3.5.41 左図)は，樹木の直径と高さを測定した結果である。両者の間に相関があるか，散布図(図 3.5.42 右図)を描いて予想してみよう。さらに，線形近似させることにより，回帰直線の式と相関係数を求めよ。

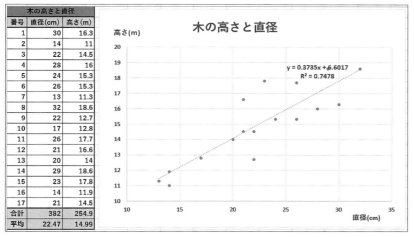

図 3.5.41

2． 下のような乗用車の評価をした表(図 3.5.42 上部)がある。この表から，下図 3.5.42 下部のようなマーカー付きレーダーチャートのグラフを作成しなさい。

車の評価	スピード	値段	デザイン	馬力	安全性
カローラ	2	2	2	1	3
MINI	3	3	5	2	3
ベンツ	4	4	4	4	4
プリウス	2	3	3	2	3
ポルシェ	5	5	5	5	3

図 3.5.42

・相関係数 R は，PEARSON 関数を用いても算出できる。
[=PEARSON(B3:B22,C3:C22)] とする。結果は 0.8462 となり，この場合の相関係数 R は約 0.85 となる。

・⑧横軸を右クリックし，[軸の書式設定]をクリック。表示された[軸の書式設定]作業ウィンドウ→[軸のオプション]を表示する。[境界値]の[最大値]を120から100に変更する。

・回帰と回帰直線
相関のようすを，数学的な曲線に当てはめたものを回帰線という。回帰線のうち直線で表される回帰線を回帰直線という。

・練習1のヒント
・グラフ作成のためのデータ範囲は，直径と高さの欄のみである。横軸と縦軸の目盛の調整は，[軸の書式設定]作業ウィンドウ→[軸のオプション]→[境界値]の最小値で行う。

・練習2のヒント
レーダーチャートは，以下の方法で描くと良い。
[方法1]：[挿入]タブ→[グラフ]グループ→[ウオーターフォール]ボタンをクリック→プルダウンメニューの一番下にある[レーダー]をクリック。
[方法2]：[挿入]タブ→[グラフ]グループの右下にある 🗔 ボタンをクリック→表示された[グラフの挿入]ウィンドウで[すべてのグラフ]タブをクリック→左側のグラフメニューから[レーダー]をクリック。

・レーダーチャート(図 3.5.42)のデータ範囲は，カローラ，ベンツ，ポルシェの3種類である。
他の項目を削除するには以下のような方法がある。
(1) グラフ上で，その車種のグラフをクリック。→[Del]キーで削除する。または右クリックして[削除]を選んでも良い。
(2) データ範囲を選択する時に，[Ctrl]キーを押しながら，必要な車種のデータ(行・列のラベルとデータ)を選択する。
(3) グラフ上で右クリック。→[データの選択]をクリック。→表示された[データソースの選択]作業ウィンドウ上の[凡例項目]で，削除したい車種のチェックマークをはずして[OK]ボタンを押す。

3.6 データの並べ替えと抽出

ここでは、Excel のデータベース機能を用いてデータを活用する方法を学ぶ。まず、データの並べ替えを行ってみよう。

3.6.1 データの並べ替え

下表の名簿には、データ番号順に学生番号や名前、学科やテストの成績等のデータが記載されている。このようなデータの集合を**データベースまたはリスト**という。リスト内の各列を**フィールド**、列の見出し（項目名）を**フィールド名**という。各行のデータは**レコード**といい、普通は1件分のデータを1行で表すので、**1レコードは1件分のデータを示している**。

	A	B	C	D	E	F	G	H
1	データ番号	学生番号	名前	ふりがな	学科	英語	社会	適性検査
2	1	12113	中村祐介	なかむらゆうすけ	ネットワーク	68	63	A
3	2	43564	後藤一郎	ごとういちろう	ネットワーク	87	96	A
4	3	33589	木村史郎	きむらしろう	ネットワーク	23	85	B
5	4	23124	河野雅弘	こうのまさひろ	ネットワーク	45	52	B
6	5	46511	田中啓介	たなかけいすけ	経営情報	84	65	F
7	6	26894	大岡正	おおおかただし	経営情報	56	89	A
8	7	13562	森 文	もり ふみ	経営情報	23	85	A
9	8	13689	西川徹	にしかわとおる	国際情報	84	84	B
10	9	43564	飯野ゆみ	いいのゆみ	国際情報	46	75	D
11	10	33564	竹下界	たけしたのぼる	国際情報	98	95	B
12	11	23698	佐藤輝男	さとうてるお	国際情報	62	78	A
13	12	36812	清岡忠彦	きよおかただひこ	国際情報	56	36	C
14	13	13654	西田敏夫	にしだとしお	情報システム	54	85	B

図3.6.1

課題 1

図3.6.1の名簿で、学生番号順に並べ替えを行ってみよう。

＜操作方法＞
① 学生番号というフィールドの、B1セルをクリックする。
② ［データ］タブ→［昇順］ボタン（図3.6.2）をクリックする。

図3.6.2

・**表とリストの相違**
表とリストは、厳密な意味では異なる。表は、データを項目別に行と列を用いて並べたものである。リストは、以下のような条件を満たす表である。Excel でデータ分析を行う際には、表を整えてリストの形にしておかなくてはならない。

①**リストの中に空白の行や列を作らない。**
Excel は、空白行と空白列に囲まれたセル範囲を、リストの範囲と認識する。そのため、リストの中に空白行（空白列）があると、リストを正しく認識できない可能性がある。

②**先頭の行には、各フィールド名を入力する。**
Excel の集計機能や並べ替えの機能では、列に付けたフィールド名が使用される。そのため、先頭の行には各フィールド名を必ず入力するようにしよう。

③**フィールド名には、レコードと異なる書式を適用する。**
フィールド名が入力されたセルには、太字・中央揃え・塗りつぶしなど、他のレコードが入力されているセルとは異なる書式を設定する。同じ書式である場合、Excel がフィールドをレコードとして認識してしまう可能性がある。

・①同じフィールド（この場合は学生番号）のセルであれば、どのセルでもよい。

・**昇順と降順**
昇順とは、数字でいえば 0→9、つまり数の小さいものから大きいものへ、またアルファベットで言えば、A→Z、ひらがなで言えばあいうえお順に並べる並べ方であり、降順は、この逆である。

■ 練習 ■
1. 課題1の名簿で, 名前のあいうえお順にデータを並べ替えよう。
2. 英語の点数の高い順にデータを並べ替えよう。上位3位に入るのは誰か。
3. 社会の点数の低い順にデータを並べ替えよう。
4. 適性検査のA, B, C順にデータを並べ替えよう。

・数字や記号でない学科名でもデータを並べ替えることができることを, 昇順と降順の2つの場合について確かめてみよう。

3.6.2 2つの条件で並び替える

課題2

図3.6.1のデータベースで, 英語の点数の高い順に並べ替え, さらに同じ点数の場合は, 学生番号順に並べ替えるリストを作成しよう。

＜操作方法＞
① リスト(A2セルからH17セル)内の, 任意のセルをクリックする。
② [データ]タブ→[並べ替え]ボタン(図3.6.3)をクリックする。

図3.6.3

③ 表示されたダイアログボックス(図3.6.4)上で,

図3.6.4

[最優先されるキー]:英語, [並べ替えのキー]:値, [順序]:大きい順
を設定する。
④ [レベルの追加(A)]ボタンをクリック。すると[次に優先されるキー]が追加されるので,

・③順序の名称
データが数値の場合, 昇順・降順は, 小さい順・大きい順と表示される。その他のデータについては, そのまま昇順・降順と表示される。

図 3.6.5

[列]：学生番号，[並べ替えのキー]：値，[順序]：小さい順
を選ぶ（図 3.6.5）。

⑤ [OK]ボタンを押すと，図 3.6.6 のように並び替わる。

	A	B	C	D	E	F	G	H
1	データ番号	学生番号	名前	ふりがな	学科	英語	社会	適性検査
2	10	33564	竹下昇	たけしたのぼる	国際情報	98	95	B
3	16	25641	中川俊介	なかがわしゅんすけ	情報システム	96	84	A
4	2	43564	後藤一郎	ごとういちろう	ネットワーク	87	96	A
5	8	13689	西川徹	にしかわとおる	国際情報	84	84	B
6	5	46511	田中啓介	たなかけいすけ	経営情報	84	65	F
7	15	38956	谷岡進	たにおかすすむ	情報システム	78	98	A

図 3.6.6

■ 練習 ■

1．英語の成績の高い順に並べ，英語の点数が同じ場合は，社会の点数の高い順に並べてみよう。さらに，英語と社会の点数が両方とも同じ場合は，学生番号順に並べてみよう。

2．適性検査がAで，英語の成績が80点以上の学生は何人か。

3．下表について以下の問に答えよ。

	A	B	C	D	E
1	（月別契約管理表）				
3	所　属	担　当　者	契約実績	目標契約数	達　成　率
4	札幌支店	並河　孝	210	200	
5	仙台支店	益田　良子	176	200	
6	新潟支店	伊藤　健司	199	200	
7	東京本店	榎本　恵	301	250	
8	横浜支店	熱田　令	278	250	
9	名古屋支店	遠藤　一郎	225	200	
10	大阪支店	戸川　美智子	290	200	
11	広島支店	岩崎　諭	185	200	
12	福岡支店	田中　一平	334	300	

図 3.6.7

3.6 データの並べ替えと抽出　201

① 達成率を算出し，E3〜E11 セルに%スタイルで表示しなさい。

② 契約実績の多い順に，並べ替えなさい。

③ 達成率の高い順に，並べ替えなさい。

・達成率
達成率は，契約実績／目標契約数で計算したものである。

・%表示
[ホーム]タブ→[数値]グループ→[%]ボタンをクリックする。

4． 下図(図 3.6.8)の名簿で，以下の問いに答えよ。

	A	B	C	D	E	F	G	H
1				大 学 学 生 名 簿				
3	データ番号	学生番号	名前	ふりがな	学部	外国語 1	外国語 2	趣味
4	1	12054	三村俊介	みむらしゅんすけ	外国語	45	56	釣り
5	2	12113	中村祐介	なかむらゆうすけ	外国語	68	63	テニス
6	3	12345	大久保敏夫	おおくぼとしお	外国語	89	76	スポーツ
7	4	12568	高橋宏明	たかはしひろあき	外国語	85	68	釣り
8	5	13654	西田敏夫	にしだとしお	外国語	54	85	ゴルフ
9	6	13698	佐藤輝男	さとうてるお	外国語	62	78	スキー
10	7	14653	倉田和夫	くらたかずお	外国語	76	58	ワンゲル
11	8	15623	橋本健二	はしもとけんじ	外国語	94	86	映画
12	9	15642	山口努	やまぐちつとむ	外国語	87	84	ゴルフ
13	10	15643	加藤茂雄	かとうしげお	外国語	62	84	ゲーム

図 3.6.8

(1) 大学学生名簿を学生番号順に並べ替えてみよう。

(2) 名前のあいうえお順に並べ替えよう。

(3) 外国語 1 において，点数の高い順に並べ替えよう。上位 3 位に入る学生は誰か？

(4) 外国語 1 の点数の高い順に並べ替え，さらに同じ点数であれば，学生番号順に並べ替えよ。

(5) 学部順で，同じ学部の中では，外国語 1 の成績の高い順に並べてみよう。政治経済学部のトップの学生は誰か？

・留意事項
1 行目にタイトルが入っている場合に，ごくまれに並べ替えが正しくできない場合がある。その場合は，2 行目に新たに行を挿入し，[挿入]オプション ▼ をクリック→[書式のクリア]を選択し，新しいリストを作成すると良い。

5． 次の図 3.6.9 の表について，以下の問いに答えよ。

	A	B	C	D	E	F
1	(月別売上管理表)					
3	所 属	担 当 者	フリガナ	売上台数	目標売上台数	達 成 率
4	宇都宮支店	乃木　孝		22	21	
5	横浜支店	歌川　良子		17	21	
6	晴海支店	増川　健司		19	21	
7	八王子支店	田原　憲		30	25	
8	松戸支店	本田　令		27	21	
9	船橋支店	向島　一郎		22	21	
10	浦和支店	春日　美智子		29	21	
11	重慶出張所	太田　諭		15	10	
12	水戸支店	田中　一平		35	26	

図 3.6.9

(1) フリガナを振りなさい。

(2) 達成率を，%スタイルで表示しなさい。

(3) 月別売上管理表を担当者のアイウエオ順に並べ替えなさい。

(4) 月別売上管理表を売上台数の多い順に並べ替えなさい。

(5) 月別売上管理表を達成率の高い順に並べ替えなさい。

・(1)C4 セルに，「=PHONETIC(B4)」と入力し，C12 セルまでコピーする。

3.6.3 データの抽出

データベースから,図 3.6.10 に示す[フィルター]ボタンを使って,条件に適合するデータを抽出しよう。

図 3.6.10

課題3

大学学生名簿(図 3.6.8)から,政治経済学部の学生を抽出してみよう。

＜操作方法＞

① リスト内のセルをクリック。
② [データ]タブ→[フィルター]ボタン をクリック→すると,すべてのフィールド(列ラベル)に▼が表示される(図 3.6.11)。

・フィルターの解除
設定したフィルターを解除するには,もう一度[フィルター]ボタン をクリックする。

・[色フィルター]
データを文字で入力するだけでなく,セルを色で塗り分けておくと,文字の代わりに,色の指定で抽出できる。

・色で並べ替え
色でデータを並べ替える機能である。

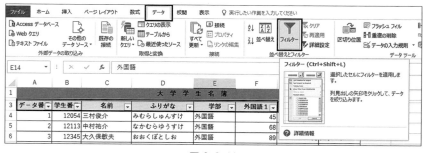

図 3.6.11

・③学部のプルダウンメニュー

③ 学部(E3)セルの▼をクリック。表示されたプルダウンメニュー上で,テキストフィルターの,[すべて選択]のチェックマークをはずし,[政治経済]にのみチェックマークを入れる(脚注図)。
④ [OK]ボタンを押す。

図 3.6.12 は,政治経済学部の学生のみを抽出した結果である。学部のセルの ▼ マークが,[フィルター]マーク に変化していることを確認しよう。

データ番	学生番	名前	ふりがな	学部	外国語1	外国語2	趣味
28	13556	岩田紀夫	いわたのりお	政治経済	62	85	スキー
29	14563	植岡昭夫	うえだあきお	政治経済	98	74	サイクリング
30	56894	大岡正	おおおかただし	政治経済	56	89	外国語
31	11326	片山健二	かたやまけんじ	政治経済	64	59	映画
32	56812	清岡忠彦	きよおかただひこ	政治経済	56	36	外国語
33	16534	佐々木敏	ささきびん	政治経済	31	75	スポーツ
34	13564	竹下昇	たけしたのぼる	政治経済	98	95	釣り
35	12653	田山文恵	たやまふみえ	政治経済	89	65	料理
36	13452	松下次郎	まつしたじろう	政治経済	85	85	映画
37	13562	森 文	もり ふみ	政治経済	23	85	スポーツ
38	12365	山川秀夫	やまかわひでお	政治経済	85	64	外国語
39	12653	山田宏美	やまだひろみ	政治経済	42	45	サイクリング
40	36564	川崎健二	かわさきけんじ	政治経済	75	58	旅行

図 3.6.12

■ 練習 ■

1. 図 3.6.12 の表で, さらに趣味がスポーツの学生を抽出してみよう(図 3.6.13)。

データ番	学生番	名前	ふりがな	学部	外国語1	外国語2	趣味
33	16534	佐々木敏	ささきびん	政治経済	31	75	スポーツ
37	13562	森 文	もり ふみ	政治経済	23	85	スポーツ

図 3.6.13

2. 政治経済学部の学生を, 学生番号順に並べよう。

3. 趣味が釣りの学生を探してみよう。外国語学部の学生は何人いるか？

課題 4

練習 4 のデータベース(図 3.6.8)で, [外国語 1] の成績が 70 点以上 80 点未満の学生を抽出しよう。

＜操作方法＞

① リスト内のセルをクリック。

② [データ]タブ→▼[フィルター]ボタンをクリック。

③ [外国語 1]セルの ▼ をクリック。

④ 表示されたプルダウンメニューの中から, [数値フィルター(F)]を選択→ [ユーザー設定フィルター(F)]をクリック。

⑤ 表示されたオートフィルターオプションウィンドウで, 抽出条件を入力, または指定する(図 3.6.14)→[OK]ボタンを押す。

・フィルターのクリア

フィルターをクリアするには, フィルターボタンをクリックし, 表示されるプルダウンメニューから ["学部" からフィルターをクリア(C)]をクリックする。

または, 学部フィールドで右クリックし, 表示されるプルダウンメニューから, [フィルター]→["学部" からフィルターをクリア(E)]をクリックする。

・[数値フィルター]と[テキストフィルター]

フィールドが数字の場合は[数値フィルター]と表示され, 文字列の場合は[テキストフィルター]と表示される。

・[数値フィルター]

[トップテン], [平均より上], [平均より下]を除く他のメニュー項目は, 図 3.6.15 右欄の条件のみが異なる。

・[トップテン]

トップの人数は設定で変えることができる

・④抽出条件の入力

表示された[オートフィルターオプション]ウィンドウで, [70] [以上], [AND(A)], [80] [より小さい]と入力する(図 3.6.14)。

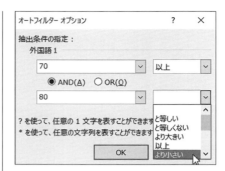

図 3.6.14

■ 練習 ■

1. [外国語1]で, 点数が80点以上の学生を抽出しなさい。国際ビジネス学部の学生は何人いるか？
2. [外国語2]で, 点数が60点以上70点未満の学生は何人いるか？そのうち外国語学部の学生は何人か？
3. [外国語1]の成績がトップ10に入る, 経営学部の学生は何人か？
4. 図3.6.15の名簿について, 以下の問いに答えよ。

	A	B	C	D	E	F	G	H
1	データ番号	学生番号	名前	ふりがな	学科	英語	社会	適性検査
2	1	12113	中村祐介	なかむらゆうすけ	ネットワーク	68	63	A
3	2	43564	後藤一郎	ごとういちろう	ネットワーク	87	96	A
4	3	33589	木村史郎	きむらしろう	ネットワーク	23	85	B
5	4	23124	河野雅弘	こうのまさひろ	ネットワーク	45	52	B
6	5	46511	田中啓介	たなかけいすけ	経営情報	84	65	F
7	6	26894	大岡正	おおおかただし	経営情報	56	89	A
8	7	13562	森 文	もり ふみ	経営情報	23	85	B
9	8	13689	西川徹	にしかわとおる	国際情報	84	84	B
10	9	43564	飯野ゆみ	いいのゆみ	国際情報	46	75	D
11	10	33564	竹下昇	たけしたのぼる	国際情報	98	95	B
12	11	23698	佐藤輝男	さとうてるお	国際情報	62	78	A
13	12	36812	清岡忠彦	きよおかただひこ	国際情報	56	36	C

図 3.6.15

・データは重複や空白が含まれていることがあるので, 適宜その処理をする。

(1) 国際情報の学生を抽出しなさい。
(2) 国際情報の学生を学生番号順に並べてみよう。
(3) 適性検査がAの学生を抽出してみよう。
(4) 英語の成績が70点以上80点未満の学生を抽出してみよう。
(5) 英語の成績がトップ5に入る国際情報の学生は何人か。
(6) 英語, 社会とも成績が平均より上の学生は何人か。

3.6 データの並べ替えと抽出 | 205

課題5

次の学生住所録のリスト(図3.6.16)の中から, 学生番号が63000番台
で, かつ東京都23区出身の男子学生を抽出しよう。

	A	B	C	D
1	学生住所録			
3	学生番号	氏名	出身住所	性別
4	63001	海江田　健一	東京都千代田区一番町x-x	男
5	63012	北岡 まな	神奈川県川崎市幸区x-x	女
6	63013	鈴木　博	東京都立川市立川x-x-x	男
7	63034	下北 学	東京都千代田区神田x-x	女
8	63045	橋元 哲男	大阪府堺市御堂筋x-x-x	男
9	63056	山田 ひろお	東京都八王子市大沢x-x-x	男
10	63067	高田 一	東京都渋谷区神南x-x-x	男
11	63088	仙田 恭子	東京都港区青山x-x-x	女
12	63095	森田 彰浩	福岡県大牟田市北町x-x	男

図 3.6.16

〈操作方法〉

① リスト内のセルをクリックし, [データ]タブ→[フィルター]ボタンをクリ
ックする。項目欄A3〜D3の各セルに ▼ ボタンが表示される。

② A3セルの ▼ ボタンをクリック。表示されたプルダウンメニューの[数
値フィルター]の中から, [指定の範囲内]を選ぶ。

③ 表示されたダイアログボックスで, 下図3.6.17のように, [学生番号]の上
左欄に[63000], [以上], [AND], 下左欄に[64000], [より小さい], と設定す
る。

・[AND] は[かつ], [OR] は[ま
たは] を意味する。

学生番号 ▼	氏名 ▼	出身住所 ▼	性別
63001			男
63012			女
63013			男
63034			女
63045			男
63056			男
63067			男
63088			女
63095			男
64005			男
64011			男

オートフィルター オプション

抽出条件の指定 :
学生番号
63000 / 以上
◉ AND(A) ○ OR(O)
64000 / より小さい
? を使って, 任意の1文字を表すことができます。
* を使って, 任意の文字列を表すことができます。
OK　キャンセル

・**オートフィルターオプション**で
は, 以下のような条件を指定する
ことができる。
①と等しい
②と等しくない
③より大きい
④以上
⑤より小さい
⑥以下
⑦で始まる
⑧で始まらない
⑨で終わる
⑩で終わらない
⑪を含む
⑫を含まない

図 3.6.17

④ [OK]ボタンを押す。下図3.6.18のように, 該当のデータに絞られる。

・絞り込みの解除
絞り込みを解除するには，学生番号(A3セル)のフィルターボタンをクリックし，表示されるプルダウンメニューから["学生番号"からフィルターをクリア(C)]をクリックする。

・[指定の値で始まる]，[指定の値を含む]のどちらでもよい。

・ワイルドカード文字
＊は任意のいくつかの文字を表し，？は任意の1文字を表す。
＊や？のような記号をワイルドカード文字と呼ぶ。
半角で入力する。

・⑦[テキストフィルター]のチェックマークをはずす。

・⑧では，抽出してできあがった表(図3.6.21)をさらに見やすくするために体裁を整える。

・列幅の調整
A～D列を選択し，例えばCとD列の境界でダブルクリックして列幅を最適化する。

図3.6.18

⑤ 出身住所を示すC3セルの▼ボタンをクリックし，[テキストフィルター]の[指定の値で始まる]を選ぶ。表示されたダイアログボックスで，[東京都＊区]と入力する。

⑥ [OK]ボタンをクリックする(図3.6.19)。

図3.6.19

⑦ D3セルの▼ボタンをクリックし，[女]に付いているチェックマークを外す(脚注図)。→[OK]ボタンを押す(図3.6.20)。

図3.6.20

⑧ A1～D4，D10セル(図3.6.20)をドラッグして選択し，マウスの右ボタンをクリックし，[コピー]を選ぶ。→別シートに貼り付ける。→A～D列の列幅を調整し，列見出しを中央揃えにする(図3.6.21)。

図3.6.21

■ 練習 ■

1. 次の図 3.6.22 の会員名簿一覧表について，以下の(1)～(3)に答えよ。

	A	B	C	D	E	F
1	会員名簿一覧表					
3	会員番号	氏　　名	性別	年齢	職業	住　　所
4	N001	笹川　益雄	男性	28	会社員	神奈川県横浜市
5	N002	野田　孝子	女性	72	主　婦	栃木県宇都宮市
6	N003	茂木　浩太	男性	44	公務員	千葉県千葉市
7	N004	大川　正弘	男性	34	自営業	千葉県船橋市
8	N005	篠田　春子	女性	52	看護師	東京都足立区
9	N006	岡村　吉江	女性	43	会社員	埼玉県三郷市
10	N007	堀江　芳樹	男性	67	元教師	千葉県松戸市

図 3.6.22

(1) 年齢が 40 歳以上 70 歳未満の男性を抽出しなさい。

(2) 千葉県在住の人を抽出しなさい。

(3) 千葉県在住の公務員を抽出しなさい。

・(2)は(1)をクリアしてから行うこと。

2. 下の学生住所録（図 3.6.23）から，学生番号が 10000～20000 番で，東京都 23 区出身の女子学生を抽出しなさい。

	A	B	C	D	E	F
1	データ番号	学生番号	名前	学科	出身住所	性別
2	1	12113	中村祐介	ネットワーク	東京都千代田区一番町	男
3	2	43564	後藤ひろみ	ネットワーク	神奈川県川崎市幸区	女
4	3	33589	木村史郎	ネットワーク	東京都立川市立川	男
5	4	23124	河野雅子	ネットワーク	東京都千代田区神田	女
6	5	46511	田中啓介	経営情報	大阪府堺市御堂筋	男
7	6	26894	大岡正	経営情報	東京都八王子市大沢	男
8	7	13562	森正文	経営情報	東京都渋谷区神南	男
9	8	13689	西川徹子	国際情報	東京都港区青山	女
10	9	43564	竹下昇	国際情報	福岡県大牟田市北町	男
11	10	33564	清岡忠彦	国際情報	愛知県豊橋市ひばりが丘	男

図 3.6.23

3. 下表（図 3.6.24）の会員名簿について以下の問に答えよ。

	A	B	C	D	E	F
1	住民番号	氏名	性別	年齢	職業	住所
2	1001	笹川　時雄	男	28	会社員	神奈川県横浜市
3	1002	野田　真美	女	72	主　婦	栃木県宇都宮市
4	1003	森本　浩太	男	44	公務員	千葉県千葉市
5	1004	大川　弘一	男	34	自営業	千葉県船橋市
6	1005	篠沢　秋子	女	52	看護師	東京都足立区
7	1006	岡江　久美	女	43	会社員	埼玉県三郷市
8	1007	堀江　和弘	男	75	元教師	千葉県松戸市
9	1008	山田　浩子	女	25	主　婦	茨城県取手市
10	1009	野村　純一	男	38	公務員	千葉県船橋市

図 3.6.24

(1) 年齢が 40 歳未満の男性を抽出しなさい。

(2) 東京都在住の公務員を抽出しなさい。

(3) 東京都在住で 50 歳台の女性を抽出しなさい。

(4) 年齢が最も若い 3 人の会社員を抽出しなさい。

3.7 Excel データベースとしての取扱い
ピボットテーブルとクロス集計

Excel ではピボットテーブルを用いて，データを集計したり，**クロス分析**を行うことができる。ここでは，これらデータのさまざまな集計方法，特に**クロス集計**の方法について学ぼう。

3.7.1 クロス集計　ピボットテーブルの利用

クロス集計とは，大量のデータを項目別に集計し，表として表す機能である。Excel では，クロス集計をピボットテーブル機能を用いて，視覚的に操作することができる。ピボットテーブルに関する主な名称を示すと，以下のようである（図 3.7.1）。

・**表とリストの相違**
表とリストは，厳密な意味では異なる。表は，データを項目別に行と列を用いて並べたものである。リストは，一定の条件を満たす表である。Excel でデータ分析を行う際には，表を整えてリストの形にしておかなくてはならない。詳しくは，3.6.1 データの並べ替え（p.198）を参照のこと。

図 3.7.1

・**ピボットテーブルの構成要素**
① **レポートフィルターフィールド**：三次元目の項目（図 3.7.1 では販売員）。このフィールドは必要ではない。
② **行ラベルフィールド**：縦に並べる項目（ここでは日付）
③ **列ラベルフィールド**：横に並べる項目（ここでは売上種類）
④ **値フィールド**：集計する量（ここでは売上高）。

① レポートフィルター　　② 行ラベル
③ 列ラベル　　　　　　　④ 値：Σ 値

ピボットテーブルは，[挿入]タブ→[ピボットテーブル]ボタンをクリックすることで作成できる（図 3.7.2）。ピボットテーブルの編集中は[ピボットテーブルツール]リボンが表示される。

図 3.7.2

3.7 Excel データベースとしての取扱い　ピボットテーブルとクロス集計 | 209

課題 1

図 3.7.3 のような明細表から売上額の日付別，種類別のクロス集計表（図 3.7.1）を作成しよう。

	A	B	C	D	E
1	3月第一週売り上げ明細表					
2					
3	日付	販売員	種類	数量	売上額
4	3月1日	高木	飲料	123	2,663,120
5	3月1日	松下	魚介類	456	2,314,500
6	3月1日	田中	肉類	234	5,621,000
7	3月1日	鈴木	野菜類	561	2,356,210
8	3月1日	吉岡	乳製品	25	123,000
9	3月2日	豊田	菓子類	124	1,234,566
10	3月2日	北野	野菜類	1000	2,685,200
11	3月2日	吉岡	魚介類	123	1,235,200
12	3月2日	北野	肉類	568	2,641,522
13	3月3日	高木	菓子類	487	2,315,400
14	3月3日	松下	飲料	136	12,032,000

図 3.7.3

① リスト（図 3.7.3）の中のセルを，一つクリックし，[挿入]タブ→[ピボットテーブル]ボタンをクリックする（図 3.7.4）。
② 表示された，[ピボットテーブルの作成]ダイアログボックス（図3.7.4）で，テーブル範囲を確認する。さらに，[ピボットテーブルレポートを配置する場所]で，ここでは，[既存のワークシート]をクリックし，シート内のセル（例えば G5）を指定する。

・②新規ワークシートをクリックすると，新規にシートが作成され，そのシートにクロス集計表が作成される。

・③[ピボットテーブルのフィールド]作業ウィンドウは画面の右端に表示されるが，左側にドラッグして移動すると，図 3.7.5 のように任意の場所に移動することができる。

図 3.7.4

・③[ピボットテーブルのフィールド]作業ウィンドウは，[表示]グループの[フィールドリスト]ボタンを押すと，非表示となる。再び押すと表示される。

・③リボンには，[ピボットテーブルツール]の下に[分析]と[デザイン]の2つのタブが追加される(図3.7.5)。

③ [OK]ボタンを押すと，下図3.7.5のような，ピボットテーブルの枠と[ピボットテーブルのフィールド]作業ウィンドウが表示される。

図 3.7.5

・③[行]ラベルフィールドに，日付をドラッグする。

図3.7.5の[ピボットテーブルのフィールド]作業ウィンドウで，[行]ラベルフィールドに日付をドラッグ(脚注図)。

④ 同様に，[列ラベル]に[種類]を，[Σ値]に[売上額]を，[レポートフィルター]に[販売員]をドラッグする。

⑤ 図3.7.6のような，クロス集計表が作成される。

・一度，ボックスにドラッグしたフィールドは，さらにドラッグして変更することができる。

・ボックスの▼をクリックし，表示されるメニューから，フィールドを移動したり，削除することができる。

・Σ値とは値フィールドの意味で，集計する量を示す(ここでは売上額である)。

販売員	(すべて)						
合計/売上額	列ラベル						
行ラベル	飲料	菓子類	魚介類	肉類	乳製品	野菜類	総計
3月1日	2663120		2314500	5621000	123000	2356210	13077830
3月2日		1234566	1235200	2641522		2685200	7796488
3月3日	14383000	2549500	2354100			2352011	21638611
3月4日	1565200	1234100	2345100	2356100			7500500
3月5日	3599911	124500		2356400		2795100	8875911
3月6日	1234500	1245100	1203210	4561200			8244010
3月7日	256000	2562000	6915400	4708200		3798500	18240100
総計	23701731	8949766	16367510	22244422	123000	13987021	85373450

図 3.7.6

・⑤の後，[行ラベル]をダブルクリックし「日付」，[列ラベル]を「種類」と上書きすると，さらに見やすくなる。

作成されたクロス集計表を，さらに見やすい表にしよう。
ここで，[ピボットテーブルツール]→[デザイン]タブをクリックする(図3.7.7)。この[リボン](図3.7.7)では，ピボットテーブルのデザインやレイアウトを指定できる。好みのピボットスタイルをクリックし，適用してみよう。

・[ピボットテーブルスタイル]グループに表示されるスタイルを選ぶと，さまざまなデザインの表を作成できる。

3.7 Excel データベースとしての取扱い　ピボットテーブルとクロス集計 | 211

図 3.7.7

⑧ クロス集計表の外のセルをクリックすると，クロス集計表が確定される。

■ピボットグラフの作成

　ピボットテーブルでクロス集計した結果を，より視覚的に見せるためにグラフに表すことができる。ピボットグラフは「3.5　グラフの作成と編集」で学習したグラフの作成・編集と同様に操作できる。図 3.7.6 のクロス集計表を基に作成してみよう。

① クロス集計表の任意のセルをクリックする。[ピボットテーブルツール]→[分析]タブ→[ピボットグラフ]をクリック（図 3.7.8）。

図 3.7.8

② 表示された[グラフの挿入]ダイアログボックス上で，グラフの種類を選択する。ここでは，積み上げ縦棒グラフを選択する（図 3.7.9）。

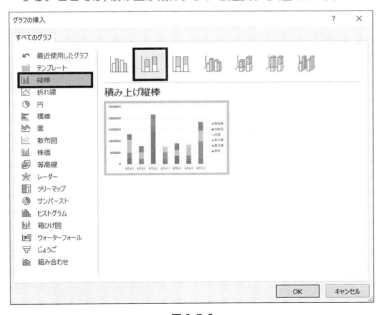

図 3.7.9

・**編集状態に戻すときには**，クロス集計表の中のセルをクリックする。

・②図 3.7.9 で，プレビューされているグラフをマウスオーバーすると，グラフが拡大される。

③ [OK]ボタンを押すと,ピボットグラフが表示される(図3.7.10)。

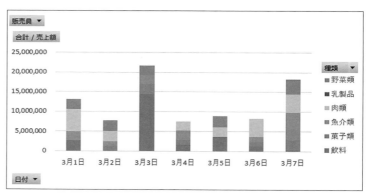

図3.7.10

　ピボットグラフを選択しているときに表示されるリボン[ピボットグラフツール]のうち,[分析]タブ以外は,通常のグラフ作成時に利用するタブと同じである。グラフの編集は通常グラフと同様に操作できる。**ピボットグラフの特徴は,グラフ上でレポートフィルターや行ラベル・列ラベルのフィルターを利用できることである。**たとえば図3.7.10の種類の▼をクリックし,菓子類を選択すれば,菓子類のみの売上額のグラフを作成できる(脚注図)。このように,ピボットグラフでは,それぞれ各フィルターで絞り込むことにより,多様なグラフを作成することができる。

・ピボットグラフで,[列ラベル]の菓子類を選択する。

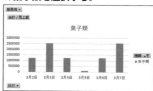

・ピボットグラフの機能
・さらに,リスト内の任意のセルをクリックして,[挿入]タブ→[ピボットグラフ]ボタン(下図)をクリックすると,元のリストから直接ピボットグラフのみを作成したり,ピボットグラフとピボットテーブルの両方を作成したりすることができる。

■ 練習 ■

1. 課題1(図3.7.3)において,売上額の,販売員別(行ラベル),種類別(列ラベル)のクロス集計表を作成しよう。さらに,この表を基にグラフを作成しよう(グラフの種類は何でも可)。
2. 課題1(図3.7.3)において,売上数量の,販売員別(行ラベル),種類別(列ラベル)のクロス集計表を作成しよう。さらに,作成された集計表を基にグラフを作成しよう。

(1) レポートフィルターによるリストの絞り込み

課題2

課題1で作成したクロス集計表(図3.7.1)で,レポートフィルターの右側の▼をクリックし,表示されたプルダウンメニューから,いろいろな販売員を選んでみよう。例えば吉岡さんは,3月3～5日の間に,何を,どのくらい,売っているだろうか？(図3.7.11)

3.7 Excel データベースとしての取扱い　ピボットテーブルとクロス集計 | 213

図 3.7.11

<操作方法>
① レポートフィルターの右側の ▼ をクリックし，表示されたプルダウンメニューから吉岡さんを選択する。吉岡さんだけの売り上げ集計表に変更される。
② 次に，[行ラベル] の ▼ をクリック。(すべて選択) のチェックボックスをクリックし，一旦チェックをすべて解除する。改めて，3月3日，4日，5日にチェックを入れる (脚注図)。
③ クロス集計表が吉岡さんの3月3日から5日までの集計表に変わる。
④ [OK] ボタンを押すと，図 3.7.11 が表示される。3月4日の行が無いのは，吉岡さんの売り上げが，この日無かったことを示している。

■スライサーの利用
リストの絞り込みは，スライサーを用いると，さらに視覚的に行うことができる。

<操作方法>
① クロス集計表 (図 3.7.1) の任意のセルをクリック。
② [ピボットテーブルツール]→[分析] タブ→[スライサーの挿入] ボタンをクリック (図 3.7.12)。

図 3.7.12

③ [スライサーの挿入] ダイアログボックスが表示されるので，任意の項目 (この場合は販売員) にチェックマークを入れて，[OK] ボタンを押す。
④ [販売員] ダイアログボックスの中から，たとえば「高木」さんを選ぶと高木さんの販売実績データ表 (図 3.7.13) が示される。

・①レポートフィルターと行ラベルの ▼ がフィルターの模様 に変わっているのを確認しよう。

・②チェックマーク

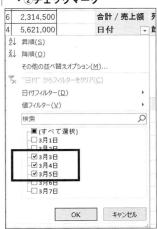

・スライサーの削除
スライサーを削除するには，スライサーをクリックして選択し [Del] キーを押す。

・タイムラインの挿入
元のリストに日付データがある場合，タイムラインを利用して，集計する対象を特定の期間だけに絞り込むことができる。タイムラインを利用するには，[分析] タブ→[フィルター] グループ→[タイムラインの挿入] をクリックして，絞り込む月や日にちを指定していく。試してみよう。

図 3.7.13

販売員	高木			
合計 / 売上額	種類			
日付	飲料	菓子類	肉類	総計
3月1日	2,663,120			2,663,120
3月3日		2,549,500		2,549,500
3月7日			2,354,100	2,354,100
総計	2,663,120	2,549,500	2,354,100	7,566,720

販売員 スライサー：吉岡　高木　松下　田中　豊田　北野　鈴木

■ 練習 ■

1. 脚注図のリストを基に，以下(1)(2)の問に答えなさい。

(1) [レポートフィルター]を販売地域，[行ラベル]を商品コード，[列ラベル]を月，[Σ値]を合計とするクロス集計表を作成しなさい。1月～3月の合計販売額はいくらか？

(2) [レポートフィルター]を商品コード，[行ラベル]を販売地域，[列ラベル]を月，[Σ値]を合計とする，クロス集計表を作成しなさい。D商品はどこで販売されているか？　合計販売額はいくらか？

2. 図 3.7.14 のリストを基に，以下の(1)～(4)の問に答えなさい。

・練習1．リスト

販売年月		商品コード	単価	数量	合計	販売地域
年	月					
2006	8	A	250	20	5000	築地
2006	8	B	330	15	4950	成城
2006	9	C	410	12	4920	新宿
2006	9	C	410	10	4100	渋谷
2006	10	D	500	10	5000	赤坂
2006	10	A	250	20	5000	六本木
2006	11	C	410	10	4100	渋谷
2006	12	D	450	30	13500	原宿
2006	12	A	200	30	6000	浅草
2006	12	B	330	15	4950	浅草
2006	12	B	330	15	4950	築地
2007	1	B	300	20	6000	原宿
2007	2	B	300	20	6000	新宿
2007	3	A	200	30	6000	六本木
2007	4	D	450	25	11250	下北沢
2007	5	F	100	30	3000	代官山
2007	5	F	100	20	2000	下北沢
2007	5	F	90	50	4500	六本木
2007	7	F	90	60	5400	新宿
2007	8	C	350	30	10500	成城
2007	9	F	80	120	9600	銀座
2007	10	A	250	20	5000	代官山
2007	10	B	300	20	6000	下北沢
2007	11	F	80	100	8000	銀座

日付	顧客名	地区	担当者	商品名	商品分類	単価	数量	売上金額
2010/04/01	北澤大学	東京	生駒	アセトン	溶剤	1,400	17	23,800
2010/04/01	北澤大学	東京	生駒	エタノール	溶剤	900	19	17,100
2010/04/01	北澤大学	東京	生駒	トレハロース	試薬	2,000	9	18,000
2010/04/01	北澤大学	東京	生駒	グリセリン	試薬	1,200	12	14,400
2010/04/01	北澤大学	東京	生駒	炭酸カルシウム	試薬	820	11	9,020
2010/04/01	丹波化成	大阪	篠沢	アセトン	溶剤	1,400	7	9,800
2010/04/01	丹波化成	大阪	篠沢	エタノール	溶剤	900	6	5,400
2010/04/01	丹波化成	大阪	篠沢	ベンジン	溶剤	530	3	1,590
2010/04/01	丹波化成	大阪	篠沢	酢酸	試薬	1,100	11	12,100
2010/04/02	小野薬業	東京	生駒	アセトン	溶剤	1,400	14	19,600
2010/04/02	小野薬業	東京	生駒	ベンジン	溶剤	530	16	8,480
2010/04/05	伊予農材	大阪	早川	アセトン	溶剤	1,400	5	7,000
2010/04/05	伊予農材	大阪	早川	ベンジン	溶剤	530	5	2,650
2010/04/05	伊予農材	大阪	早川	酢酸	試薬	1,100	4	4,400

図 3.7.14

(1) [レポートフィルター]を担当者，[行ラベル]を商品名，[列ラベル]を顧客名，[Σ値]を売上金額とする，クロス集計表を作成しなさい。丹波化成の総売上高はいくらか？　クエン酸の総売上高はいくらか？

(2) (1)で担当者早川さんの総売上高はいくらか？

(3) [レポートフィルター]を地区，[行ラベル]を顧客名，[列ラベル]を商品名，[Σ値]を売上金額とするクロス集計表を作成しなさい。福岡ではどこ（顧客名）で販売されているか？　合計販売額はいくらか？

(4) (3)で，[ピボットテーブルツール]→[デザイン]タブ→[ピボットテーブルスタイル]を適用して，見やすい表を作成しなさい。

(2) ピボットテーブルのグループ化による集計

課題3

ピボットテーブルを用いて、図3.7.15の情報科学論前期成績表から、図3.7.16や図3.7.17のような成績分布表を作成してみよう。

成績	男	女	総計
50-59	1		1
60-69	2	3	5
70-79	5	3	8
80-89	5		5
90-100	5	1	6
総計	18	7	25

図3.7.16

成績	男	女	総計
50-59	6%	0%	4%
60-69	11%	43%	20%
70-79	28%	43%	32%
80-89	28%	0%	20%
90-100	28%	14%	24%
総計	100%	100%	100%

図3.7.17

図3.7.15

<操作方法> ここでは、操作方法のヒントのみ示しておく。

① 新しいシート上の[ピボットテーブルのフィールド]作業ウィンドウで、[成績]を[行ラベル]ボックスに、[氏名]を[Σ値]ボックスにドラッグする。すると下図3.7.18の左側にあるようなリストが作成される。

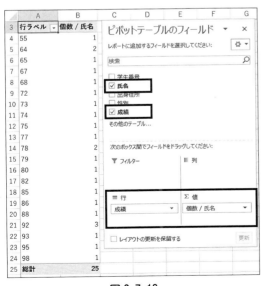

図3.7.18

・ここでは、新しいシートにピボットテーブルを作成する。

・操作方法
①情報科学論前期成績表(図3.7.15)のリスト内のセルをクリック、[挿入]タブ→[ピボットテーブル]ボタンをクリック。
②表示された[ピボットテーブルの作成]ダイアログボックス上の[ピボットテーブルレポートを配置する場所]で[新規ワークシート]を選び、[OK]ボタンを押す。

・②[フィールドのグループ化]ボタン

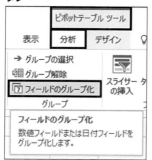

・②A列のデータ上で右クリックし、表示されたメニューから[グループ化]を選択してもよい。

・③グループ化

・③もし、[末尾の値]を98のままにすると、90-100というグループは90-99というグループになる。

・⑤ここで昇順にすると、列の並び順が「女男」の順になる。

・⑥A4セルの[行ラベル]をダブルクリックすると入力状態になるので、「成績」と入力する。B3セルについても同様にする。

② A4~A24 セルのいずれかのセルをクリックし、[ピボットテーブルツール]→[分析]タブ→[グループ]グループの[フィールドのグループ化]をクリック(脚注図)。すると、[グループ化]ダイアログボックスが表示される(図3.7.19(1))。

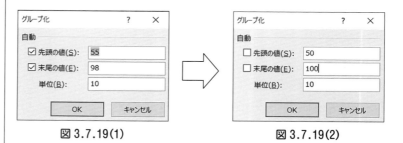

図3.7.19(1)　　　　　　　図3.7.19(2)

③ [グループ化]ダイアログボックスで、[先頭の値]に50を、[末尾の値]に100を、[単位]を10と入力し、[OK]ボタンをクリックする(図3.7.17(2))。すると脚注図のような、10点ごとの人数分布表が得られる。

■男女別の分布表(図3.7.16)を作成するには

④ さらに、[ピボットテーブルのフィールド]作業ウィンドウの[性別]を[列ラベル]ボックスにドラッグする。

⑤ B3セルの ▼ ボタンをクリックし、[降順]を選ぶ。

⑥ A4セルの[行ラベル]を「成績」、B3セルの[列ラベル]を「性別」と上書きする(図3.7.20)。

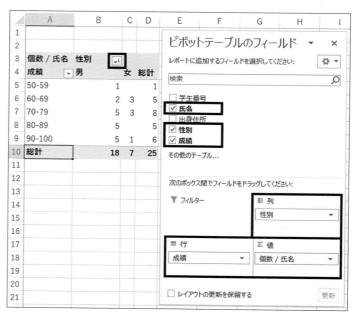

図3.7.20

⑦ 上図3.7.20のような表が作成されるので，A4〜D10セル範囲を選択し，別シートに貼り付け，彩色などして見やすくする（図3.7.21）。

成績	男	女	総計
50-59	1		1
60-69	2	3	5
70-79	5	3	8
80-89	5		5
90-100	5	1	6
総計	18	7	25

図3.7.21

	A	B	C	D
1				
2				
3	個数 / 氏名	性別		
4	成績	男	女	総計
5	50-59	6%	0%	4%
6	60-69	11%	43%	20%
7	70-79	28%	43%	32%
8	80-89	28%	0%	20%
9	90-100	28%	14%	24%
10	総計	100%	100%	100%

図3.7.22

・⑦**別シートへの表のコピー**は以下のように行なう。
①A4〜D10セルを範囲指定する。
②[Ctrl]キー＋[C]を押してコピーする。
③新しいシートを開く。
④[Ctrl]キー＋[V]を押してペーストする。
このとき表の右下に[貼り付けオプション] (Ctrl)▼ が表示されるので，これをクリック。表示されたプルダウンメニュー（下図）で[値の貼り付け]を選択すると，数式や書式を除いた，値のみがペーストされる。

■男女別の割合の分布表（図3.7.22）を作成しよう

⑧ ピボットテーブル内の任意のセル上で右クリックし，表示されたダイアログボックスで，[計算の種類]→[列集計に対する比率]を選択する（図3.7.23）。

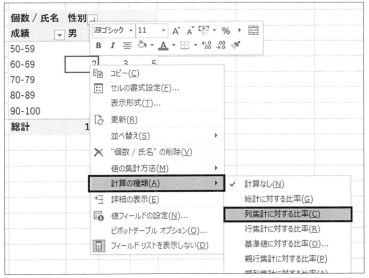

図3.7.23

・⑧[列集計に対する比率]は以下のようにして表示することもできる。
・ピボットテーブル内の任意のセル上で右クリックし，表示されたメニューから[値フィールドの設定]（下図）を選択し，

表示された[値フィールドの設定]ダイアログボックス上で[計算の種類]タブ→[列集計に対する比率]（下図）を選択しても良い。

■ 練習 ■

1．課題3（図3.7.15）の表から，下図3.7.24のような学生番号ごとにグループを組んだ場合の，男女別人数の分布表を作成しよう。

2．上の練習1を基に，下図3.7.25のような，男女別人数の割合の分布表を作成しよう。

218 | 第**3**章 Excel 2016 による知のデータ分析とその表現

・小数点の表示桁数の調整
表示桁数を調整したいセルを範囲指定し, [ホーム]タブ→[数値]グループ→[小数点以下の表示桁数を増やす]または[小数点以下の表示桁数を減らす]ボタンで調整する。
または, 右クリックして, 表示されたダイアログボックス上で[セルの書式設定]を選んでも良い。

	A	B	C	D
1				
2				
3	個数 / 氏名	性別		
4	学生番号	男	女	総計
5	53000-53999	2	1	3
6	54000-54999	2		2
7	63000-63999	6	3	9
8	64000-65000	8	3	11
9	総計	18	7	25

図 3.7.24

	A	B	C	D
1				
2				
3	個数 / 氏名	性別		
4	学生番号	男	女	総計
5	53000-53999	11%	14%	12%
6	54000-54999	11%	0%	8%
7	63000-63999	33%	43%	36%
8	64000-65000	44%	43%	44%
9	総計	100%	100%	100%

図 3.7.25

・図3.7.26のように日付ごとのデータは, 月ごとに集計されたピボットテーブルが作成される。

3. 図 3.7.26 のリストから, [レポートフィルタ]を担当者名, [行ラベル]を日付, [列ラベル]を商品名, [Σ値]を売上金額とするクロス集計表を作成しなさい。篠沢さんのエタノールの総売上高はいくらか？ 5月6日の売上総計はいくらか？

日付	顧客名	地区	担当者	商品名	商品分類	単価	数量	売上金額
2010/04/01	北澤大学	東京	生駒	アセトン	溶剤	1,400	17	23,800
2010/04/01	北澤大学	東京	生駒	エタノール	溶剤	900	19	17,100
2010/04/01	北澤大学	東京	生駒	トレハロース	試薬	2,000	9	18,000
2010/04/01	北澤大学	東京	生駒	グリセリン	試薬	1,200	12	14,400
2010/04/01	北澤大学	東京	生駒	炭酸カルシウム	試薬	820	11	9,020
2010/04/01	丹波化成	大阪	篠沢	アセトン	溶剤	1,400	7	9,800
2010/04/01	丹波化成	大阪	篠沢	エタノール	溶剤	900	6	5,400
2010/04/01	丹波化成	大阪	篠沢	ベンジン	溶剤	530	3	1,590
2010/04/01	丹波化成	大阪	篠沢	酢酸	試薬	1,100	11	12,100
2010/04/02	小野薬業	東京	生駒	アセトン	溶剤	1,400	14	19,600
2010/04/02	小野薬業	東京	生駒	ベンジン	溶剤	530	16	8,480
2010/04/05	伊予農材	大阪	早川	アセトン	溶剤	1,400	5	7,000
2010/04/05	伊予農材	大阪	早川	ベンジン	溶剤	530	5	2,650
2010/04/05	伊予農材	大阪	早川	酢酸	試薬	1,100	4	4,400
2010/04/05	伊予農材	大阪	早川	炭酸カルシウム	試薬	820	4	3,280

図 3.7.26

4. 3で作成したクロス集計表で, 担当者をすべてとし, 下図 3.7.27 のような月ごとの商品別売上高の割合の分布表を作成しなさい。

担当者	(すべて)								
合計 / 売上金額	商品名								
日付	アセトン	エタノール	クエン酸	グリセリン	トレハロース	ベンジン	酢酸	炭酸カルシウム	総計
⊞4月	18.4%	10.1%	11.8%	14.9%	23.1%	4.6%	10.9%	6.2%	100.0%
⊞5月	16.8%	9.5%	10.1%	15.7%	21.9%	6.8%	10.2%	8.9%	100.0%
⊞6月	14.0%	9.5%	14.2%	12.6%	24.2%	5.6%	11.4%	8.4%	100.0%
⊞7月	15.1%	10.8%	18.2%	11.5%	23.8%	7.2%	7.6%	5.8%	100.0%
⊞8月	16.7%	8.4%	13.9%	14.3%	22.8%	4.9%	9.5%	9.4%	100.0%
⊞9月	14.6%	9.4%	12.6%	11.2%	24.6%	5.9%	12.9%	8.9%	100.0%
総計	16.0%	9.6%	13.3%	13.4%	23.4%	5.8%	10.5%	8.0%	100.0%

図 3.7.27

総合練習問題

1 図1の表は，川田君の前期の成績を表したものである。図1の左表を基にして，左表の（1）合否判定と右表（2）成績結果の①〜⑮の問いに答えなさい。

▲	A	B	C	D	E	F	G	H
1								
2		科目名	単位数	点数	（1）合否判定		（2）成績結果	
3		科目A	2	76			①全履修科目数	
4		科目B	2	85			②全履修科目の平均点	
5		科目C	2	78			③全履修科目の最高点	
6		科目D	4	85			④全履修科目の最低点	
7		科目E	2	83			⑤全履修科目の単位数合計	
8		科目F	1	37			⑥科目Aの成績順位	
9		科目G	2	70			⑦科目Gの成績順位	
10		科目H	2	52			⑧2単位の科目数	
11		科目I	2	65			⑨2単位の科目数の割合（％値）	
12		科目J	2	48			⑩80点以上の科目数	
13		科目K	4	88			⑪合格した科目数	
14		科目L	2	80			⑫合格した科目の単位数合計	
15		科目M	1	95			⑬合格した科目の点数の合計	
16		科目N	1	30			⑭合格した科目の点数の平均点	
17		科目O	4	95			⑮不合格科目の単位数の合計	
18		科目P	2	61				
19		科目Q	4	70				
20		科目R	2	60				
21		科目S	2	80				
22		科目T	2	48				

図1

注：（1）左表の合否判定においては，判定の基準を60点とし，60点以上は合格，60点未満を不合格としなさい。

（2）⑨2単位の科目数が全科目数に占める割合（小数点以下1桁の％値）。

2 下の表（図2）は，2011年〜2015年における日本のコンビニエンスストアの売上高と成長率（前年を基準とする）を示したものである。

（1）2011年について，売上高を主軸（棒グラフ），成長率を第2軸（折れ線グラフ）とする複合グラフを作成せよ。

（2）さらに，基になるデータの範囲を，2014年度，2015年度とドラッグして，2014年度，2015年度のグラフを作成せよ。

▲	A	B	C	D	E	F	G	H	I	J	K	L
1												
2		項目	コンビニエンスストア売上高		単位百万円			売上高成長率（前年比）				
3		期間	2011	2012	2013	2014	2015	2011	2012	2013	2014	2015
4		1月	652,349	689,785	718,193	755,077	784,779	6.4%	5.7%	4.1%	5.1%	3.9%
5		2月	616,165	675,575	669,756	709,809	730,066	7.9%	9.6%	-0.9%	6.0%	2.9%
6		3月	699,803	734,678	772,160	829,713	841,091	8.4%	5.0%	5.1%	7.5%	1.4%
7		4月	652,326	723,452	741,635	753,856	814,670	2.6%	10.9%	2.5%	1.6%	8.1%
8		5月	708,379	754,411	785,757	815,264	865,716	7.0%	6.5%	4.2%	3.8%	6.2%
9		6月	730,419	744,761	785,984	806,267	841,723	10.6%	2.0%	5.5%	2.6%	4.4%
10		7月	807,945	818,165	856,311	884,151	929,181	11.2%	1.3%	4.7%	3.3%	5.1%
11		8月	798,911	826,038	859,297	876,601	922,609	8.9%	3.4%	4.0%	2.0%	5.2%
12		9月	737,356	759,865	786,504	811,603	851,138	-2.1%	3.1%	3.5%	3.2%	4.9%
13		10月	749,444	767,495	800,823	829,545	878,461	16.6%	2.4%	4.3%	3.6%	5.9%
14		11月	722,529	737,326	779,219	800,950	832,784	10.4%	2.0%	5.7%	2.8%	4.0%
15		12月	771,301	795,654	832,760	862,378	900,528	7.3%	3.2%	4.7%	3.6%	4.4%
16		1-12月	8,646,927	9,027,205	9,388,399	9,735,214	10,192,746	7.8%	4.4%	4.0%	3.7%	4.7%

図2　［出典：日本フランチャイズチェーン協会］

220 | 第**3**章 Excel 2016 による知のデータ分析とその表現

3 図3に示す顧客データ, 商品データ, 割引額データを用いて, 図4に示す見積書を, 以下の手順で作成しなさい。

（1）顧客データを基に, D6 セルのお客様番号から氏名（D7 セル）を表示しなさい。

（2）D16 セルの商品コードからメーカー, 商品名, 販売額を表示しなさい。

（3）販売額の合計を求めなさい。

（4）販売額の合計に対する割引率を求めなさい。

（5）合計額と割引率から販売額を求めなさい。小数点以下の値は INT 関数を用いて切り捨てなさい。

（6）求めた販売額に対する消費税を計算しなさい。小数点以下の値は（5）と同様に, 切り捨てなさい。

（7）販売額に消費税を加えて, 請求額を計算しなさい。

	商品コード	メーカー	商品名	販売額
顧客データ				
顧客番号	氏名			
	140001	田中　智		
	140002	春海　しおり		
	140003	丹田　健治		
	140004	佐藤　洋介		
	140005	大下　登		
	140006	工藤　里佳		
商品データ				
商品コード	メーカー	商品名		販売額
A01	東西電気	Core i7 PC		85,000
A02	西日本通信機	Core i5 PC		75,000
A03	曙無線	Core i3 PC		65,000
B01	曙無線	インクジェットプリンタ		22,000
B02	諏訪電機	モノクロレーザープリンタ		25,000
B03	フジ先端工業	カラーレーザープリンタ		30,000
C01	斜路ソフト	オフィススイート		35,000
C02	萬有ソフト	年賀状作成ソフト		9,800
C03	日進ソフト	動画再生ソフト		15,800
割引額データ				
金額	割引率	備考		
0	5%	5万円未満		
50000	6%	5万円以上10万円未満		
100000	7%	10万円以上20万円未満		
200000	8%	20万円以上30万円未満		
300000	9%	30万円以上		

図3

御見積書

No	商品コード	メーカー	商品名	販売額
	お客様番号			
	140001		IT大学IT販売部	
			東京都港区赤坂1-2-3	
			電話: 03-1234-5678	
			FAX: 03-5678-1234	
1	A01			
2	A02			
3	A03			
4	B01			
5	B02			
6	C01			
7				
8				
9				
			合計	
			割引率	
			販売額	
			消費税(8%)	
			ご請求額	

お問合せ頂いた商品の御見積書をお送り致しますのでご査収ください。

図4

4 下の表（図5）は，県庁所在地のある市区町村について，15歳未満人口，15～64歳人口，65歳以上人口，出生数，死亡数など種々の項目別に，その人口を示したものである。この人口データベースを基に，以下の（1）～（7）の問いに答えなさい。

	A	B	C	D	E	F	G	H	I	J	K
1	コード	市区町村名	人口総数（人）	15歳未満人口（人）	15～64歳人口（人）	65歳以上人口（人）	出生数（人）	死亡数（人）	転入者数（人）	転出者数（人）	世帯数（世帯）
2	01100	札幌市	1,822,368	248,405	1,286,323	262,751	15,577	11,151	139,840	132,001	781,948
3	02201	青森市	297,859	43,973	203,219	50,503	2,649	2,370	10,151	12,000	112,487
4	03201	盛岡市	288,843	44,134	199,462	45,189	2,692	1,924	14,118	15,320	115,293
5	04100	仙台市	1,008,130	146,825	727,783	133,020	9,909	5,544	74,942	77,254	421,182
6	05201	秋田市	317,625	45,655	216,200	55,689	2,716	2,327	11,502	11,881	122,971
7	06201	山形市	255,369	37,580	167,751	49,900	2,355	2,101	9,457	10,378	90,110
8	07201	福島市	291,121	45,653	192,903	52,558	2,820	2,192	10,515	12,197	104,553
9	08201	水戸市	246,739	38,317	168,589	39,359	2,546	1,723	11,782	12,385	96,067
10	09201	宇都宮市	443,808	67,252	311,665	64,527	4,728	2,968	19,156	21,560	167,494
11	10201	前橋市	284,155	42,152	190,894	50,425	2,725	2,119	10,443	13,295	106,078
12	11100	さいたま市	1,024,053	154,890	737,068	130,347	10,537	5,817	68,655	54,765	388,303
13	12100	千葉市	887,164	123,766	647,283	111,959	8,605	5,314	59,844	62,639	348,159
14	13100	東京23区	8,134,688	900,208	5,855,771	1,336,289	65,683	60,053	584,613	542,180	3,810,919
15	14100	横浜市	3,426,651	474,656	2,463,151	477,053	33,169	21,202	230,254	243,346	1,370,346
16	15201	新潟市	527,324	73,990	362,148	88,857	4,503	3,664	19,190	19,722	203,283
17	16201	富山市	325,700	44,976	219,533	60,916	3,112	2,599	11,077	13,128	118,070
18	17201	金沢市	456,438	66,472	314,133	73,029	4,485	3,176	17,430	19,182	177,686
19	18201	福井市	252,274	38,314	166,860	46,926	2,542	1,919	7,541	9,757	85,380
20	19201	甲府市	196,154	26,928	131,162	38,018	1,633	1,556	8,127	11,273	79,161
21	20201	長野市	360,112	55,639	237,932	66,498	3,713	2,758	12,874	14,960	130,290
22	21201	岐阜市	402,751	57,893	274,011	70,802	3,830	3,291	13,695	17,610	146,350
23	22201	静岡市	706,513	100,352	481,541	124,379	6,239	5,535	20,045	21,666	254,523
24	23100	名古屋市	2,171,557	303,272	1,506,882	338,795	19,805	15,566	134,144	136,226	897,932
25	24201	津市	163,246	24,801	109,950	28,489	1,502	1,242	7,383	9,288	62,302
26	25201	大津市	288,240	46,702	198,572	42,919	2,933	1,775	13,349	12,291	100,949
27	26100	京都市	1,467,785	185,896	1,015,509	252,963	12,386	11,169	79,047	92,590	620,327
28	27100	大阪市	2,598,774	327,851	1,822,803	444,740	23,635	21,624	160,988	160,612	1,169,621
29	28100	神戸市	1,493,398	206,703	1,033,013	252,427	13,008	11,138	79,992	84,883	606,162
30	29201	奈良市	366,185	52,683	255,724	57,038	3,159	2,444	14,362	15,491	133,774
31	30201	和歌山市	386,551	55,790	258,783	71,924	3,379	3,320	8,924	10,956	143,651
32	31201	鳥取市	150,439	24,416	99,607	26,121	1,540	1,157	5,888	6,570	53,659

図5　[出典：国立社会保障・人口問題研究所]

（1）各市区町村別の人口総数について，人口の多い順に並び替えなさい。人口の最も多い都市はどこか？

（2）各市区町村別の65歳以上人口について，多い順に並び替えなさい。65歳以上人口の最も多い都市はどこか？

（3）各市区町村別に，65歳人口の人口総数に占める割合（65歳人口／人口総数）を算出し，％スタイルでL列に表示しなさい。その結果の大きい順に並び替えなさい。65歳人口の占める割合が最も大きい3都市を抽出しなさい。

（4）各市区町村別に，人口増減率（（転入－転出＋出生－死亡）／人口総数）を算出し，％スタイルでM列に表示しなさい。その結果の大きい順に並び替えなさい。
人口増減率が最も大きい10都市を抽出しなさい。

（5）出生数が1万人を超える都市を抽出しなさい。さらに，この中で出生数の多い順に並べ替えなさい。最も多い都市はどこか？

（6）転入者数が転出者数を上回る都市は，いくつありますか？
転入者数－転出者数を示す列をN列に作成し，数値フィルター機能を使って抽出しなさい。

（7）この表や上の結果から類推し，考えられる事柄を言いなさい。

第3章 Excel 2016 による知のデータ分析とその表現

5 下の表（図6）は，全国で行ったチャリティーコンサートの開催結果を示したものである。この表を基にして，以下の（1）～（6）の問いに答えなさい。

	A	B	C	D	E	F	G	H	I	J
1					コンサート開催結果					
2	NO	開催日	開催地	天候	公演時間	料金	定員	来客数	収率	売上
3	1	1月7日(水)	東京	晴れ	短	1,000	80	61		
4	2	1月8日(木)	群馬	小雨	短	1,000	150	70		
5	3	2月3日(火)	奈良	曇天	中	1,500	120	97		
6	4	2月6日(金)	高知	風	長	2,000	220	170		
7	5	2月12日(木)	沖縄	曇天	中	1,500	200	102		
8	6	3月8日(日)	北海道	曇天	中	1,500	150	76		
9	7	3月9日(月)	名古屋	風	中	1,500	220	166		
10	8	3月10日(火)	熊本	曇天	長	2,000	90	51		
11	9	3月11日(水)	山口	晴れ	短	1,000	250	222		
12	10	4月12日(日)	滋賀	晴れ	短	1,000	170	139		
13	11	4月13日(月)	東京	晴れ	長	1,000	80	78		
14	12	5月4日(月)	北海道	曇天	中	1,500	150	98		
15	13	5月5日(火)	名古屋	曇天	長	2,000	220	140		
16	14	5月18日(月)	大阪	晴れ	短	1,000	200	226		
17	15	6月19日(金)	北海道	風	短	1,000	150	109		
18	16	6月21日(日)	東京	風	長	2,000	80	51		
19	17	7月22日(水)	高知	晴れ	中	1,500	220	189		
20	18	8月23日(日)	奈良	晴れ	長	2,000	120	111		
21	19	8月24日(月)	東京	風	短	1,000	80	66		
22	20	8月25日(火)	大阪	晴れ	長	2,000	200	198		
23	21	9月26日(土)	山口	風	長	2,000	250	200		
24	22	9月28日(月)	大阪	小雨	短	1,000	200	134		
25	23	10月29日(木)	東京	晴れ	短	1,000	80	68		
26	24	10月30日(金)	滋賀	晴れ	長	2,000	170	151		
27	25	11月1日(日)	福岡	晴れ	短	1,000	210	190		
28	26	12月2日(水)	名古屋	風	短	1,000	220	174		
29	27	12月3日(木)	鹿児島	風	短	1,000	160	109		

図6

（1）収率（来客数／定員数）を求めなさい。結果は，小数点1桁のパーセントスタイルで表しなさい。

（2）売上（料金×来客数）を求めなさい。また総売上高はいくらか？

（3）行ラベルに「開催地」，列ラベルに「公演時間」，Σ値に「売上合計」を取ったクロス集計表を作成しなさい。東京の公演時間「長」の売上合計はいくらか？

（4）行ラベルに「天候」，列ラベルに「公演時間」，Σ値に「収率平均」を取ったクロス集計表を作成しなさい。晴れの日の公演時間「中」の平均収率はいくらか？小数点以下1桁のパーセントスタイルで表しなさい。

（5）行ラベルに「開催地」，列ラベルに「天候」，Σ値に「来客数平均」を取ったクロス集計表を作成しなさい。福岡の晴れの日の平均来客数は何人か？

（6）開催地ごとの売り上げの割合を示した，図7のような表を作りなさい。

	A	B	C	D	E	F	G	H	I	J	K	L	M	N	O
3	合計 / 売上	列ラベル ▾													
4	行ラベル ▾	沖縄	熊本	群馬	高知	山口	滋賀	鹿児島	大阪	東京	奈良	福岡	北海道	名古屋	総計
5	⊞1月	0.0%	0.0%	0.0%	53.4%	0.0%	0.0%	0.0%	0.0%	46.6%	0.0%	0.0%	0.0%	0.0%	100.0%
6	⊞2月	24.0%	0.0%	0.0%	53.2%	0.0%	0.0%	0.0%	0.0%	0.0%	22.8%	0.0%	0.0%	0.0%	100.0%
7	⊞3月	0.0%	14.8%	0.0%	0.0%	32.3%	0.0%	0.0%	0.0%	0.0%	0.0%	0.0%	16.6%	36.2%	100.0%
8	⊞4月	0.0%	0.0%	0.0%	0.0%	0.0%	28.1%	0.0%	0.0%	71.9%	0.0%	0.0%	0.0%	0.0%	100.0%
9	⊞5月	0.0%	0.0%	0.0%	0.0%	0.0%	0.0%	0.0%	34.6%	0.0%	0.0%	0.0%	22.5%	42.9%	100.0%
10	⊞6月	0.0%	0.0%	0.0%	0.0%	0.0%	0.0%	0.0%	0.0%	89.2%	0.0%	0.0%	10.8%	0.0%	100.0%
11	⊞7月	0.0%	0.0%	0.0%	100.0%	0.0%	0.0%	0.0%	0.0%	0.0%	0.0%	0.0%	0.0%	0.0%	100.0%
12	⊞8月	0.0%	0.0%	0.0%	0.0%	0.0%	0.0%	0.0%	57.9%	9.6%	32.5%	0.0%	0.0%	0.0%	100.0%
13	⊞9月	0.0%	0.0%	0.0%	0.0%	74.9%	0.0%	0.0%	25.1%	0.0%	0.0%	0.0%	0.0%	0.0%	100.0%
14	⊞10月	0.0%	0.0%	0.0%	0.0%	0.0%	81.6%	0.0%	0.0%	18.4%	0.0%	0.0%	0.0%	0.0%	100.0%
15	⊞11月	0.0%	0.0%	0.0%	0.0%	0.0%	0.0%	0.0%	0.0%	0.0%	0.0%	100.0%	0.0%	0.0%	100.0%
16	⊞12月	0.0%	0.0%	0.0%	0.0%	0.0%	0.0%	38.5%	0.0%	0.0%	0.0%	0.0%	0.0%	61.5%	100.0%
17	総計	2.6%	1.7%	1.2%	10.5%	10.4%	7.4%	1.8%	12.7%	24.4%	6.2%	3.2%	6.2%	11.8%	100.0%

図7

第4章

PowerPoint2016 による
知のプレゼンテーションスキル

4.1 PowerPoint2016 の基本画面

4.2 スライドデザインとレイアウトの選択

4.3 文字の入力と図形の作成

4.4 図やサウンド，ビデオを挿入する

4.5 表とグラフの作成

4.6 効果的なプレゼンテーション
    ──アニメーション効果と画面切り替え

4.7 スライドの編集とプレゼンテーションの実行

4.8 プレゼンテーション資料の作成

4.1 PowerPoint2016 の基本画面

4.1.1 PowerPoint 活用の狙い

　Word の活用が主に文章作成を目的としているのに対し，PowerPoint は以下のような活用に適している。

- プレゼンテーション
- 思考の整理や視覚的な表現
- 図表の作成ツール
- カタログ・パンフレットの作成ツール

　そのため，Word では文書で詳細な説明を行うが，PowerPoint では箇条書きなどを用いて論点を簡潔に整理し，読み手や聴き手の理解を促すような文書作成能力が求められる。

4.1.2 PowerPoint2016 の起動と操作画面

　[スタート] ボタンをクリックして PowerPoint2016 を起動すると，[お勧めのテンプレート] が並んだ初期画面が表示されるので，ここでは [新しいプレゼンテーション] をクリックする。
　すると図 4.1.1 のような PowerPoint2016 の基本操作画面が表示される。

・プレゼンテーション
企業の事業計画，顧客への説明，論文の発表などさまざまな場面がある。

・思考の整理や視覚的な表現
自分の考えを整理して，論点の明確化や，論旨を順序だて，それを視覚的に表現するような場合に活用。

・図表の作成ツール
写真や動画像の編集，図形，グラフを作成し，PowerPoint のみならず Word や Excel などに貼り付けることができる。

・カタログ・パンフレットの作成ツール
PowerPoint の持つフリーフォーマット性，写真やグラフの貼り付け，文字の貼り付け機能などを用いた作成が有効である。

・PowerPoint の起動
[スタート]→[すべてのアプリ]→[PowerPoint2016] をクリックする。

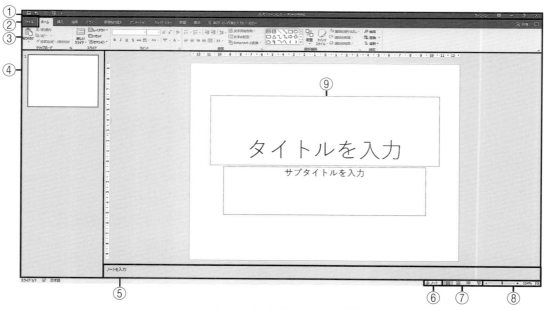

図 4.1.1　PowerPoint2016 の基本操作画面

4.1 PowerPoint2016の基本画面 | **225**

基本操作画面の各部の名称は, 以下のとおりである。

 ① タイトルバー   ② ファイルタブ

 ③ リボン(上部はメニューバー, 下部はツールバー)

 ④ スライドのサムネイル   ⑤ ノートペイン

 ⑥ ノートペインとコメントの表示 ⑦ 表示モードの切り替えボタン

 ⑧ ズームとズームスライダー   ⑨ プレースホルダ

課題1

PowerPoint2016の操作画面で, 上記のそれぞれのアイコンをクリックしてみよう。そして, 以下の①〜⑨の事柄を確認しよう。

<操作方法>

① [タイトルバー]には, 現在開いているファイル名が表示される。

② [リボン]には, [ホーム], [挿入], [デザイン], [画面切り替え], [アニメーション]などのタブが用意されている。

③ [ファイル]タブには, ファイルの[上書き保存], [名前を付けて保存], [開く], [閉じる]および, [新規], [印刷], [共有], [エクスポート]などに関するメニューがある。

④ [スライドのサムネイル]は, スライドの縮小イメージを表示しており, 縮小イメージのスライドをクリックすると, そのスライドを表示することができる。

⑤ [ノートペイン]には, スライドに関する説明などを記入する。

⑥ [ノートペインとコメントの表示]は, 作成したスライドに関する説明を記す[ノートを入力]作業ウィンドウを, 編集画面の下段に表示する。[コメント]は, プレゼンテーション時や共同編集の時に他のユーザーからのコメントを集める[コメント]作業ウィンドウを, 編集画面右側に表示する。

⑦ [表示モードの切り替え]では, [標準], [スライド一覧], [閲覧表示], [スライドショー]の選択ができる。

⑧ [ズームスライダー]のスライドバーでは, 編集画面の表示倍率を変更する。

⑨ [プレースホルダ]にはスライドの中に文字や画像を入れることができる。

・タイトルバー
デフォルト(初期状態)では, プレゼンテーション1というファイル名になっている。

・[ファイル]タブ
名前を付けて保存, 上書き保存, 印刷などOfficeに共通の基本機能が用意されている。

・リボン
上段がメニューバーで[ファイル], 「ホーム」, 「挿入」, 「デザイン」などのメニューのタブが用意されている。**下段はツールバー**で, 選択されたメニューに対応した編集ツールが用意されている。

・スライドのサムネイル
スライドのサムネイルでは「編集画面」に表示される画面イメージ縮小版(サムネイル)が表示される。

・名前を付けて保存とタイトルバー
ファイルを保存するときに使用するファイル名を入力して保存すれば, タイトルバーに, 保存したときの名前が表示される。

・名前を付けて保存
ファイルを閉じるとき, 新しいファイルの場合は, [名前を付けて保存]のダイアログボックスが表示される。ここで, ファイルの名前とファイルの保存先を指定する。[名前を付けて保存]は, 編集中でも[ファイル]タブをクリックすると, 上から5番目のメニューに表示される。

・上書き保存
既にファイル名が登録済みのファイルを編集し, 改めてファイルを閉じる場合, 変更内容の[保存]か[保存しない]を確認するダイアログボックスが表示される。
ファイルを更新する場合は, [保存]を選択する。
上書き保存は, 編集中でも[ファイル]タブをクリックすると, 4番目のメニューに表示される。
操作の誤りやシステムトラブルを避けるため, 頻繁に[上書き保存]を実行したほうが良い。

第4章

4.2 スライドデザインとレイアウトの選択

それでは，実際にスライドを作成しよう。まず初めに，スライドにデザインとレイアウトを設定する方法を学ぼう。

4.2.1 スライドデザインの選択

Office 2016 では，スライドの背景設定に，テーマと呼ばれるさまざまなデザインが用意されている。テーマは背景のデザインにあわせて，文字の配置や書式も変更する。テーマは，[デザイン]タブのみではなく，Web 上のOffice.com (https://templates.office.com/ja-jp) にも用意されており，それらのテーマのダウンロードも可能である。また，独自のデザインを作成することもできる。

- 新規作成からスライドデザインを選択

現在開いているファイルとは別に，新たに別のファイルを作成する場合，[ファイル]タブ→[新規作成]を選択すると，右側に「使用可能なテンプレートとテーマ」が表示される。

- Office.com

Office.com はスライドのデザイン，オンライン用テンプレートとテーマ，などを提供する Microsoft 社のサイトである。
このサイトはしばしば，ページ構成や情報のダウンロード方法などを変更するため，利用にあたってサイトの利用方法を理解しておくとよい。
・「Office.com」に用意されたテンプレートやテーマを選択し，表示された[ダウンロード]ボタンをクリックすると，編集中のスライドファイルに登録される。

課題 1

[デザイン]タブに用意されているテーマを選んで，スライドに配色や，フォント，背景を設定しよう。

<操作方法>

① リボンの[デザイン]タブをクリック。さらに[テーマ]グループの ▼ ボタンをクリック。すると，図 4.2.1 のような，テーマの一覧が表示される。

図 4.2.1　[デザイン]タブからのスライドデザインの選択

② ここではテーマ一覧から「ファセット」を選び，クリックする。
　選択したテーマの「ファセット」が，編集中のスライドに適用される。

③ [デザイン]タブ→[バリエーション]グループ→[配色]でテーマの配色を選択する。ここでは「オレンジ」を選択する（図 4.2.2）。

- ②特定のスライドだけにテーマを適用するには

テーマを選択すると，自動的にすべてのスライドに，同じテーマが適用される。特定のスライドだけにそのテーマを適用するには，テーマを右クリックし，[選択したスライドに適用]を選択する。

図 4.2.2 「配色」の選択

④ 同様に，[フォント]で文字のスタイルを選択する。ここでは「MSP ゴシック」を選択する。
⑤ 同様に，[背景のスタイル]で「スタイル1」を選択する。すると，選んだテーマがスライドに適用される。

課題2

[新規]からのテーマ選択
テーマは，新規作成時には[ファイル]タブからテーマを選択することができる。[新規]から，デザインのテーマを選択してみよう。

<操作方法>
① [ファイル]タブ→[新規]をクリックすると，図 4.2.3 のような使用可能なテンプレートのテーマ一覧が表示される。
② テーマ一覧の中で「スライス」をクリックし，表示された画面上で，緑の背景のスライドを選択し，「作成」ボタンをクリックする。

・オンラインテンプレートとテーマの検索
表示された画面は[ホーム]と呼ばれるあらかじめパソコンに用意されたテーマ一覧である。それ以外のテーマを探す場合には，上部の[オンラインテンプレートとテーマ検索]ボックスにキーワードを入力して🔍をクリックすれば，パソコン内のテーマに加えて，マイクロソフト社が提供するインターネット上の[オンラインテンプレート]から，そのキーワードに沿ったテーマを表示させることができる。その下の[検索の候補]では，[プレゼンテーション][ビジネス][オリエンテーション]などのカテゴリー別の検索を行なうことができる。

図 4.2.3　新規作成からのスライドデザインの選択（テーマ一覧）

> **課題 3**
>
> オンラインテンプレートからのテーマ選択
> スライドのデザインは，マイクロソフトが提供するオンラインテンプレートにも掲載されている。[検索の候補]からデザインを選択しスライドに適用してみよう。

・②③オンラインテンプレートの検索
オンラインでテンプレートの検索を行う場合は，[オンラインでテンプレートを検索]ボックスにキーワードを入力して🔍ボタンをクリックする。②や③の場合では，例えば「自然」と入力すると「スライド（自然）」が表示される。

・③の操作後に
タイトルに「オンラインテンプレート」，サブタイトルに「テーマのダウンロード」と入力するとよい。

・④ダウンロードしたテーマデザイン
ダウンロードしたテーマデザインは，編集中のスライドだけではなく，[お勧めのテンプレートフォルダ]や[ユーザー設定]の中に登録されるので，その後はダウンロードをしなくとも簡単に利用できる。

・[お勧めのテンプレート]や[ユーザー設定]は，[ファイル]タブ→[新規]の中にある。

＜操作方法＞
① 課題 2 と同様に[ファイル]タブ→[新規]を選択する。
② [検索の候補]から[自然]をクリック。または，[オンラインテンプレートとテーマの検索]入力ボックスに[自然]と入力する。
③ 表示されたテーマ一覧の中から[スライド（自然）]を選択し，[作成]ボタンを押す（図 4.2.4）。すると，編集中のスライドに選択したデザインが適用される（脚注図）。

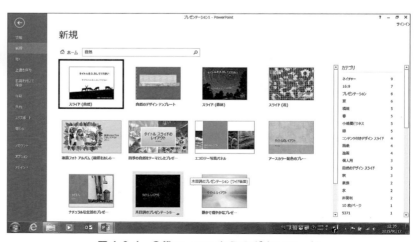

図 4.2.4　Office.com からのダウンロード

④ ダウンロード後は[お勧めのテンプレート]に保存されているか確認する。

4.2.2 レイアウトの設定

［ホーム］タブ→［スライド］グループ→［レイアウト］ボタンをクリックすると，図4.2.5のような，さまざまなレイアウトが表示される。これらのレイアウトを適用して，見栄えの良いスライドを作成してみよう。

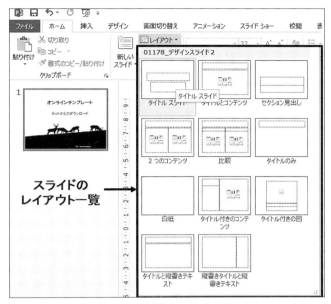

図4.2.5　スライドのOfficeテーマ

課題4

新しいスライドを挿入して，「タイトルとコンテンツ」というレイアウトを設定しよう。

<操作方法>
① ［ホーム］タブ→［新しいスライド］ボタンをクリック。すると，新しいスライドが挿入される。
② ［ホーム］タブ→［レイアウト］ボタンをクリック。
③ 表示された［レイアウトメニュー］の中の［タイトルとコンテンツ］を選択すると，編集中のスライドに，選択したレイアウトが設定される。

■ 練習 ■

1. 「白紙」というレイアウトを適用してみよう。
2. 「タイトルのみ」というレイアウトを適用してみよう。
3. 「2つのコンテンツ」というレイアウトを適用し，さらに［デザイン］タブ→「バリエーション」の右下の ▼ から「フォント」→「Office MSP ゴシック」を選択し，任意の文章を入力してみよう。

・レイアウトの変更
レイアウトは，設定後も変更することができる。

■スライドマスター
スライドマスターの機能を利用して，PowerPointやOffice.comに用意されているレイアウトやデザイン以外にも，自分で作成したオリジナルのレイアウトやデザインを利用することができる。

・スライドマスターによるデザイン
スライドマスターは，［表示］タブ→［マスター表示］グループ→［スライドマスター］を選択すると，編集画面が表示される。

・スライドレイアウトの編集
［ホーム］タブ→［スライド］グループ→［レイアウト］のofficeテーマに表示されるようなレイアウト書式が，スライドマスターを用いる事でPowerPointの「新規作成」文書の中でもデザインできる。スライドレイアウトの編集では，テキストボックスの段落構成，書体，行頭文字などの設定が可能である。
さらに，背景に描画や写真などを貼り付けた，独自のデザインの適用も可能である。

・スライドマスターの終了
スライドマスターの終了は，［スライドマスターの表示を閉じる］ボタンを押すことで終了する。

・練習1
白紙は何もコンテンツがない状態で，テキストの挿入や，イラストの挿入などが，自由に行える編集画面である。

・練習2
タイトルのみも，「白紙」と同じにテキストや，イラストなどを自由に挿入できるが，タイトルがあらかじめ用意されている。

4.3 文字の入力と図形の作成

4.3.1 文字の入力

課題1

最初にタイトルとサブタイトルを入力しよう。

・効果的なプレゼンテーション資料を作成するためには
Word文書の目的が、一人ひとりの読者を対象に、詳細な情報を正確に伝えることであるのに対して、PowerPointでは複数の視聴者を対象に、要点を簡潔にまとめて伝えるようなプレゼンテーション用の資料作成にその狙いがある。従って、PowerPointでは文字の見やすさはもちろん、文書整理や箇条書き、図表を用いた表現など、視聴者のイマジネーションを刺激して、論旨を簡潔に伝える工夫が必要である。

・内容全体の構成は
ストーリー全体の構成は、アウトライン機能を用いると考えやすい。

＜操作方法＞
① PowerPoint2016を起動し、[タイトルを入力]と書かれたプレースホルダ内で一度クリックし、文字入力が可能な状態にする。
② プレースホルダに「日本の観光資源」と入力する。
③ サブタイトルには、「自然遺産と文化的資源」、「学生番号」、「名前」を入力する。

図4.3.1　PowerPoint2016のタイトル画面

④ [挿入]タブ→[テキストボックス]ボタンをクリック。編集画面の左上にドラッグして、テキストボックスを挿入し、「卒業論文」と入力する（図4.3.1）。

■文字の編集
テキストボックスに入力した文字は、さまざまなスタイルに変更することができる。

・文字の編集
文字の編集の仕方は、Wordと同じである。

課題2

課題1で入力した文字に、スタイルを適用しよう。

<操作方法>
① [タイトルを入力]プレースホルダまたは，[テキストボックス]の中の文字をハイライト(範囲指定)する。
② [ホーム]タブ→[フォント]グループの中のさまざまなボタンをクリックして，フォントスタイルを設定してみよう。

■ 練習 ■

課題2で，[フォント]グループの中の文字の種類，文字の大きさ，文字色など，いろいろ試みて，文字の書式を変えてみよう。

4.3.2　箇条書きと段落番号

PowerPoint2016では，Word2016と同様，各項目に行頭文字を付けることができる。箇条書きや段落番号を付け，インデントをとって階層構造で表示すると，各項目の関連性が一層わかりやすくなる。

・インデント
字下げとも呼ばれ，文頭に空白を挿入して右にずらすこと。

(1) 箇条書き　行頭文字の挿入

課題3

各項目に行頭文字を付け，図4.3.2のような箇条書きのスライドを作成しよう。

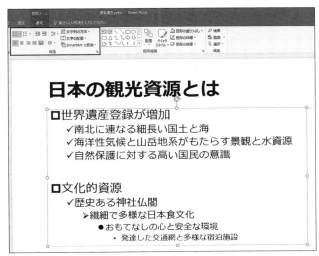

図4.3.2　文字入力と箇条書きの設定

<操作方法>
① 新規スライドを挿入し，レイアウトを[タイトルとコンテンツ]とする。
② [タイトルを入力]プレースホルダ内に，「日本の観光資源とは」と入力する。

・①の操作
新規スライドの挿入
[ホーム]タブ→[スライド]グループ→[新しいスライド]を選択し，スライドを挿入する。

- スライドレイアウトの設定
[スライド]グループ→[レイアウト]→[タイトルとコンテンツ]を選択。

③ [テキストを入力]プレースホルダに，図4.3.3のように各項目を入力する。

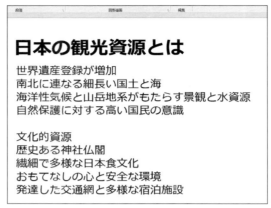

図4.3.3　項目の挿入

- ④のヒント：複数の範囲を選択するには
1行目と5行目をハイライトさせるには，まず，1行目（世界遺産登録が増加）を選択し，[Ctrl]キーを押しながら，5行目（文化的資源）を選択する。

④ ③で入力した各項目の1行目と5行目をマウスで選択し，[ホーム]タブ→[箇条書き]→[四角の行頭文字]を選択し，2つの行頭に□を挿入する（図4.3.4）。

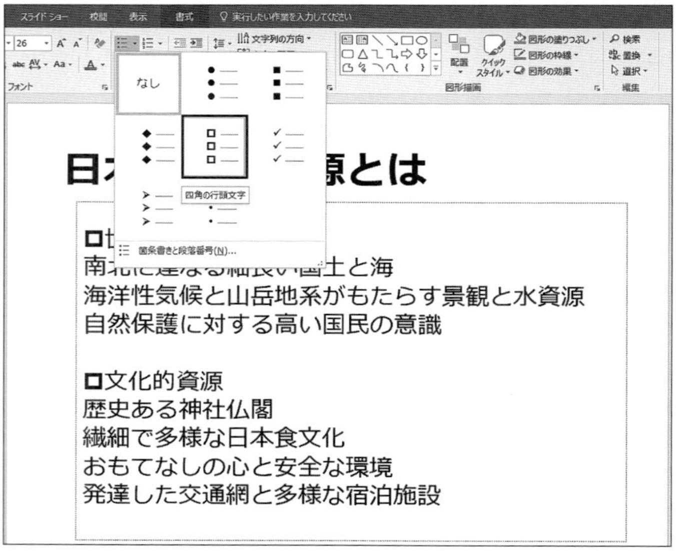

図4.3.4　□の行頭文字の挿入

⑤ 項目の2～4行目をマウスで選択し，[ホーム]タブ→[箇条書き]→[チェックマークの行頭文字]をクリックする。

⑥ ⑤と同様に，項目の2～4行目をマウスで選択し，[インデントを増やす]ボタン をクリックする（図4.3.5）。

- インデントの設定
段落を用いて箇条書きなどの文書を階層的に設定する

4.3 文字の入力と図形の作成 | 233

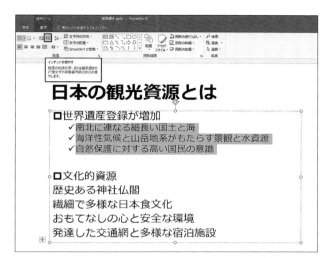

図 4.3.5　インデントとチェックマークの挿入

・⑥の操作後に
図の 4.3.5 のように 2 ～ 3 行目の項目が右にずれて，文字の大きさも小さくなることを確認する。

・ルーラーによる段落の調整
段落の調整は，ルーラーを用いてもできる。段落ごとに上端のルーラーの下段のマーカーを，それぞれ右に 0.5 程度移動し，行頭文字との間隔の調整を行う。

・ルーラーの表示
[表示]タブ→[表示]グループのルーラーにチェック☑を入れると編集画面上にルーラーが表示される。

■ 練習 ■

上記，図 4.3.5 のスライドの「文化的資源」という段落について，行頭文字とインデントの設定を行って，図 4.3.2 のようなスライドを作成しなさい。

・練習のヒント
たとえば「歴史ある神社仏閣」の行では，以下のような操作を行う。
①この行をマウスで選択し，[ホーム]タブ→[箇条書き]→[チェックマークの行頭文字]をクリック。
②さらに，[ホーム]タブ→[インデントを増やす]ボタン を 2 回クリックする。または[Tab]キーを 2 回押してもよい。
他の行についても同様に行う。

(2) 段落番号の挿入

課題 4

各項目に段落番号を振って，図 4.3.6 のようなスライドを作成しよう。

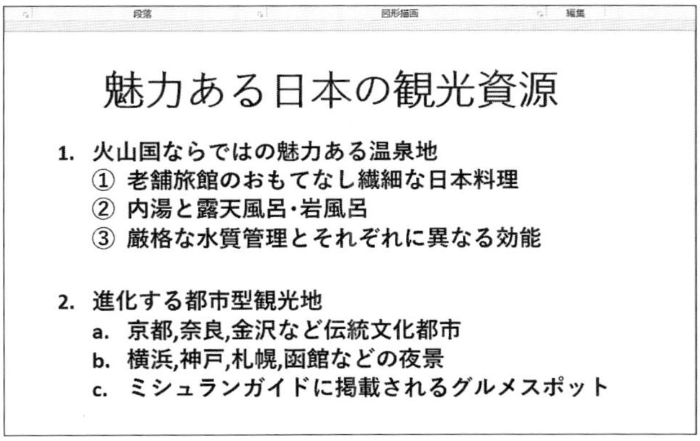

図 4.3.6　段落番号の挿入

<操作方法>
① 新規スライドを挿入し，レイアウトを[タイトルとコンテンツ]とする。
② 課題 3 と同様に，図 4.3.6 を参考にして，[タイトルを入力]と[テキストを入力]プレースホルダに，各項目をベタ打ちで入力する。

・①の操作
新規スライドの挿入
[ホーム]タブ→[スライド]グループ→[新しいスライド]を選択し，スライドを挿入する。

スライドレイアウトの設定
[スライド] グループ→[レイアウト]→[タイトルとコンテンツ]を選択。

③ すべての行をマウスで選択し、[ホーム]タブ→[段落番号]ボタンの右の▼をクリックする(図4.3.7)。

④ 表示されたプルダウンメニューから「1．2．3．」という段落番号をクリックする。すると、各行頭に1〜8の段落番号が挿入される(図4.3.7)。

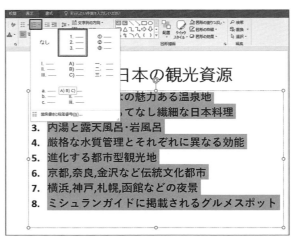

図4.3.7　段落番号の挿入

⑤ 2〜4行を選択し、[ホーム]タブ→[インデントを増やす]ボタン をクリックする(図4.3.8)。

・**インデントを増やす**
[レベル下げ]とも言う。文頭を右にずらすこと。

・**インデントを減らす**
[レベル上げ]とも言う。文頭を左にずらすこと。

・⑤の操作の後に
行頭番号が2．3．4．から1．2．3．に変化することに留意する(図4.3.8)。
さらにインデントが設定されて、2〜4行目の項目が、右にずれて文字の大きさも小さくなることを確認する。

・この操作は、[Tab]キーを用いて行うこともできる。

・**[Tab]キーによる段落のレベル上げとレベル下げ**
レベルを下げたい時は、該当段落を選択し、[Tab]キーを押す。
レベルを上げたい時は[Shift]キーを押しながら[Tab]キーを押す。

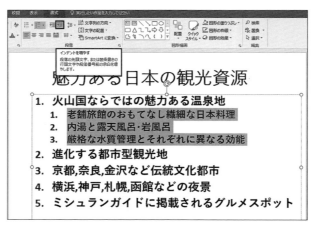

図4.3.8　段落番号の挿入とインデントのレベル上げ

⑥ さらに、2〜4行を選択し、[段落番号]ボタンの▼をクリックして、「①, ②, ③」という段落番号を選択する(図4.3.9)。

・⑥の操作の後に
図4.3.6のような項目の並びになることを確認する。

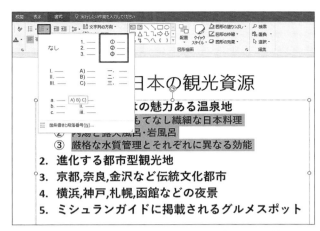

図 4.3.9　段落番号の挿入とインデントの調整

■ 練習 ■

図 4.3.9 のスライドで,「進化する都市型観光地」の段落に対して, 図 4.3.6 と同様に段落番号を設定しなさい。

■項目のレベル上げとレベル下げ

レベルとは箇条書きの階層段階のことである。項目のレベル上げやレベル下げを行うと, 内容一覧を構造的に取り扱うことができ, 思考の整理や説明をわかりやすくすることができる。

課題 5

課題 4 で用いた項目のうち, 一つの項目のレベルを下げ, ⅰ, ⅱ, ⅲ という段落番号を設定してみよう。

＜操作方法＞

① 課題 4 で行った図 4.3.9 の, たとえば,「ミシュランガイドに掲載されるグルメスポット」の行を選択する。
② [Tab]キーを 1 回押す。
③ さらにその行に, [ホーム]タブ→[段落番号]ボタンをクリックし,「ⅰ, ⅱ, ⅲ」という段落番号を設定する。

■ 練習 ■

1. [Tab]キーを押してレベル下げを何回か行うと, どのように項目が表示されるか, 確認しよう。
2. 同様に, [Shift]キーを押しながら[Tab]キーを押して, レベル上げをしてみよう。

・練習のヒント
6〜8 行目の項目に対して, 以下のような操作を行う。
①6〜8 行目をマウスで選択。
②[ホーム]タブ→[段落]グループ→[インデントを増やす]アイコンをクリック。
③さらに, 6〜8 行目を選択し, [段落]グループ→[段落番号]の▼をクリック→[a.b.c]という段落番号をクリックする。

・③完成図

魅力ある日本の観光資源
1. 火山国ならではの魅力ある温泉地
　① 老舗旅館のおもてなし繊細な日本料理
　② 内湯と露天風呂・岩風呂
　③ 厳格な水質管理とそれぞれに異なる効能
2. 進化する都市型観光地
　a. 京都,奈良,金沢など伝統文化都市
　b. 横浜,神戸,札幌,函館などの夜景
　　　ⅰ. ミシュランガイドに掲載されるグルメスポット

・[Tab]キーによる段落のレベル上げとレベル下げ
レベルを下げたい時は, 該当段落を選択し, [Tab]キーを押す。
レベルを上げたい時は[Shift]キーを押しながら[Tab]キーを押す。

■段落の一括設定

段落の設定を一括して行うためには，[ホーム]タブ→[段落]グループの右下の をクリックする。表示されたダイアログボックス（図4.3.10）上で，段落に関するさまざまな設定を行うことができる。

・項目の配置の調整
左揃え，中央揃え，右揃えをクリックすると，行の揃え方を設定できる。
両端揃えは，左右の余白に合わせて文字列を配置する。
均等割り付けは，段落全体の幅を，を左右の余白に揃えて，文字を均等に配置する。

・行間の幅の指定
間隔グループの行間ボタンをクリックすると，行間の幅を設定する数値が表示される。ここで，任意の数値を入力すると，行間の幅を変更することができる。

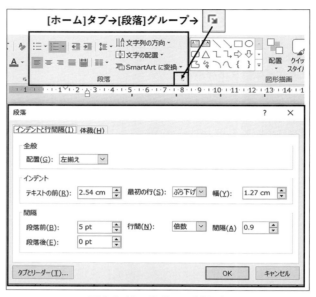

図4.3.10　段落の一括設定

4.3.3　文字の装飾と図形の作成

PowerPoint2016で，文字を装飾するにはワードアートを利用する。また，図形を描くには，主に図形描画ツールを用い，図表を作成するにはSmartArtグラフィックを利用する。ここでは，特にPowerPointで資料を作成する際によく用いられる機能について触れておく。

(1) 文字の装飾　ワードアートの利用

ワードアートを利用すると，色，デザイン，形状など装飾された文字を描くことができる。ポスターやカタログの制作などには欠かせない。

> **課題6**
>
> PowerPoint2016と書き，ワードアートを用いて変形してみよう（図4.3.11）。

4.3 文字の入力と図形の作成 | 237

図4.3.11　ワードアートの挿入

<操作方法>
① リボンの[挿入]タブ→[ワードアート]ボタン(図4.3.11)をクリック。
② 表示されたダイアログボックスのうち,候補となる字体をクリック。
③ 編集中のスライド上に,「ここに文字を入力」というテキストボックスが表示されるので,「PowerPoint2016」と入力する。
④ 入力した文字をクリックした後,[描画ツール]→[ワードアートのスタイル]グループ→[文字の効果]ボタンをクリック(図4.3.12)。
⑤ 表示されたプルダウンメニューから,[変形]を選択。
⑥ 表示されたプルダウンメニューから好きな形(ここでは[上アーチ])をクリックすると,編集中の文字にそのスタイルが適用される。

・④入力した文字をクリックするとリボンに[描画ツール]が表示される。

・⑥さらに,テキストボックスを任意のサイズに調整する。

⑥スタイルが適用されたら
スタイルが適用された後,スライド上で,さらに変形したり,拡大・縮小・回転・移動等の編集ができる。

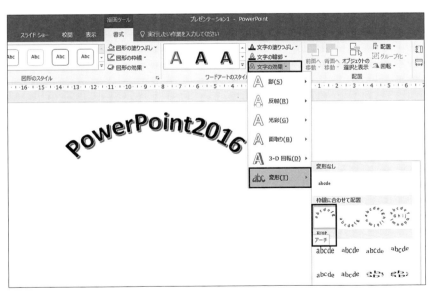

図4.3.12　ワードアートの変形

■ 練習 ■

1. ワードアートを用いて自分の名前を描いてみよう。

2．描いた自分の名前のサイズ変更や，回転をしてみよう。
3．[文字の効果]を用いて，光彩設定，3Ｄ回転設定，変形設定を行おう。

(2) 図形の作成と編集

図形描画ツールを使うと，簡単に図形を描くことができる。図形描画ツールは，[ホーム]タブ→[図形描画]グループに用意されている（図4.3.13）。

・**図形の挿入**
図形の挿入は[ホーム]→[図形描画]グループ→[図形]ボタンをクリックする（下図）。

図4.3.13

・**図形の中への文字の挿入**は，図形をクリックしてそのまま入力すれば，文字入力は可能である。うまくいかないときは，図形を右クリックして[テキストの編集]を選択すると，文字入力が可能になる。

課題7

図形描画ツールを使って，図4.3.14の手順に従って，⑥のような木を描こう。

・**[クイックスタイル]の適用**
図形に[クイックスタイル]を適用すると見栄えの良い図形を描くことができる。[クイックスタイル]（図4.3.13）では，[テーマスタイル]や[標準スタイル]として，さまざまなデザインが用意されている。

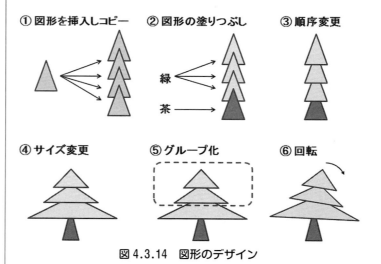

図4.3.14　図形のデザイン

＜操作方法＞

① **図形の挿入**：リボンの[挿入]タブ→[図]グループ→[図形]ボタンをクリック。図4.3.14①のような△ボタンを選択し，編集中のスライドにドラッグして適当な大きさに描く。

② **図形のコピー**：①で描いた△マークをコピーし，△を図4.3.14①図のように4つ貼り付ける。

③ **図形の塗りつぶし**：描いた図形の上をクリックし，「描画ツール」→「書式」タブ→「図形のスタイル」グループ→「図形塗りつぶし」ボタンをクリック。

図 4.3.14 ②図のように，4つの△の上部3つは緑（枝葉の部分）に，下の1つは茶色（幹の部分）に塗りつぶす。

④ **図形の配置順序の変更**：③と同様にして，[配置]グループ→[前面へ移動]又は[背面へ移動]をクリックして，各図形の表示順序を，図 4.3.14 ③図のように配置する。

⑤ **図形のサイズ変更**：次に，各三角形をマウスでクリックし，図 4.3.14 ④図のようにサイズの変更を行う。

⑥ **図形のグループ化**：図 4.3.14 ⑤図のように，上の2つの三角形をマウスで選択し，[グループ化]ボタン→[グループ化(G)]をクリックする。

⑦ **図形の回転**：最後に，風で木がしなる様子を表現する。まず，グループ化した2つの△をクリックする。→上端に表示される ⚬ をドラッグし，選択されたオブジェクトを右に少し回転させる。

(3) 図表の作成　SmartArt グラフィックの利用

SmartArt グラフィックを利用すると，図表をより視覚的に表現することができる。SmartArt は，[挿入]タブ→[図]グループ→[SmartArt]ボタンをクリックするとさまざまなメニューが用意されている。

課題 8
SmartArt を用いて，図 4.3.15 のような図表を作成しよう。

図 4.3.15　SmartArt グラフィックの利用

<操作方法>
① 新しいスライドを挿入する。レイアウトを，「タイトルとコンテンツ」とする。
② [挿入]タブ→[図]グループ→[SmartArt]ボタンをクリック。すると，図 4.3.16 のような[SmartArt グラフィックの選択]ダイアログボックスが

・**図形（オブジェクト）の配置順序**
④「オブジェクトの配置順序」では，図形同士が重なり合ったときに，オブジェクトを前面に出したり，背面に移したりするなど，各オブジェクトの重なり具合を設定する。操作方法としては，④のように，対象となる図形を選択し，[ホーム]→[配置]→[前面へ移動]または[背面へ移動]などをクリックする。または，対象となる図形の上で右クリックしても良い。

⑥「**オブジェクトのグループ化**」は，複数の図形やテキストなどを1つのオブジェクトとしてまとめることである。拡大，縮小，移動，回転などの操作を行うときに使用する。

・**グループの解除**
[グループ化]と同じ位置にある[グループ解除]を選択すると，グループ化されたオブジェクトは解除される。

・**SmartArt グラフィック**
「SmartArt グラフィックの選択」ダイアログボックスは，グラフィックを用途別に整理したメニューである。
各メニューの中は「グラフィックを表示するリスト」と「選択のためのスクロールバー」と「用途の説明」から構成されている。

・SmartArt の利用法については，第2章 2.4.3 SmartArt の利用と操作を参照のこと。

・①のタイトルには，「情報大学学部構成」と入力する。

・図形の追加

SmartArtの上をクリックすると，リボンはSmartArtのデザインツールの表示となる。

ここでは，最初に3つのテキストボックスが表示されているが，任意のテキストボックスをクリックしてから[グラフィックの作成]グループ→[図形の追加]を選択することで，新たなテキストボックスを追加できる。

この[図形の追加]の▼をクリックすると，プルダウンメニューで[前に図形を追加]もしくは[後ろに図形を追加]が表示される。これは，新たなテキストが選択したテキストの前に挿入されるか後ろに挿入されるかの選択である。

表示される。

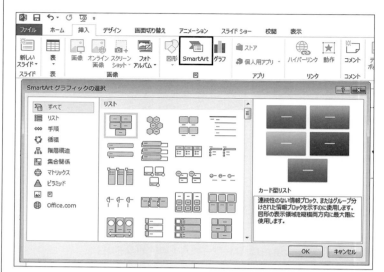

図4.3.16　SmartArtグラフィックの選択ダイアログボックス

③ ここでは，[リスト]→[縦方向プロセス]を選択し，[OK]ボタンをクリックする。図4.3.17のようなプレースホルダが表示され，リボンにはSmartArtに関するタブやボタンが表示されることを確認する（図4.3.17）。

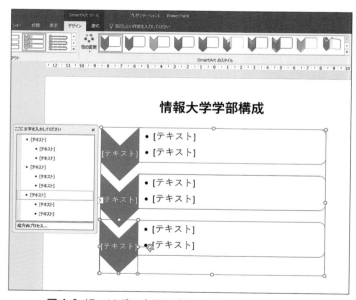

図4.3.17　リボン表示の変化と挿入されたテキスト

■項目(　　　)を追加する

④ [SmartArt ツール]→[デザイン]タブをクリックする。次に、スライド上の一番下の▽をクリックしてから、[グラフィックの作成]グループ→[図形の追加]の▼をクリック。

⑤ 表示されたメニューから、[後ろに図形を追加]を選択すると、▽が追加される。

⑥ 同様に、[行頭文字の追加]ボタンをクリック。

⑦ 図表、またはテキストウィンドウに文字を入力する。各項目の上端には学部を、下部には学科を入力する(図 4.3.15 を参照のこと)。

■各図形の項目を編集する(図 4.3.18)

⑧ 各学部や学科をクリックし、[色の変更]ボタンをクリックして好きな配色を選択。

⑨ [SmartArt のスタイル]グループの ▼ をクリックし、表示されたプルダウンメニューの[3-D]グループ→[立体グラデーション]をクリック。

図 4.3.18　項目のデザインの選択

⑩ 最後に、タイトルに、「大学　学部構成」と入力する。できれば、ワードアートを利用して文字をデザインするとよい(図 4.3.15)。

■ 練習 ■

1．上の例で、リボンの[レイアウトの変更]、[色の変更]を用いて、さまざまなスタイルを試してみよう。

2．図 4.3.16 に示した SmartArt のスタイルを変更してみよう。

3．[グラフィックスの作成]タブ→[図形の追加]ボタンをクリックし、新しい学部と学科を追加しよう。

---

④ここでは、項目

が 1 つ足りないので追加する。

・位置を指定して追加する。
指定された項目の、後ろに図形が追加される。

・⑥のヒント
同様に、追加された図形に[グラフィックの作成]グループ→[行頭文字の追加]ボタンをクリック。

・⑧[色の変更]ボタン
[SmartArt]ツール→[SmartArt のスタイル]グループ→[色の変更]ボタンをクリック(図 4.3.18)。

・ワードアートの利用
[挿入]タブ→[ワードアート]で文字をデザインする。

242 | 第4章 PowerPoint2016 による知のプレゼンテーションスキル

4.4 図やサウンド, ビデオを挿入する

4.4.1 図を挿入する

(1) ファイルから図を挿入する

課題1

サンプルピクチャにあるペンギンの写真をスライドに挿入しよう。

・[図の挿入]ダイアログボックスを表示するには
スライド編集画面の[テキストを入力]プレースホルダのメニューから[画像]をクリック。すると, 図4.4.1のような[図の挿入]ダイアログボックスが表示される。

・パソコン内の図やサウンド
同じWindowsでもOSが異なると, あらかじめ用意された図やサウンドのファイルが異なるので注意しよう。
Windows10の場合は[ピクチャー], [ビデオ], [ミュージック]に分かれ, それぞれにサンプルが用意されている。

＜操作方法＞

① 新しいスライドを作成する。

② [挿入]タブ→[画像]グループ→[画像]ボタンをクリック。すると, [図の挿入]ダイアログボックスが表示される(図4.4.1)。

③ 表示されたダイアログボックスの, [ライブラリ]→[ピクチャ]→[サンプルピクチャ]をクリック(図4.4.1)。

図4.4.1 図の挿入ダイアログボックス

④ 表示された図の中から「ペンギン」をクリック。[挿入]ボタンをクリック

する。すると，編集中のスライドにペンギンの写真が挿入される（図4.4.2）。

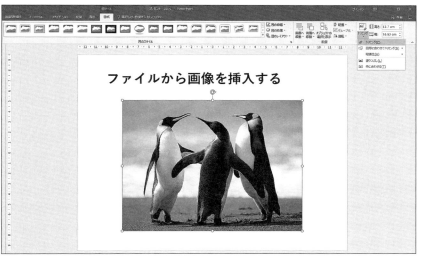

図4.4.2 スライドに挿入されたペンギンの図

⑤ 挿入された図は，マウスで枠をドラッグして拡大・縮小したり，移動したり，回転させることができる。いろいろと試してみよう。
⑥ [図形]ツール→[書式]タブをクリックすると，図を編集するためのさまざまなツールが表示される（図4.4.2）。ここで，[トリミング]ボタン→[トリミング]をクリックして，トリミングをしてみよう（脚注図）。

■ 練習 ■

1. 上記課題1で，挿入したペンギンの図を，回転，縮小してみよう。さらに，アート効果をかけてみよう。
2. デジカメや携帯電話の写真を取り込んで，PowerPointのスライドに挿入してみよう。

(2) オンライン画像から図を挿入する

課題2
編集中のスライドに，オンライン画像からコンピュータの図を挿入してみよう。

＜操作方法＞
① 新しいスライドを作成する。
② [挿入]タブ→[画像]グループ→[オンライン画像]ボタンをクリック。すると，[画像の挿入]ダイアログボックスが表示される（図4.4.3）。

・⑤画像の編集
スライドに挿入した画像をクリックすると，⎯◻⎯や⎯◯などのマークと輪郭が表示される。⎯◻⎯や⎯◯の部分にマウスカーソルを合わせ，ドラッグすると，拡大や縮小ができる。⎯◻⎯では，縦方向や横方向のみの拡大や縮小が可能である。
また上端の緑の◯の上にマウスカードカーソルを合わせれば，回転の矢印⟲が表示されるので，ドラッグすると，任意の回転ができる。

・⑥トリミング
[トリミング]ボタンの▼（図4.4.2）をクリック→表示されたメニューから[図形に合わせてトリミング(S)]→表示されたメニューの基本図形から「雲」を選択。すると，挿入された図が雲形に切り取られる（下図）。

・練習1のヒント アート効果
画像をクリック→[図]ツール→[書式]タブ→[調整]グループ→[アート効果]ボタンをクリック。ここに，さまざまなアート効果が用意されている。

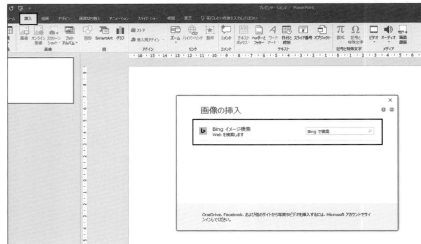

図4.4.3 オンライン画像を挿入する

・③④画像の挿入

・④複数のコンテンツを挿入したい場合は[Ctrl]キーを押しながらコンテンツを選択する。

③ [画像の挿入]ダイアログボックスで, [Bing イメージ検索]ボックスにキーワードを[コンピュータ]と入力し, [検索]ボタンをクリックする(脚注図)。

④ 表示された, コンピュータに関する図の一覧から, 好みの図をクリックし, [挿入]を選択する。もしくはダブルクリックする(脚注図)。

4.4.2　サウンドを挿入する

課題3

編集中のスライドに, サウンドを挿入してみよう。

・その他のサウンドの挿入
[マイドキュメント]フォルダの中の[マイミュージック]フォルダや, Windows[サンプルミュージック]フォルダなどから, 挿入するサウンドファイルを選択する。

・オンラインオーディオからサウンドを挿入するには
サウンドの挿入は, オンラインオーディオからもできる。
①[挿入]タブ→[メディア]グループの「オーディオ」ボタンの▼をクリックし, [オンラインオーディオ]を選択する。
②表示された[オーディオの挿入]ダイアログボックス上で, [オーディオの挿入]ボックス欄にキーワード(ここでは[ジャズ])を入力し, 検索ボタンを押す。
③表示された候補の中から[ジャズ]を選択し, [挿入]ボタンをクリックすると, 編集中のスライドにスピーカーマークが挿入される。

図4.4.4 挿入されたサウンド

＜操作方法＞

① 新しいスライドを挿入する。

② [挿入]タブ→[メディア]グループ→[オーディオ]ボタンの▼をクリック。

③ 表示されたプルダウンメニューから, [このコンピューター上のオーディオ(P)]をクリック(図4.4.5)。

4.4 図やサウンド,ビデオを挿入する 245

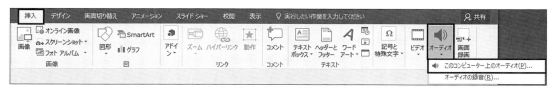

図4.4.5 サウンドファイルの挿入

④ 表示された[オーディオの挿入]ダイアログボックスの左端で[ライブラリ]→[ミュージック]をクリック。さらに[サンプルミュージック]をダブルクリック。目的のサウンドファイルをクリックする(図4.4.6)。

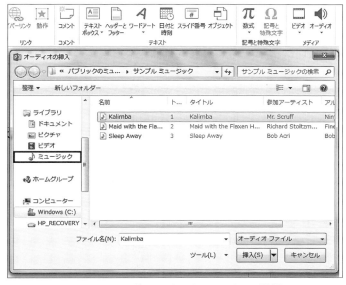

図4.4.6 目的のサウンドファイルの選択

⑤ 編集中のスライドに,スピーカーの形をした[サウンド]アイコンが挿入される(図4.4.4)。
⑥ 表示された再生ボタン(▶)を押すと,サウンドを聞くことができる。
⑦ [サウンド]アイコンをクリックして,[オーディオツール]→[再生]タブをクリックすると,サウンド編集に関するさまざまなボタンが用意されている(図4.4.4)。ここでは[オーディオのオプション]グループの[音量]ボタンで,音量を調節してみよう。

■ 練習 ■

上記の課題⑦で,再生タブをクリックし,サウンド開始のタイミングや,トリミング,フェードインなど,さまざまな効果をかけてみよう。

・再生
再生は[スライドショー]でも可能で直接[スピーカー]マークをクリックすると再生される。

・PowerPointで利用できる主なサウンド形式
PowerPointで利用できる主なサウンド形式はwavファイル,midiファイル,mp3ファイルである。

・⑦音量の調節
[サウンド]アイコンをクリックし,[オーディオ]ツール→[再生]タブ→[オーディオのオプション]グループ→[音量]ボタンをクリック。又は,[サウンド]アイコン

の下に表示されている🔊をクリック。

・[オーディオツール]には,[書式]タブと[再生]タブがあり,それぞれオーディオに関する編集と詳細な設定を行うことができる。

第4章 PowerPoint2016 による知のプレゼンテーションスキル

・PowerPoint で利用できる主な動画ファイルの形式

PowerPoint で利用できる主な動画ファイルは、Windows メディアファイル(.asf/.wmv)、Windows ビデオファイル(.avi)、フラッシュビデオファイル(.asf)、ムービーファイル(.mpg/.mpeg)である。

4.4.3 ビデオファイルを挿入する

ここでは、編集中のスライドにビデオファイルを挿入してみよう。

課題 4

ビデオファイルを挿入してみよう。

・[YouTube]からビデオの挿入

[YouTube]からビデオを挿入するには、以下のように行う。

① [挿入]タブ→[ビデオ]ボタン→[オンラインビデオ]をクリックする。

② 表示された[ビデオの挿入]ダイアログボックス上で、[YouTube]のキーワード入力欄に、キーワードを入力し、🔍をクリックする。

③ YouTube の検索結果のボックスが表示されるので、好みのビデオを選択し[挿入]ボタンをクリックすると、スライドにビデオが挿入される(下図)。挿入されたビデオをダブルクリックすると、下図のように[再生]ボタンや[サウンドの調整]ボタンが、ビデオの下に表示される。

④ 課題4と同様に、表紙の画像を設定しよう(注を参照のこと)。

図 4.4.7　野生動物のビデオの挿入

＜操作方法＞

① 新しいスライドを挿入する。
② [挿入]タブ→[メディア]グループ→[ビデオ]ボタンの▼をクリック。
③ 表示されたプルダウンメニューから、[このコンピューター上のビデオ(P)]をクリック(図4.4.8)。

図 4.4.8　ビデオボタンの選択

④ 表示された[ビデオの挿入]ダイアログボックスで、[ライブラリ]→[ビデオ]をクリックすると[サンプルビデオ]フォルダが表示される(図4.4.9)。

4.4 図やサウンド, ビデオを挿入する | 247

図4.4.9　サンプルビデオの表示

⑤ [サンプルビデオ]フォルダをダブルクリック。表示されたビデオファイルの中の「野生動物」をクリックして，[挿入]ボタンをクリック。

⑥ すると，編集中のスライドに，ビデオファイルが挿入される(図4.4.8)。ビデオファイルをクリックし，[再生]ボタン(▶)をクリックすると，ビデオが再生される(図4.4.8)。

⑦ 次に**表紙の画像を設定**しよう。挿入したビデオファイルの[再生]ボタンをクリックし，[ビデオツール]→[書式]タブ→[調整]グループ→[表紙画像]をクリック。

⑧ 表示されたプルダウンメニューから，[現在の画像(U)]をクリック。すると，その画像が取り込んだビデオの表紙として挿入される。

⑨ ビデオファイルをクリックし，[ビデオツール]→[再生]タブをクリックすると，ビデオ編集に関するさまざまなボタンが表示される。

■ 練習 ■

上記課題4の⑥で，表示されたビデオ編集に関するボタンを操作して，「開始のタイミング」や「フェードイン」などの効果をかけてみよう。

・⑦⑧表紙画像
[表紙画像]→[ファイルから画像を挿入]を選択すれば，オンライン画像などから任意の画像をビデオの表紙画像として取り込むことができる。挿入したビデオのイメージに合った画像を選択すると良い。
・具体的には，以下のような操作をする。
①挿入したビデオ上をクリックし，[ビデオツール]タブ下の[書式]をクリック→[表紙画像]の▼をクリック→[ファイルから画像を挿入]を選択する。
②表示された[画像の挿入]ダイアログボックスの，[Bingイメージ検索]で，キーワードを入力し🔍をクリックして検索する。
③表示された画面から，好みの画像をクリックし，[挿入]ボタンをクリックする。すると，ビデオ画像の表紙がBingで選択した画面に変わる。
④挿入された画像の大きさなどを調整する。

・[ビデオツール]には，[書式]タブと[再生]タブがあり，それぞれビデオに関する編集と詳細な設定を行うことができる。

・練習のヒント
「開始のタイミング」
ビデオファイルをクリック→[ビデオツール]→[再生]タブ→[ビデオのオプション]グループ→[開始]ボタンの▼をクリック。

「フェードイン」効果
上と同様に，画像を徐々に明るくする様な[フェードイン]効果をかけるためには，[ビデオツール]→[再生]タブ→[編集]グループ→[フェードイン]ボタンの右の▲▼ボタンで調整する。

4.5 表とグラフの作成

　プレゼンテーションで表やグラフを用いると,数値やデータを視覚的に訴えることができ,発表内容に説得力が増し効果的である。ここでは,スライドに表やグラフを挿入する方法を学ぶ。

4.5.1　表の作成と挿入

課題 1

スライドに図 4.5.1 のような 4 行 5 列の表を作成し,スタイルを適用してみよう。

> ・**表にスタイルを適用する**と行や列に色を付けたり,さまざまな書式を一括して設定し,データを見易い形で表示することができる。
>
> ・**表のスタイルをクリアする**には,[表ツール]→[デザイン]タブ→[表スタイル]の右下の▽ボタンをクリック。→表示されたスタイルの一覧から[表のクリア]を選択する。

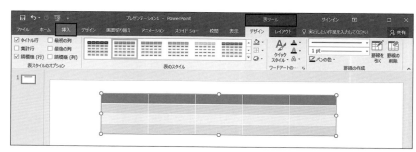

図 4.5.1　表の挿入とスタイルの適用

＜操作方法＞

① [挿入]タブ→[表]の下の▼をクリックし,4 × 5 の表の選択を行うと,図 4.5.2 のように編集画面に 4 × 5 の表が挿入される。

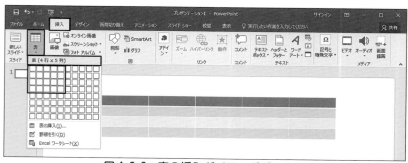

図 4.5.2　表の挿入ダイアログボックス

② 表の外枠をクリックし,[表ツール]→[デザイン]タブを選択し,[表スタイル]の右下のプルダウン▽ボタンをクリックすると,図 4.5.3 のようなリストが表示される。

③ ここでは，図4.5.3のように「淡色スタイル3－アクセント4」を選択すると，スタイルが適用された図4.5.1のような表が表示される。

- ③**表のスタイル**
表のスタイルのプルダウンメニューでは，それぞれのスタイルの上にマウスカーソルを重ねると，図4.5.3のようにスタイルの名称が表示される。

図4.5.3　表スタイルの適用

- **[表のスタイル]グループ**
[表のスタイル]グループには，[塗りつぶし][罫線][効果]などのボタンが用意されている。

- **[塗りつぶし]：**
選択したセルや表全体を彩色したり，グラデーションをかけたりすることができる。

- **[罫線]：**
選択したセルや表全体の罫線のスタイルを変更できる。

- **[効果]：**
選択したセルや表全体の面取りや影をつけることができる。

■**表の操作**

表の罫線を左クリックし，次に，マウスカーソルを罫線に重ね合わせると，図4.5.4のようにマウスの形状が変化する。表の移動，表の拡大と縮小，表の行幅や列幅の変更等の表の操作はそれぞれのマウスポインタの形状を確認し，マウスをドラッグして表の形状を変更する。

- **表の操作とマウスポインタ**
表の移動，表の拡大と縮小，表の行幅や列幅の変更はそれぞれのマウスポインタの形状を確認し，マウスをドラッグして表の形状を変更する。

表の移動　　表の拡大・縮小　　行幅の変更　　列幅の変更

図4.5.4　表の操作とマウスポインタ

- **表の移動**
表を一度クリックし，マウスポインタの形が ✥ になったところで，ドラッグすると表を移動させることができる。

- **表の拡大・縮小**
表の外枠をマウスオーバーさせ，マウスポインタの形が ⤡ や ⤢ になったところで，ドラッグする。

- **行幅や列幅の変更**
表の罫線にマウスポインタを合わせ，マウスポインタの形が ⇕ や ⇔ になったところで，ドラッグする。

■**行や列の挿入と削除**

課題2

挿入された表に，行や列を追加してみよう。

＜操作方法＞
① 表の外枠の罫線をクリックする。
② 図4.5.5のように，挿入したい行や列の位置にマウスカーソルを移動すると挿入位置を示す矢印が表示されるのでクリックすると，挿入位置の行や列が選択される。

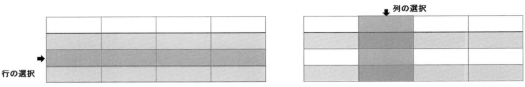

図 4.5.5　行や列の選択

③ 行や列が選択されている状態で, [表ツール]タブ→[レイアウト]タブを選択する。[上に行を挿入], [下に行を挿入], [左に列を挿入], [右に列を挿入]ボタンの中から, 目的にあった挿入位置を選択しクリックする(図4.5.6)。

図 4.5.6　行や列の追加

・練習　右クリックからの行・列の削除

図4.5.5のように, 選択した行または列の矢印が表示された状態で右クリックをすると, 下図のようなメニューが表示されるので, [行の削除]または[列の削除]を選択して, 削除操作を行うこともできる。

右クリックからの行・列の削除

・表の削除

図4.5.6において, [表の削除]を選択すると表全体が削除される。

・③表全体をクリックして, 選択しても良い。

■ 練習 ■

挿入された表から, 行や列を削除してみよう。

課題3

課題1で作成した4×5セルの表に, 図4.5.7のようなデータを入力しよう。

	第1回	第2回	第3回	第4回
太郎	11秒	10秒	11秒	9秒
次郎	12秒	10秒	11秒	11秒
花子	15秒	14秒	14秒	13秒

図 4.5.7　100メートル競走　記録

<操作方法>

① [タイトル]プレースホルダに100M競走記録と入力する。
② 各セルにデータを入力する。
③ 全てのセルをドラッグして選択し, [表ツール]→[レイアウト]タブ→[配置]グループ→[中央揃え]をクリックし, 水平方向の文字位置を中央に配置する。
④ 同様に[上下中央揃え]をクリックし, 上下方向の文字位置も中央に配置する。

4.5 表とグラフの作成

■セルの分割と結合

課題4

セルを結合させたり，分割したりして図4.5.8のような表を描こう。

① 複数のセルを結合するには，結合させたい複数のセルをドラッグして，[表ツール]リボン→[レイアウト]タブ→[結合]グループに用意されている[セルの結合]ボタンをクリックすれば良い。

		第1回	第2回	第3回	第4回
太郎	男	11秒	10秒	11秒	9秒
太郎	男	総合順位1位				
次郎	男	12秒	10秒	11秒	11秒
次郎	男	総合順位2位				
花子	女	15秒	14秒	14秒	13秒
花子	女	総合順位3位				

図4.5.8　セルの分割と結合

② セルを分割するには，分割するセルをドラッグして[セルの分割]ボタンをクリックし，セルの分割ダイアログボックスで，分割する列数や行数を指定し，[OK]をクリックする（図4.5.9）。

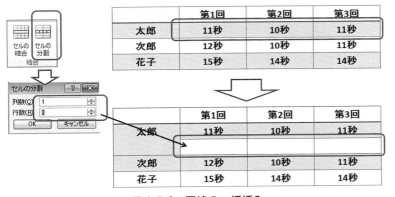

図4.5.9　罫線の一括挿入

■練習■

図4.5.8の表に，三郎(第1回:12秒，第2回:13秒，第3回:11秒，第4回:12秒)と四朗(第1回:11秒，第2回:11秒，第3回:12秒，第4回:10秒)のデータを加えた表を作成しよう。

・**入力セルの移動操作**
入力セルの移動は[TAB]キーまたは[→]キーを使うと良い。

〈操作のヒント〉
・**セルの結合（罫線の削除）**
罫線を削除すると，セルが結合される。
罫線を削除するには，[表ツール]→[デザイン]タブ→[罫線の作成]グループに用意されている[罫線の削除]ボタンをクリックする。するとマウスカーソルが消しゴムのマークに変わるので，消したい罫線をクリックすれば良い。

・**セルの分割（罫線の挿入）**
セルのなかに罫線を引けば，セルが分割される。[罫線の作成]グループに用意されている[罫線を引く]ボタンをクリックする。するとマウスカーソルがペンのマークに変わるので，ペンをドラッグさせて罫線を引く。

・**線の色，太さや形状の設定**
[表ツール]タブ→[罫線の作成]グループには，罫線の形状，太さ，色を変更するツールも用意されている。

4.5.2　グラフの作成と挿入

　表の作成は Excel を用いて表を作り，グラフを完成させてから，PowerPoint に貼り付ける方法が一般的である。しかし PowerPoint から Excel を呼び出し，PowerPoint に直接グラフを挿入することもできる。ここでは，後者の方法を学ぼう。

課題 5

図 4.5.10 のようなグラフを，PowerPoint に挿入してみよう。

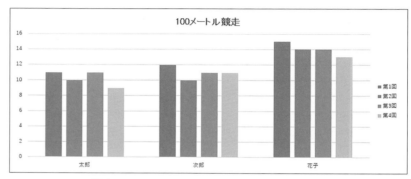

図 4.5.10　PowerPoint に挿入されたグラフ

＜操作方法＞

① ［ホーム］タブ→［新しいスライド］ボタンをクリックし，新しいスライドを挿入する。
② ［スライド］グループ→［レイアウト］ボタン→［タイトルとコンテンツ］を選ぶ。
③ ［挿入］タブ→［図］グループ→［グラフ］ボタンをクリックする。すると図 4.5.11 のような［グラフの挿入］ダイアログボックスが表示される。

・③の操作
［テキストを入力］プレースホルダ→［グラフの挿入］をクリックしても良い。

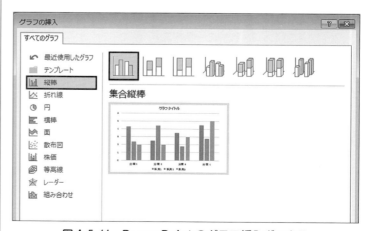

図 4.5.11　PowerPoint のグラフ挿入ボックス

④ ここでは,集合縦棒のグラフを作成するので,[縦棒]→[集合縦棒]をダブルクリックすると,[Microsoft PowerPoint 内のグラフ]が起動する(図 4.5.12)。

・[Microsoft PowerPoint 内のグラフ]ウィンドウの ボタンをクリックすると,グラフ作成のための Excel が起動する。

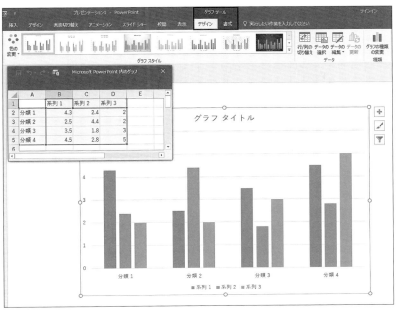

図 4.5.12　グラフ作成のための Excel が起動

⑤ 「4.5.1 表の作成と挿入」で作成した 100 メートル競走のデータ(図 4.5.7 のデータ)を,起動した[Microsoft PowerPoint 内のグラフ]上で入力する(図 4.5.13)。すると,データの値を反映したグラフが,PowerPoint のスライド上に表示される(図 4.5.10)。

⑥ [Microsoft PowerPoint 内のグラフ]画面の表に示された青い線の右端隅をドラッグし,データの範囲を分類 3 E 列(4 行 5 列)までとする(図 4.5.13)。

・⑤データとなる数値は,半角英数で入力する。

・⑥データの範囲変更
Excel の青い線は,グラフの基となるデータ範囲を示している。デフォルトでは系列 3,分類 4(5 行 4 列)となっているので,このデータ範囲の右下隅をドラッグして,範囲を変更する必要がある。

・一度閉じられた Excel は,[グラフツール]→[デザイン]→[データの編集]ボタンをクリックすると,再び表示される。

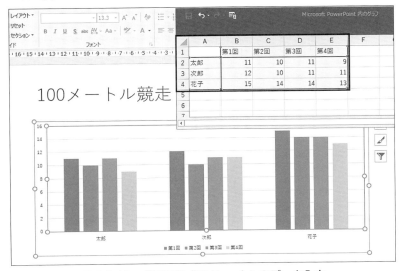

図 4.5.13　グラフ作成の Excel へのデータ入力

⑦ [Microsoft PowerPoint 内のグラフ]を閉じる。
⑧ グラフタイトルには,「100メートル競走」と記載し,スライドの任意の点をクリックして,グラフを確定する。

■さらにグラフを編集して見やすくしよう。

　グラフ上をクリックすると,グラフの右端に3つのグラフ編集ボタンが表示される。上から[グラフの要素]ボタン,[グラフスタイル]ボタン,[グラフフィルタ]ボタンである(図4.5.14)。これらのボタンをクリックすると,それぞれに詳細なグラフ設定や,任意のデータを抽出できる(図4.5.14)。

・[グラフ要素]の設定
[グラフ要素]ボタンをクリックすると,[グラフタイトル]や[軸ラベル],[目盛線]などのグラフ要素の挿入ができる。

・[グラフスタイル]の設定
[グラフスタイル]ボタンをクリックすると,[スタイル]ボックスが表示される。[スタイル]タブでは,様々なグラフのスタイルを,[色]タブではグラフの色を選択することができる。

・[グラフフィルタ]の設定
[グラフフィルタ]ボタンをクリックすると,表示されているデータの中から,選択したデータのみを表示するフィルタ機能を利用することができる。[適用]ボタンをクリックするとグラフに反映される。

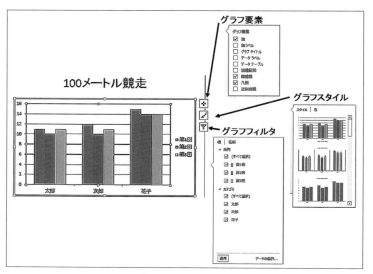

図 4.5.14　グラフ作成のための編集ボタン

■ 練習 ■

　上記の課題1において,図4.5.10に三郎(第1回:12秒,第2回:13秒,第3回:11秒,第4回:12秒)と四朗(第1回:11秒,第2回:11秒,第3回:12秒,第4回:10秒)を追加してみよう。棒グラフはどのようになるであろうか？

4.6 効果的なプレゼンテーション
アニメーション効果と画面切り替え

4.6.1 アニメーションの設定

PowerPointでは，さまざまなオブジェクトにアニメーションを設定し，動きを付けることができる。動きのあるプレゼンテーションは，人々の注意を引き，論点を視覚的に伝えることができる。アニメーションの設定ツールは，アニメーションを設定するオブジェクトをクリックし，[図ツール]または，[描画ツール]→[アニメーション]タブを選択すると表示される（図4.6.1）。

図4.6.1 アニメーションの編集画面

設定したアニメーションは，アニメーションウィンドウを表示することで，設定状態を表示することができる。

課題1

スライド上に，ワードアートで「湘南サマーヨットレース」と入力し，バウンドしながら登場してくるようなアニメーションを設定してみよう。

＜操作方法＞
① スライド上で，[挿入]タブ→[ワードアート]で好みのデザインを選択し，「湘南サマーヨットレース」と記入する。
② [アニメーション]タブ→[アニメーションウインドウ]ボタンをクリックすると，画面右側にアニメーションウインドウが表示される（図4.6.2）。
③ このテキストボックスをクリックし，[アニメーション]ボタンの ▼ をクリックすると，[アニメーションの効果]メニューが表示される。このメニューの[開始]グループの中から[バウンド]を選択する（図4.6.2）。すると，「湘南サマーヨットレース」と書かれたテキストボックスが左上からバウンドしながら表示される。

・オブジェクト
オブジェクトとは，図形，テキスト，表，グラフなど，PowerPointの構成要素を指す。

・アニメーションの効果的な活用
アニメーションは，聴衆に伝えたいメッセージを，表示順序の制御などによって順序立て，聴衆の視点を惹き付けたいときに利用すると効果的である。

・[アニメーション]タブには，[プレビュー]，[アニメーション]，[アニメーションの詳細設定]，[タイミング]グループが用意されている。

・[アニメーション]グループ
[アニメーション]グループでは，▼ をクリックすると，すべてのアニメーションメニューを表示することができる。

・②[アニメーションウインドウ]の表示
アニメーションウインドウの表示は，[アニメーション]タブ→[アニメーションの詳細設定]グループ→[アニメーションウインドウ]ボタン をクリックすると表示される。
[アニメーションウインドウ]では，アニメーションの設定順位や詳細なタイミングを設定することができる（図4.6.1）。

・③アニメーションウィンドウの[ここから再生]ボタンをクリックしても，同様にバウンドしながら表示されることを確認しよう。

・③アニメーションの効果メニュー

アニメーションの効果メニューには，[**開始**]，[**強調**]，[**終了**]を設定するツールに加え，[**アニメーションの軌跡**]によって，自由な軌跡の描画を行うツールが用意されている。

[**開始**]：オブジェクトを表示，出現する場合
[**強調**]：オブジェクトの内容を強調する場合
[**終了**]：オブジェクトが消える場合に，それぞれ用いる。

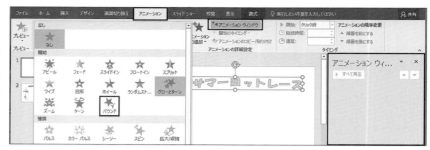

図4.6.2　テキストボックス(SmartArt)のアニメーション設定

ここで，スライド上のテキストボックスには①という番号が表示され，[アニメーションウインドウ]には同じ番号の「1★　正方形／長方形…」という項目が表示される(図4.6.3)。

さらに上部リボンの[タイミング]グループには，[開始]：クリック時，[継続時間]：2秒，[遅延]：0秒と表示されていることを確認しよう。すなわち，このアニメーションがマウスクリック時に開始され，2秒間動作が続き，開始(あるいは直前のアニメーション動作)から0秒の遅延で開始されることを示している(図4.6.3)。

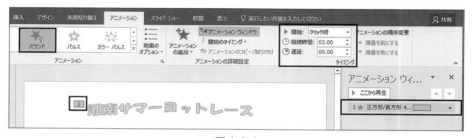

図4.6.3

課題2

課題1のスライド上に，さらに2艇のヨットのオブジェクト(画像)を挿入し，それぞれに[ホイール]と[ターン]のアニメーション効果を設定しよう。さらに，3つのオブジェクトにかかるアニメーション効果のタイミングを変化させよう。

・①図形の向きの反転
もし，オブジェクト(画像)が左向きの場合はオブジェクトをクリックし，[図ツール]タブ→[書式]→[配置]グループ→[回転]→[左右反転]をクリックする。

＜操作方法＞

① 課題1と同じスライド上に，[挿入]タブ→[オンライン画像]として，好みのヨットの画像を2艇挿入しよう。

② 挿入した上のヨットをクリックし，[アニメーション]タブ→[アニメーション]グループ→[ホイール]をクリックする。下のヨットには，[ターン]を設定する(図4.6.4)。

4.6 効果的なプレゼンテーション(アニメーション効果と画面切り替え) | 257

ここで,スライド上のヨットの画像には2及び3の番号が付され,[アニメーションウインドウ]には同じ番号の「2★　図…」「3★　図…」という項目が表示される(図4.6.4)。

実際にスライドショーをかけて,クリックをするごとに,アニメーションがかかったテキストボックスと画像が表示されることを確認しよう。

・**アニメーション開始の順序**
テキストボックス左端の「1」という数字は,アニメーションの実行順序を示している。アニメーションの実行順序は,アニメーションウィンドウにも表示されており,アニメーションの挿入順序に従って,上から表示される。

・**アニメーションの実行順序の変更**
アニメーションの実行順序は,アニメーションウィンドウの中の変更するアニメーションをクリックした後,アニメーションウィンドウ上部の▲や▼をクリックすることで変更できる。

図4.6.4

■さらに,3つのオブジェクトにかかるアニメーション効果のタイミングを調整して変化させてみよう。

＜操作方法＞
③　画面右側の[アニメーションウインドウ]に,緑色の上下3つのバーが表示されていることを確認しよう(図4.6.5)。この緑色のバーは,アニメーションのかかる時間を示すタイムラインである。
④　③の真ん中のバーを選択し,右端に表示された▼をクリックする。表示されたプルダウンメニューの[直前の動作の後(A)]を選択する(図4.6.5)。続いて,一番下のバーを選択し,▼のメニューから[直線の動作と同時(W)]をクリックする。

・**③アニメーションの[速さ]や[遅れ]の設定**
アニメーションの[速さ]や[遅れ]の設定は,下図のように,黄緑色などの色のついたアニメーション効果の時間配分の表示の左右をマウスで調整して行う。この場合,先にプルダウンメニューの時間配分を表示状態にしておく必要がある。

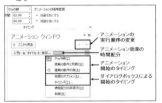

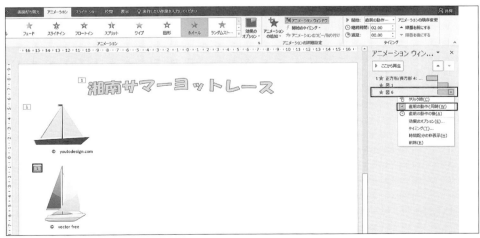

図4.6.5　アニメーション[ホイール]と動作順序の設定

すると，緑色のバーの位置が図4.6.5のようになったこと，アニメーションの番号が，すべて1即ち「1★‥」になったことを確認しよう。

⑤ 最後に[アニメーションウインドウ]の[すべて再生]ボタンをクリックして，設定したアニメーションを確認しよう。

　始めに，バウンドしながらテキストボックスが表示され，続いて，ホイール及びターン効果がかかった2艇のヨットが同時に表示される。

課題3

課題2で作成したスライドの2艇のヨットにアニメーションを追加し，軌跡を描きながら右に移動させよう。さらに，2艇のヨットの内，下のヨットの移動開始時刻を，上のヨットより遅らせてみよう。

<操作方法>

① [Ctrl]キーを押しながら2つの艇を選択し，[アニメーションの追加]ボタン★の右下の▼をクリックする。表示されたプルダウンメニューから，[アニメーションの軌跡]グループ→[ユーザー設定パス]を選択する。
② 軌跡を描くための十字カーソルが表示されるので，十字カーソルで自由な軌跡を描く。終了地点でダブルクリックすると，軌跡の描画が終了する。

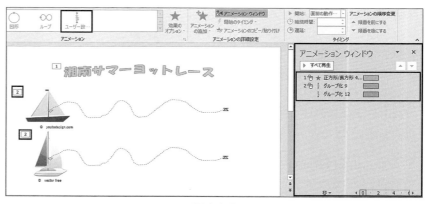

図4.6.6

　このとき，アニメーションウインドウには，追加された軌跡のアニメーションが順位2として，「2○○‥」「2○○‥」として表示されることを確認しよう。
③ [アニメーションウインドウ]の一番下の水色のバーを，右へ少しドラッグする（図4.6.7）。右へずらした分だけ，移動開始時刻が遅延される。

・①複数のオブジェクトの選択
複数のオブジェクトの選択は，[Ctrl]キーを押しながら，該当するオブジェクトを一つ一つクリックすることで選択が可能となる。

・①[アニメーションの追加]ボタン★は，すでにアニメーションを設定したオブジェクトに対し，さらにアニメーションを設定する場合に利用する。

・①アニメーションの軌跡
[アニメーションの軌跡]は，表示されたメニュー右のスクロールバーを↓方向に移動すると表示される。

・③タイミング
タイミングはリボン→[アニメーション]タブ→[タイミング]グループでも，タイミングの設定ができる。

・③[タイミング]ダイアログボックス]の開き方
アニメーションウインドウに設定されたオブジェクトのアニメーションをクリック→右端の▼をクリックすると，プルダウンメニューが表示される。→プルダウンメニューの[タイミング]を選択すると下図のようなダイアログボックスが表示される。

ここで，開始タイミングを確認できる。

4.6 効果的なプレゼンテーション(アニメーション効果と画面切り替え) | 259

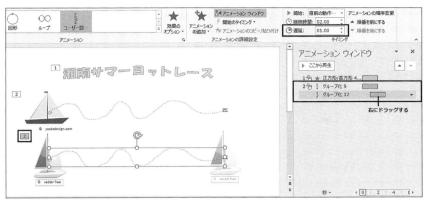

図 4.6.7

・遅延の設定
遅延の設定は,図4.6.7のように黄緑色や水色などの時間配分ボックスをずらして設定してもよいが,アニメーションウィンドウの順位「3」の右の▼をクリックして,表示されたプルダウンメニューからタイミングを選び,遅延設定をしてもよい。または,[アニメーション]タブ→[タイミング]グループ→[遅延]でも設定できる。

④ [アニメーションウインドウ]の[すべて再生]ボタンをクリックし,2艇のヨットの移動開始時刻が,少しずれたことを確認する。

④最後に,[すべて再生]及び,[スライドショー]を実行し,すべてのアニメーションを確認しよう。

■ 練習 ■

課題3で設定した,下のヨットの遅延設定を[ユーザー設定パス]ダイアログボックスを用いて,遅延1秒,継続時間5秒としてみよう。

・練習のヒント
遅延と継続時間の設定
アニメーションウィンドウの下のヨットのアニメーション項目の右端の▼をクリック。表示されたプルダウンメニューから[タイミング]をクリックすると,[ユーザー設定パス]ダイアログボックスが表示される。ここで,[タイミング]タブをクリックする。

4.6.2 画面切り替えの設定と利用

PowerPointではプレゼンテーションを効果的に行うために,「画面切り替え」効果の設定を行うことができる。「画面切り替え」効果とは,プレゼンテーション実行時のスライドが切り替わるときに,さまざまな動きを付けるものである。画面切り替えは,[画面切り替え]タブの,「画面切り替え」グループの中にさまざまなメニューボタンが用意されている(図4.6.8)。

・画面切り替え
・効果的なプレゼンテーションを行うためには,文字の大きさやスライド内の情報量,要点の簡潔化に加えて,画面の切り替えを効果的に行なうとプレゼンテーションの訴求性が高まる。

・画面の自動切り替えメニュー
画面切り替えメニューは大別して,[シンプル],[はなやか],[ダイナミックコンテンツ]に分類されており,プレゼンテーションの用途に応じて使い分けることができる。

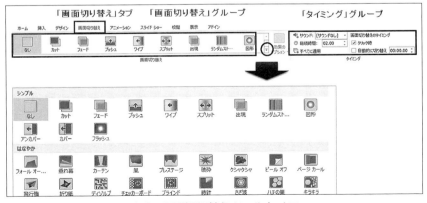

図 4.6.8 画面切り替えツールとメニュー

課題4

いくつかのスライドに，[画面切り替え]効果を設定してみよう。

・③効果のオプション
[画面切り替え]グループの右端には，[効果のオプション]ボタンが用意されている。
[効果のオプション]ボタンを押すと，画面切り替え時のスライドの挿入方向が指定できる。

・④[タイミンググループ]の[サウンド]メニュー

<操作方法>

① スライドを表示させ，[画面切り替え]グループの右の ▼ をクリックすると，図4.6.8のような[切り替え画面]メニューが表示される。
② メニューから，ここでは[ワイプ]をクリック。
③ さらに，[画面切り替え]グループ右端の[効果のオプション] をクリックし，[左から]を選択する。
④ [タイミング]グループ→[サウンド]→[チャイム]をクリック(脚注図)。
⑤ [画面切り替え時のタイミング]で，[クリック時]にチェックマークを入れる(図4.6.9)。
⑥ [タイミング]グループの[自動的に切り替え]で[継続時間]を3秒に設定し，さらに[すべてに適用]をクリックし，すべてのスライドに適用する(図4.6.9)。

図4.6.9

・⑧[スライドショー]タブ→[スライドショーの開始]グループ→[最初から]ボタンをクリック。
[現在のスライドから]ボタンをクリックしてもよい。

⑦ リボン左端の[プレビュー]ボタンを押して，画面切り替えの設定を確認しよう。
⑧ 編集画面右下の[スライドショー] 🖳 をクリックして，プレゼンモードでも画面切り替えの設定を確認しよう。

■ 練習 ■

1. 任意の画面切り替え効果を設定し，全てのページに適用せよ
2. 任意の画面切り替え効果を設定し，5秒で自動的にスライド画面が次のスライドに切り替わるように設定しよう。

・練習2のヒント
[画面切り替え]タブ→[タイミング]グループ→[自動的に切り替え]で調整する。

4.7 スライドの編集とプレゼンテーションの実行

ここでは，作成したPowerPointファイルの中の一部のスライドを，他のPowerPointファイルへコピーしたり，スライドの順序を入れ替えて編集する方法などを学ぶ。スライドの編集を終えたら，いよいよ，プレゼンテーションを実行しよう。

4.7.1 スライドの表示

[表示]タブにはPowerPointの表示状態を選択する[プレゼンテーションの表示]グループがある。[プレゼンテーションの表示]グループには，[標準]，[アウトライン表示]，[スライド一覧]，[ノート]，[閲覧表示]の5つの表示モードが用意されている。

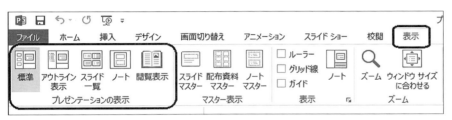

図4.7.1　スライドの表示モード

(1) [プレゼンテーション表示]グループによるスライド表示（図4.7.1）

1. **[標準]** ボタンをクリックすると，標準表示モードに切り替わる。通常，スライドの編集はこのモードを中心に行う。
2. **[アウトライン表示]** ボタンをクリックすると，画面左側の[アウトライン]領域に，各スライドアイコンと，各スライドに入力された文字情報のみが表示される。また，この[アイコン表示]領域内で文字を入力すると，対応するスライドに文字が入力され，反映される。
3. **[スライド一覧]** ボタンでは，画面全体にスライドの一覧が表示される。全体の構成を見たい時には，このモードが便利である。
4. **[ノート]** ボタンでは，発表者が発表するときのメモとなる補足情報を入力する画面が表示される。
5. **[閲覧表示]** をクリックすると，最初のスライドから，プレゼンテーションが実行される。

一方，PowerPoint編集画面右下にも図4.7.2のような[スライドの表示モード]が用意されている（注を参照のこと）。

・2．アウトライン表示
アウトライン機能の活用
[アウトライン表示]を用いると，各スライドのタイトルや，項目のみが表示されるため，プレゼンテーションの大まかな流れを掴むことができる。そのため，スライド全体の構成やストーリーを推敲する時に利用するとよい。詳しくは，p.268 Appendix[アウトライン機能の活用]を参照のこと。

・4．ノートの活用
PowerPointは文書を簡潔にまとめ，要点を表示するなどの目的に利用される。このため，説明が行いづらいポイントや，覚えづらいポイントなどをノートに記載し，プレゼンテーションの前などに復唱するときなどに活用すると便利である。

・図 4.7.2
スライドの表示モード
①[**標準**]ボタンをクリックすると,標準表示モードに切り替わる。

②[**スライド一覧**]をクリックすると,画面全体にスライドの一覧が表示される。

③[**閲覧表示**]をクリックすると,PowerPointの基本的なウィンドウ操作機能を表示したままで,プレゼンテーションのプレビューが表示される。

④[**スライドショー**]をクリックすると,プレゼンテーションを行うフル画面の表示が可能となる。[スライドショー]におけるスライドの切り替えは,[マウスクリック]と時間設定による[自動切り替え]モードがある。

⑤[**ズーム**]をクリックすると,通常の表示画面におけるスライドのズームスライダーによる拡大／縮小表示が可能となる。左横には,ズームの拡大率(パーセント)が表示される。

⑥[**スライドの画面合わせ**]をクリックすると,現在表示中の画面をウィンドウサイズに合わせて最適表示する。

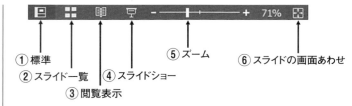

図 4.7.2　スライドの表示モード

■ 練習 ■

1．作成した PowerPoint ファイルの表示モードをいろいろと変えて,見てみよう。
2．表示モードを[標準]とし,ズームスライダーの拡大率をいろいろと変えてみよう。
3．最後に[スライドの画面合わせ]をクリックし,元の拡大率に戻そう。

(2) スライドの編集

別の PowerPoint ファイルに利用したいスライドがあるとき,異なった PowerPoint ファイル間で,スライドのコピーや移動ができると,資料作成の作業効率を高めることができる。ここでは,2つのファイルを同時に表示させ編集してみよう。

課題 1

異なる2つのファイルを同時に表示させ,スライドをコピーして,他の PowerPoint ファイルに貼り付けてみよう。

＜操作方法＞
① 対象となる2つの PowerPoint ファイル([プレゼンテーション1]と[プレゼンテーション2])を起動する。
② それぞれのファイルで,[表示]タブ→[スライド一覧]をクリックする。
③ どちらかのファイルで,[表示]タブ→[ウィンドウ]グループ→[並べて表示]ボタン をクリック(図 4.7.3)。

・③**ウィンドウを重ねて表示するには**,[重ねて表示]ボタン をクリックする。

・複数のウィンドウが並んで表示されている場合に,1つのウィンドウだけ閉じる場合には,閉じたいウィンドウ右上の[閉じる]ボタン☒をクリックする。

4.7 スライドの編集とプレゼンテーションの実行 | 263

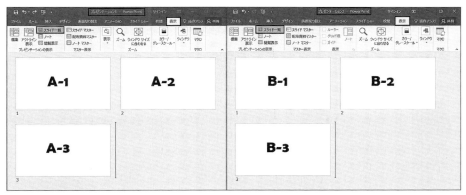

[プレゼンテーション1]ファイル　　　[プレゼンテーション2]ファイル
図 4.7.3

④ 図4.7.3で，たとえば右側のウィンドウの[B-1]スライドを，左側の[A-1]スライドの横にドラッグすると，図4.7.4のように左側の[プレゼンテーション1]の[A-1]の横に挿入(コピー)される。

・コピー先のスライドのデザイン
2つのファイルの背景のデザインは，必ずしも同じであるとは限らない。このような場合は，基本的にコピー先のデザインが適用される。

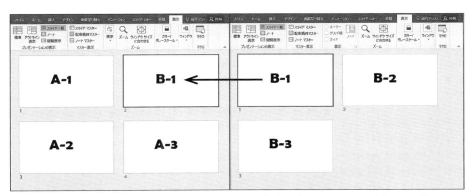

[プレゼンテーション1]ファイル　　　[プレゼンテーション2]ファイル
図 4.7.4

課題2

[スライドの再利用]を利用して，異なる PowerPoint ファイルからスライドを挿入(コピー)しよう(図4.7.5)。

＜操作方法＞
① [新しいスライド]ボタンの▼をクリック→表示されたプルダウンメニューの[スライドの再利用]をクリックする(図4.7.5)。
② スライドの再利用ウィンドウが表示されるので，[参照ボタン]をクリックし，参照したい PowerPoint ファイルを指定する(図4.7.5)。

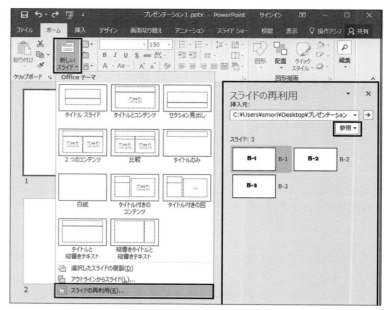

図 4.7.5

③ 参照するスライド一覧がサムネイルとして表示されるので，これを参考にして，たとえば，[A-1]スライドをクリックして，サムネイルの[B-1]スライドをクリックすると，[A-1]スライドの次に，[B-1]スライドが挿入される（図 4.7.6）。

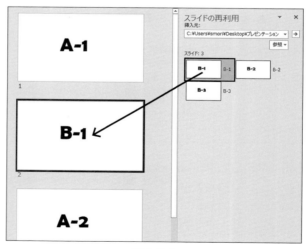

図 4.7.6

4.7.2　プレゼンテーションの実行

いよいよ，作成した PowerPoint ファイルを基にプレゼンテーションを実行しよう。プレゼンテーションを実行することをスライドショーという。ス

・[オンラインプレゼンテーション]は OneDrive と呼ばれるクラウドに保存されたスライドを共有できる機能で，いつでも，だれとでも簡単にプレゼンテーションが共有できる機能である。
発表者はリンクを送信するだけよく，招待を受け取った相手は，web ブラウザのリンクをクリックするだけで，発表者のスライドショーを閲覧できる。PowerPoint2016 が，利用するパソコンに搭載されていなくても閲覧できる。
特にプロジェクタがない場合でも，スマホなどでスライドを映してプレゼンの共有ができる。

・Windows Live ID の取得
以下の URL に Windows Live ID の登録ページが用意されている。
https://signup.live.com/?lic=1
オンラインプレゼンテーションは，発表者とのオンラインリンクとなるため，発表者がブロードキャストの開始状態でないと，リンクは成立しない。

ライドショーを開始するためのツールは，[リボン]の[スライドショー]タブに用意されている(図4.7.7)。

図4.7.7　スライドショーのツール

課題3

作成したスライドを表示し，プレゼンテーションを実行しよう。

＜操作方法＞
① 完成したPowerPointのスライドを起動する。
② [スライドショー]タブをクリック→[最初から]ボタンをクリック。
③ クリックして，スライドを切り替える。
④ 画面上を右クリックし，[スライドショーの終了]を選択しスライドショーを終了する。

■[スライドショーの開始]グループの主な機能(図4.7.7)
1. [**最初から**]ボタン：1枚目のスライドから，スライドショーを開始する。
2. [**現在のスライドから**]ボタン：現在開いているスライドから，スライドショーを開始する。
3. [**オンラインプレゼンテーション**]ボタン：PowerPoint未搭載の利用者でも，遠隔からWebブラウザを用いてスライドショーが閲覧できる。
4. [**目的別スライドショー**]ボタン：現在のPowerPointのファイルをベースに，目的に応じて数枚のスライドを抜粋し，スライドショーのファイル編集ができる(図4.7.8)。

・②[**スライドショー**]タブ
[スライドショー]は，[スライドショーの開始]グループ，[設定]グループ，[モニター]グループに分けられている。
・③で，スライドを切り替えながら，画面切り替え機能やアニメーション効果が正しく設定されているかを確認する。

・**4.目的別スライドショーの作成**
[目的別スライドショー]ボタンをクリックすると[目的別スライドショー]ダイアログボックスが表示される。→[新規作成]ボタンを押すと，[目的別スライドショーの定義]ダイアログボックスが表示される(図4.7.8)。→ここで，利用したいスライドをクリックにチェックマークを入れ，[追加]ボタンをクリックすると，選択したスライドが右欄に挿入される(図4.7.8)。
最後に[スライドショーの名前]にスライド名称を記入し[OK]ボタンをクリックする。
・利用時は，[目的別スライドショー]ボタンをクリックすれば，登録したスライドショーの名称が表示されるので，該当する名称をクリックすればスライドショーへと移行する。

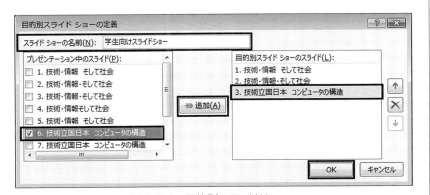

図4.7.8　目的別スライドショー

266 | 第**4**章 PowerPoint2016 による知のプレゼンテーションスキル

（1）ポインタオプションの利用

　スライドショーの実行中の画面には，マークを入れたり書き込んだりすることができる。この機能は［ポインタオプション］に用意されている。大変よく利用される機能である。

> **課題 4**
>
> 　作成したスライドを表示し，プレゼンテーションを実行してみよう。また，実行中の画面に赤い蛍光ペンでマークを付けてみよう。

＜操作方法＞
① 作成した PowerPoint のスライドを表示する。
② 編集画面の［スライドショー］タブ→［最初から］ボタンをクリック。
③ スライドショーの実行画面で右クリックする。すると，図 4.7.9 の左側のメニューが表示される。

・インク注釈の保持
スライドショーの終了時に，ダイアログボックスが表示され「インク注釈を保持しますか？」と聞いてくるので，［保持］もしくは［廃棄］を選択する。

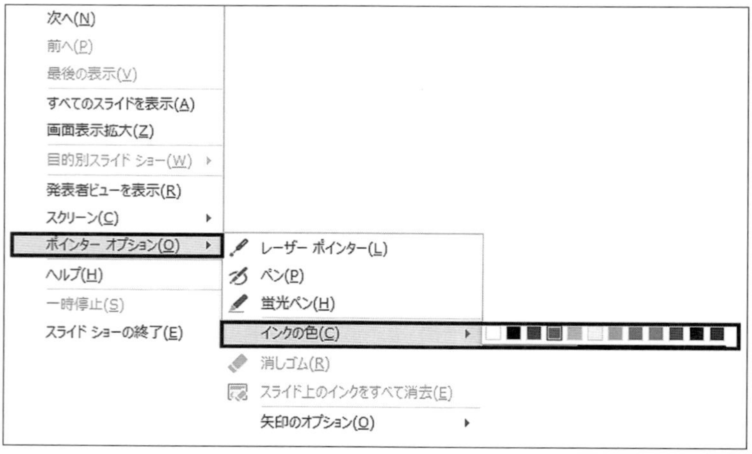

・利用するカーソルの種類
［矢印］は，通常のマウスカーソル，［ペン（P）］は画面に直接描画するペン，［蛍光ペン（H）］は，マーカーとして利用する。

・描いたマークを消すには
描いたマークを消すには，［ポインターオプション（Q）］をクリック→表示されたメニューから［消しゴム］をクリック→消したいマークをクリック。

・画面上のすべてのマークを消すには
画面上のすべてのマークを消したい場合には，［スライド上のインクをすべて消去（E）］をクリックする。

図 4.7.9　スライドショーのポインターオプション

④ 表示されたメニューの［ポインターオプション（O）］をクリック。すると，図 4.7.9 の中央のメニューが表示される。
⑤ マーカーの色は，［インクの色（C）］をクリックし，「緑」を選択する。
⑥ マーカーの種類は，ここでは［蛍光ペン（H）］を選択する。
⑦ 実行画面上で，マウスをドラッグして，マークを記入する。

　ポインターオプションの設定は，スライドショーの実行中に行う。利用するカーソルの種類はレーザーポインター（L）・ペン（P）・蛍光ペン（H）の 3 種類である。

(2) プレゼンテーション実行中のスライドの選択

発表の際に質問等を受け，前のスライドに戻したい，あるいはスライドをスキップさせたいという場合がある。そのような場合は，[スライドのジャンプ(G)]機能を使えば，目的のスライドにジャンプすることができる(図4.7.10)。

> **課題5**
>
> 作成したスライドを表示し，プレゼンテーションを実行してみよう。また，目的のスライドにジャンプしてみよう。

・③**スライドのジャンプ**

＜操作方法＞
① 作成したPowerPointのスライドを表示する。
② [スライドショー]タブ→[現在のスライドから]ボタンをクリックする。
③ スライドショーの実行画面上で右クリックすると，脚注図のようなメニューが表示される。
④ 表示されたメニューの[すべてのスライドを表示(A)]をクリック。
⑤ すべてのスライドが表示される(図4.7.10)ので，該当するスライドを選択すれば，目的のスライドへジャンプする。

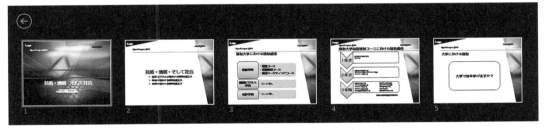

図4.7.10　スライドのジャンプ

■[スライドショー]ツールバーの機能

スライドショーの実行中に，マウスカーソルを左下に移動すると，[スライドショー]ツールバーが表示される(図4.7.11)。

左から[前のスライドへ戻る]，[次のスライドへ進む]，[ポインタオプションの設定]，[スライド一覧とジャンプ]，[スライドの部分拡大]，[スライド操作メニュー]などが用意されている。

各々のボタンをクリックして，どのように実行されるか試してみよう。

・**スライドショーの設定**

[スライドショー]タブ→[スライドショーの設定]ボタンをクリック。表示された[スライドショーの設定]ダイアログボックス上で，発表者として使用，自動プレゼンテーション，アニメーションの表示の有無，ペンやレーザーポインターの色，スライド切り替え時の動作，使用するモニタなどの設定が可能である。

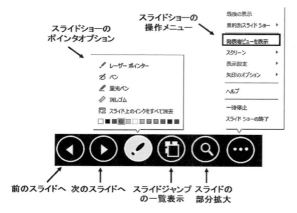
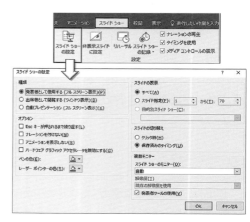

図4.7.11　[スライドショー]ツールバーの機能

Appendix
- **アウトライン機能の活用：アウトラインで大まかな流れを掴む**

　企業組織などでは，事業戦略立案，商品企画，顧客への提案書などでプレゼンテーションを行う機会が多い。プレゼンテーションは，視聴者から正しい理解を得ることを目的としているため，発表資料の精査が重要である。アウトライン機能はスライドの要点を表示できるため，「話の流れ」や「各項目の長短」，「内容の強弱」などを試行錯誤しながら，自分が伝えたい点や，話の効果性など，自分の考えを明確化するとともに，より正確に視聴者に情報を伝える効果を高める「思考の道具」として活用できる。

- **アウトライン表示の活用**

① PowerPointで，各スライド資料を作成する。
②[表示]タブ→[アウトライン表示]ボタンをクリックする。
　すると，画面左側のアウトラインタブに，作成した各スライドが1□，2□のアイコンの形で表示され，各スライドのタイトルや各項目が，階層構造を伴って表示される（下図参照）。下図は「自己紹介」というタイトルで資料を作成している場合の例である。

　各スライドのタイトルや項目を書き換えると，アウトライン表示に反映される。また，アウトライン表示上でも編集することができ，各スライドに反映される。

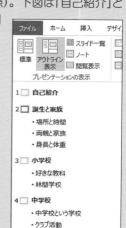

　1□，2□の各アイコンを追加（Enterキーをクリック），削除（Delキーをクリック），移動（ドラッグ），各項目のレベル下げ（Tabキーをクリック），レベル上げ（Shiftキー＋Tabキーをクリック）が可能であり，文書全体の流れを階層構造を以って把握しやすいので，レポート作成時に有効である。

4.8 プレゼンテーション資料の作成

4.8.1 スライドの印刷と発表資料印刷の設定

プレゼンテーション実行時には,資料を配布しよう。ここでは,資料を作成する際に共通となる基本的な印刷方法について学ぶ。

(1) スライドの印刷

■印刷設定メニュー

[ファイル]タブ→[印刷]ボタンをクリックすると,図4.8.1のようなメニューが表示される。

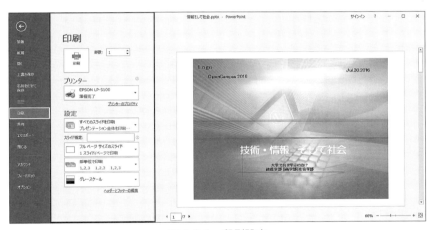

図4.8.1　印刷設定

印刷設定画面(図4.8.1)の左側のメニューで印刷の設定を行い,右側の図で印刷プレビュー画面を確認することができる。

> **課題1**
>
> 作成したPowerPoint資料のスライドの5ページから7ページまでを1部印刷してみよう。

＜操作方法＞
① [ファイル]タブ→[印刷]をクリック。
② 表示された印刷設定画面(図4.8.1)で,印刷の[部数]を1と入力。
③ [プリンター]では,ボタンの右の▼をクリックし,表示されたプルダウンメニューから,接続されているプリンターを選択する。

・プリンタプロパティ
市販されているプリンタは多種多様である。白黒やカラー,Ａ３などの大きなサイズ,両面印刷機能を備えたものもある。またレーザープリンタかインクジェットプリンタかによって消耗品の状態を通知する機能も異なる。プリンタプロパティでは,プリンタメーカー各社がそれぞれの機種に対応した詳細設定メニューを用意している。

・ユーザー設定の範囲
たとえば,1ページ目,3ページ目,7〜12ページといった,ユーザー固有の印刷範囲が設定できる。

・印刷ボタンと印刷部数
印刷ボタンをクリックすると,設定した状態でプリンタへの印刷指示となる。
印刷部数は,プリントする部数を設定する。

・プリンタ選択
[プリンタの選択]の右の▼をクリックし,表示されたプリンタ一覧からプリンタを選択する。

・印刷範囲
印刷範囲は,全スライドの中のどのスライドを印刷するのかを指定する。指定は[すべてのスライドを印刷],[選択したスライドを印刷],[現在のスライドを印刷],[ユーザー設定の範囲]が選択できる。

・1ページ当たりのスライド枚数
[印刷レイアウト]では,スライドのみか,ノートも同時に印刷するか,あるいはアウトラインを印刷するかを指定できる。
[配布資料]では,用紙1枚につき,1,2,3,4,6,9ページの印刷指定ができる。またその際の印刷の向きも縦か横かが選択できる。

・片面／両面印刷
両面印刷の機能を有するプリンタのみの指定である。両面印刷時には,とじしろの方向を指定する,長手印刷か,短手印刷かの指定ができる。
又は,[プリンタのプロパティ]をクリックし,ドキュメントのプロパティで[レイアウト]タブをクリックし,両面印刷にチェックマークを入れても良い。

・印刷の順序
複数部数の印刷時に,部単位で印刷するか,ページごとに複数枚を印刷するかを指定する。

・色
カラーの印刷機能を有する場合,カラー,グレースケール,白黒の印刷が選択できる。

・グレースケールと白黒印刷
カラー機能がなくとも,グレースケールは,写真印刷などで鮮明な画像が得られるが,スライドの背景に写真などを用いると,文字自体が見えづらくなってしまう。このような場合は,白黒の印刷を指定する。

・[3スライド]のイメージ
[3スライド]を選ぶと,資料の1ページに3つのスライドが印刷される。図4.8.2のようにメモを取るスペースも用意されている。

④ [設定]→[すべてのスライドを印刷]ボタンの右の▼をクリック。表示されたプルダウンメニューから[ユーザー設定の範囲]をクリック。[スライド指定：]で「5-7」と入力する。

⑤ [フルページサイズのスライド],[部単位で印刷]になっていることを確認して,[印刷]をクリック。

(2) 発表時の配布資料の印刷

課題2

作成したPowerPoint資料の発表時の配布資料(図4.8.2右図)を印刷しよう。

＜操作方法＞
① [ファイル]タブ→[印刷]をクリック。
② [フルページサイズのスライド]をクリック。表示されたメニューから,[配布資料]グループの[3スライド]をクリックする(図4.8.2)。

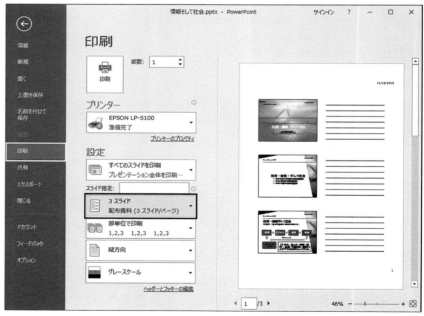

図4.8.2　発表時の配布資料の作成

③ [部単位で印刷]になっていることを確認して,[印刷]をクリック。

(3) 発表者用のメモ書きの印刷

印刷設定画面の[フルページサイズのスライド]→[印刷レイアウト]で,[ノート]を選択すると,発表者用のメモ書きを記したノート資料を印刷することができる(図4.8.3)。

・ノート資料をスライドと共に印刷したハンドアウト(資料)を用意しておくと,発表時にそれを参考にして発表できるので,便利である。

■発表時に,ノート(メモ)を見ながら発表をするためには
ノートは,スライドショーの実行時に,以下のようにして,発表者だけに表示することが可能である。
①[スライドショー]タブ→[モニター]グループ→[発表者ツールを使用する]にチェックマークを入れる。
②スライドショーを実行→[発表者ビューを実行]をクリック。すると,一方のモニタに全画面表示のスライドショーを再生し,もう一方のモニタに発表者用のプレビュー画面(次のスライドのプレビュー,ノートペインに書いたメモ,タイマーなど)が表示される。発表者は,これを見ながら発表することができる。

・発表者ツールを使用するためには,予め,プロジェクタのモニタを,**デュアルディスプレイモード**として接続する必要がある。

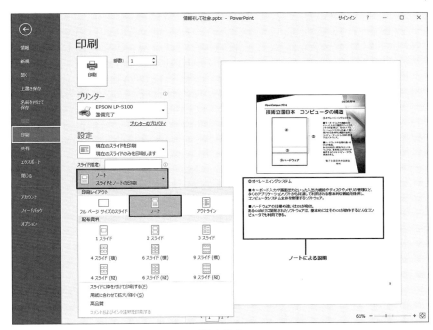

図 4.8.3

課題3

課題2に続き,今度は発表者が発表をする時のメモになるノート資料を印刷しよう。

＜操作方法＞
① [ファイル]タブ→[印刷]をクリック。
② [フルページサイズのスライド]をクリック。表示されたメニューから,[印刷レイアウト]グループの[ノート]をクリックする(図4.8.3)。
③ [部単位で印刷]になっていることを確認して,[印刷]をクリック。すると,図4.8.3右の印刷イメージのようなページが印刷される。

4.8.2　ヘッダーとフッターの挿入

資料には,スライドに日付やスライド番号が印刷されていると,非常に便利である。印刷設定画面の下にある[ヘッダーとフッターの編集]をクリックすると,[ヘッダーとフッター]ダイアログボックス(図4.8.4)が表示される。このダイアログボックスで,[日付と時刻],[ページ番号],[フッター]にチェ

・ヘッダーとフッターの挿入
ヘッダーとフッターの挿入の設定は，[挿入]タブ→[テキスト]グループ→[ヘッダーとフッター]としても設定できる。

・通常，ヘッダーにはタイトルや日付，フッターにはスライド番号や日付を記入する。

・ヘッダーとフッターの位置の確認
[ヘッダーとフッター]ダイアログボックスの[プレビュー]で表示位置を確認しながら各部分のチェックを入れると，挿入される情報の位置が確認できる。
　フッターは中央，日付け・時刻は左下，スライド番号は右下に挿入される。

・日付の自動更新
日付の自動更新では，印刷のたびに日付・時刻が更新される。

・フッターの位置
スライドのみの場合，フッターの指定のみとなる。
ヘッダーは[ヘッダーとフッター]ダイアログボックスの，[ノートと配布資料]タブの時に有効となる。フッターの位置は[スライド]タブの時は，適用したデザインにより位置が異なり，図4.8.4のように，スライド上部に表示されることもある。

・[スライドのサイズ指定(S)]
▼をクリックすると，印刷する書式のサイズを指定できる。書式サイズは，はがきの設定ができるため，暑中見舞いや年賀状や写真L版印刷の作成も簡単にできる。
印刷の向きも[縦][横]の選択ができる。

・ページ設定ダイアログボックス

ックマークを入れると，スライドや配布資料に，それらの情報を挿入することができる。

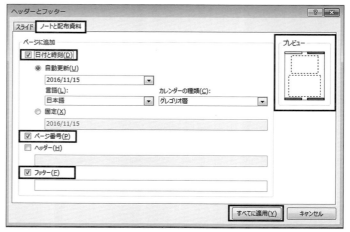

図4.8.4　ヘッダーとフッター

■ 練習 ■
1．作成したPowerPointファイルを用紙1枚につきスライド3枚の設定を行い，フッターにスライド名を入れて[印刷プレビュー]で確認しよう。
2．作成したPowerPointファイルを用紙1枚につきスライド6枚の設定を行い，ヘッダーに資料（テーマ）の名前，フッターにスライド番号を入れて配布資料を作成してみよう。

4.8.3　ページ設定

[デザイン]タブ→[ユーザー設定]グループ→[スライドのサイズ]ボタンの▼をクリック。→表示されたプルダウンメニューから[ユーザー設定のスライドのサイズ]（図4.8.5）を選択することにより，[スライドのサイズ設定]ダイアログボックス（脚注図）が表示され，スライドのサイズや印刷の向きを選択できる。

図4.8.5

■ 練習 ■
[ページ設定]で，はがきサイズの書式を設定してみよう。

総合練習問題

1 ワードアート機能と表機能を用いて，下図と同様の表を作成せよ。ワードアートや表のデザインと効果は自由。セルの中の文字の配置は，縦横共に中央寄せとする（大学名以外）。

西東京地区　大学対抗人力飛行機大会

	第1回	第2回	第3回	総合得点	順位
高尾大学	80m	80m	90m	250m	3
八王子大学	70m	65m	75m	210m	5
立川大学	100m	90m	80m	270m	2
国分寺大学	70m	30m	70m	170m	6
武蔵境大学	80m	60m	80m	220m	4
荻窪大学	100m	120m	110m	330m	1

2 1で作成したワードアートと表をコピーせよ。次に罫線を用いて，下図のように変更せよ。ワードアートは自由，表のスタイルは[淡色スタイル3　－アクセント3]とせよ。

西東京地区　大学対抗人力飛行機大会

	第1回	第2回	第3回	順位
高尾大学	80m	80m	90m	3
	250m			
八王子大学	70m	65m	75m	5
	210m			
立川大学	100m	90m	80m	2
	270m			
国分寺大学	70m	30m	70m	6
	170m			
武蔵境大学	80m	60m	80m	4
	220m			
荻窪大学	100m	120m	110m	1
	330m			

3 グラフ機能を用いて，下のデータ（ある年の株価）を入力しグラフを作成せよ。
グラフは，[集合縦棒]とし，グラフのスタイルは[スタイル14]を適用せよ。

	A	B	C	D	E
1		3月	4月	5月	6月
2	日本フイルム	1000	950	1400	1290
3	京都自動車	1950	1850	2600	3200
4	ワールド電器	2000	1980	2500	3300
5	神奈川電鉄	800	900	1200	1350
6	小田原化学	2200	2150	2300	2500

データ（ある年の株価）

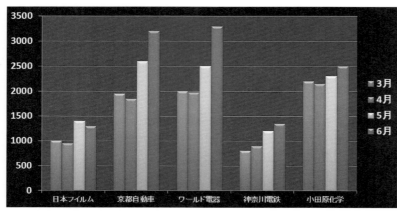
グラフ完成図

4 3で作成したグラフを,下図のような横棒グラフに変更せよ。目盛の間隔は1000とせよ。グラフは[総合横棒]とせよ。

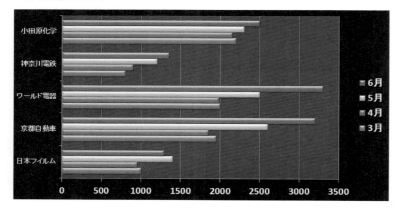

5 スライド上に,オンライン画像から好みの自動車を2台コピーし,速度の異なるアニメーションを設定せよ。

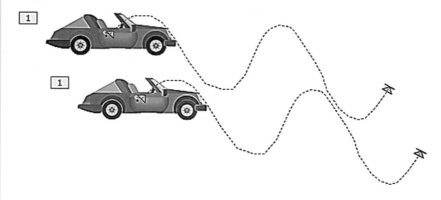

6 【PowerPoint 課題】

下記の（1）～（7）の条件に従って，「2016 リオデジャネイロオリンピック」をテーマとしたプレゼン資料を作成しなさい。

（1） 1枚目のスライドのタイトルに，「2016 リオデジャネイロオリンピック」，サブタイトルに「学生番号，氏名」を記載し，タイトルにふさわしい画像を挿入せよ。

（2） 2枚目のスライドに以下の内容を記述する。内容の各項目には，行頭文字（●）を挿入する。

　　　　タイトル：2016 リオデジャネイロオリンピック

　　　　内　　容：●初めて南米で開催されるオリンピック
　　　　　　　　　●世界で戦争が続けられる中で，難民選手団が参加した
　　　　　　　　　●ブラジルでは，陽気なサンバとボサノヴァが有名
　　　　　　　　　●アントニオ・カルロス・ジョビンは作曲家でミュージシャン
　　　　　　　　　●次回は，幾多の障害を乗り越えて東京で開催される

（3） 2枚目のスライドには，好みの画像をオンラインで検索して挿入する。

（4） 3枚目のスライドに，以下の内容で[集合縦棒]を作成せよ。

　　　　タイトル：主要6か国のメダル獲得数

国・地域	金メダル	銀メダル	銅メダル	合計
米国	46	37	38	121
英国	27	23	17	67
中国	26	18	26	70
ロシア	19	18	19	56
ドイツ	17	10	15	42
日本	12	8	21	41
フランス	10	18	14	42

（5） 4枚目のスライドに以下の内容を記述する。

　　　　タイトル：感動を与えた日本選手団　メダル獲得総数 41 個の快挙

　　　　内　　容：ベテラン・新人　メダルを総なめにした女子レスリング
　　　　　　　　　安定した強さの男子体操
　　　　　　　　　ウサイン・ボルトを驚かす陸上 400 メートル
　　　　　　　　　マイケル・フェルプスと渡り合う競泳男子 4×200 メートル
　　　　　　　　　世界トップレベルに到達の男女卓球など
　　　　　　　　　想定外もあったけれど，やっぱりスポーツは最高！
　　　　　　　　　東京オリンピックへの期待が広がる！

（6） 4枚目のスライドに，画像（自由）を2つ挿入し，アニメーション効果をかけること。

（7） フッターに「2016 リオデジャネイロオリンピック」と記載し，スライド番号を挿入する（全スライドに表示すること）。

第5章

Google を用いた知の情報検索と
クラウドコンピューティング

5.1　Google の起こした情報革命
5.2　Google を利用したクラウドコンピューティング
5.3　Google を利用したインターネット上のファイル共有と
　　　共同作業
5.4　スマートフォンからの Google 利用と
　　　リアルタイムな情報収集

5.1 Googleの起こした情報革命

・Googleという名称
「google」とは1の後に0が100個続く101桁の数を表す数学用語「googol」をもじったものである。

・クローラ
このような, 全文検索型サーチエンジンの検索データベースを作成するために, クローラと呼ばれるプログラムが, 世界中のWebページを収集している。

　私たちは, Googleのようなインターネットの検索サイトを利用して, さまざまな情報を検索し, 収集することができる。検索サイトでは, インターネット上にある情報を, クローラと呼ばれるプログラムが日々収集・蓄積・解析している。さまざまなコンテンツを集めた巨大なサイトをポータルサイト, または, 単にポータルと呼ぶ。たとえば「音楽ポータル」というと, 「音楽のコンテンツを集めたサイト」という意味になる。また, 検索サイトのコンテンツが充実, 巨大化し, ポータルサイトとなることもある。GoogleやYahoo! がその例である。

　本章では, 数あるポータルサイトや検索エンジンのなかで, なぜGoogleが注目されているのか, その仕組みや技術について学ぶ。その上で, Googleにより提供されているさまざまなサービスを活用して, クラウド時代のリテラシーを身に付ける。

　本章における各課題は, 自分で調べる能力を高めることを意識した課題になっている。そのため, "自分で調べて", "自分の考えをまとめる"こと, さらに, 他人と協力し, グループで共同作業する能力を培うことも重要である。積極的に取り組もう。

5.1.1 Googleを支える情報基盤

　Googleは検索結果を表示する際に, **ページランク**という独自の方式を使用している。ページランクとは, Webページの重要度を決定するための方策であり, そのページの重要性を測る指標としては, 被リンク数を用いている。つまり重要なWebページはたくさんのサイトからリンクされると考え, より多くリンクされているページを上位にランキングして, 検索結果の上位に表示するという方策である。実際には, ページランクとその他のルールを組み合わせて, 検索結果を表示している。Googleの検索結果の的確なランキングの背景には, ページランクのみならず, その他の大量のデータを扱う情報基盤がある。

　コンピュータには, 障害が付きものである。プログラムのエラーやコンピュータの故障で情報が処理できなくなることが頻繁に発生する。Googleは, 比較的安価なコンピュータを, 複数台使うことでこの問題を解決している。つまり, 1年に1日くらい壊れるコンピュータであっても, コンピュータを複数台で動作させることで, 1台壊れても他のコンピュータが同じ処理を継続し, 障害を回避するというシステムを採用しているのである。

　またGoogleは, **クラウドコンピューティング**と呼ばれる形態でサービスやアプリケーションを提供している。インターネット経由でサーバが処理を

・クラウドコンピューティングとは, データをインターネット上のサーバに保存し, ネットワークを通じて, サービスやアプリケーションを利用すること等を指す。

・クラウドコンピューティングは, 単にクラウドとも呼ぶ。

行い,ユーザーに結果を返すことによりサービスを提供している。この他にもGoogle File System(GFS)という独自のファイルシステムや,BigTable(大規模データベース)などもGoogleの大規模システムを支える技術である。このような技術の集大成により,大量データを高速に処理することができるのである。

・クラウドコンピューティングについての詳細は,"本章5.2 Googleを利用したクラウドコンピューティング"を参照。

5.1.2 Googleのビジネスモデル

Googleには,今までのコンピュータ企業とは違ったビジネスモデルがある。無料でサービスを提供する秘密もここにあるといえる。少々大胆だが,大企業のビジネスの内容を一言で表現すると,次のようになる(表5.1.1)。

・**Android OS**
Googleは検索サービスだけではなく,アンドロイドという携帯端末用のOSも開発,提供している。

表5.1.1 大企業のビジネスモデル

企業名	中心となるビジネスモデル
IBM	ハードウェアの販売やシステムの設計・構築・運用を総合的に提供する。
Microsoft	OS(Windows)やオフィスソフト(Office)などのソフトウェアの開発・販売を行う。近年では,ハードウェア(Surfaceタブレット)やクラウド事業にも取り組んでいる。
Apple	ハードウェアとソフトウェアを組み合わせ販売する。デザインやコンセプトを重視した製品が特徴。iPhoneやmacが有名。
Google	検索サイトだけでなく,さまざまなクラウドサービスを無料で提供する。検索結果などに関連する広告を表示することでスポンサーから収入を得ているインターネット上の広告代理店。

・**Googleの歴史**
については,以下のサイトを参照のこと
https://www.google.co.jp/about/company/history/

Googleの収益の中心は広告によるものである。無料でサービス(検索サイト,メールサービス,動画共有サービス)を提供する代わりに,利用するたびに広告を表示する。このような広告は検索キーワードまたはページの内容に対応して表示される有料の広告サービスであり,**スポンサーリンク**と呼ばれる(図5.1.1)。

・なぜいろいろなサービスを無料で提供しているのか?提供できるのか?をよく考えよう。

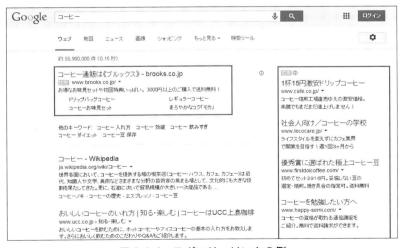

図5.1.1 スポンサーリンクの例

280 | 第5章 Google を用いた知の情報検索とクラウドコンピューティング

5.1.3 │ Google を活用しよう

　続いて，Google の提供している主なサービスを紹介する。次のようなサービスがある（表5.1.2）。これらのサービスのほとんどがクラウド上で提供され，Web ブラウザを通じて利用することができる。

・Google イノベーションの歴史
1998年：検索サイトGoogle開始。
2000年：登録されているページが10億を突破し，世界最大の検索エンジンになる。
　日本語での検索サービスの開始。
2001年：初の海外オフィスを東京に設立。
　画像検索開始。
2002年：Google ニュース開始。
2004年：Gmail 開始（ただし招待制）。
2005年：Google マップ開始。
2006年：Google ドキュメント開始。
　Gmail が携帯端末に対応。
　YouTube 社の買収を発表。
2007年：Gmail が一般公開に。
　Google ドキュメント開始。
2008年：Google Chrome の提供開始。
　T-Mobile より初のAndroid 搭載携帯端末 G1 の発表。
　ストリートビュー開始。
2009年：日本初の Android 端末HT-03A 発売。
　ChromeOS 発表。
2012年：Google ドライブ開始。

・イノベーションとは，革新する，刷新するという意味で，一般にアイディアから新たな価値を想像するということを意味する。

表5.1.2　Google が提供する代表的なサービス

Web 検索	ホームページの検索機能
Gmail	Web メール。スマートフォン用の機能も充実しており，スマートフォン用アプリケーションやスマートフォン用の表示機能がある。
Google カレンダー	クラウド版のカレンダー・予定管理機能。
Google マップ	クラウド版の地図。衛星写真も見ることができる。ストリートビューという道路から撮影した写真をつなげ合わせた画像もある。 Google マップを使えば，出かけるときに事前に地図を見ることができる。通常の地図に加え，衛星写真もあるので，家にいながらさまざまな（上空からの）風景を見ることができる。
YouTube	動画の視聴，アップロード，共有サービス。Google は 2006年に YouTube 社を買収した。
Picasa	写真を整理，編集，共有するアプリケーション。Google+のフォト機能と連携に優れている。
Google ドライブ	クラウド上で文書，表計算，プレゼンテーション資料などを作成して共有することができる。文書は Google ドキュメント，表計算は Google スプレッドシート，プレゼンテーション資料作成は Google スライドで作成する。
Google+（グーグルプラス）	Google の提供する SNS（ソーシャル・ネットワーキング・サービス）。オンラインでの個人間のコミュニケーションをサポートする。文字・写真・動画等を通じて日々の自分の状況を発信し，他人とコミュニケーションができる。
Google アラート	設定したキーワードに関する情報の検索結果をメールで受信することができる。
Google ニュース	さまざまなサイトからニュースを集めて表示する。記事の検索も可能。
Google Chrome	Google が提供しているブラウザ。Android（バージョン4.0 以降）にも提供されている。

課題1

　Google のサービスを調べてまとめてみよう。

・次の課題で，このレポートを基にディスカッションするため，数人で同じサービスを調べるようにする。

・"機能"をまとめるコツ：他の類似したサービスと比較したり，「できること」と「できないこと」を整理することで機能の特徴が明確になる。

・タイトルや所属，名前，日付など明記すること。

次のポイントをおさえてまとめること。

・利用したことのないサービスを1つ選択する

・複数人で同じサービスを調べる

・利用する前に，サービスの機能を調べる

・実際に利用して，使用感・感想を記述する

・A4 1枚を目安にレポート形式にまとめる

＜操作手順＞

① ブラウザソフトを立ち上げ，Google トップページにアクセスする。
② サービスを選択する時は ▦ [Google アプリ]から探すとよい。▦ [Google アプリ]から[もっと見る]→[さらにもっと]とクリックする(脚注図)。
③ サービスの一覧画面が表示される(図 5.1.2)。

・Google トップページの URL
https://www.google.co.jp

②もっと見る

図 5.1.2　Google のサービス

②さらにもっと

■ 練習 ■

1. 課題 1 でまとめたサービス内容を比較してみよう。
   さらに，次のポイントを意識してディスカッションしてみよう。
   ・自分のレポートのポイントをうまく相手に伝える。
   ・自分にはない，新たな観点／発見がないか考える。
   ・相手の意見に疑問点があったら積極的に質問する。
   ・相手のレポートに良いと思う点があったら，その旨を伝える。
   ・相手を批判するのではなく，建設的なコメントをすること。
   ・自分のレポートに改善する点があったら，素直に受け止める。
2. 練習 1 でディスカッションした内容を踏まえ，自分のレポートを修正しよう。

　このようにまず初めに，自分でドラフト版を作成し，他人からの意見を反映して，最終版として完成させると，質の良い資料を素早く作成することができる。

・Google のサービスは，時として廃止されたり，操作方法が変更になったりする。普段使っているサービスでも，新しい機能が追加されていたりする。
そのため，操作方法を覚えるのではなく，判断能力や調べる能力を高めることが重要である。
そのためには，基本的な情報リテラシーが重要である。

・ブラッシュアップ
短時間に一度大まかに作り，その後，少しずつ質を上げること，磨きをかけることをブラッシュアップと呼ぶ。

第5章 Google を用いた知の情報検索とクラウドコンピューティング

5.2 | Google を利用したクラウドコンピューティング

> ・**クラウドコンピューティング**とは、データをインターネット上のサーバに保存し、ネットワークを通じて、サービスやアプリケーションを利用する等の利用形態を指す。

> ・クラウドコンピューティングは単にクラウドともいう。

近時、私たちの仕事や生活に大きな変革を与えている情報システムとして、クラウドコンピューティングがある。クラウドコンピューティングとは、技術的な革新というよりインターネットを基盤としたコンピュータの利用形態を意味する。ユーザーは、自らのコンピュータに高機能なハードウェアやソフトウェアを用意することなく、インターネット経由で、データベースやサーバー機能、また、文書作成、表計算および、メール、ファイル転送等の、さまざまアプリケーション機能を利用できる。つまり、インターネットにさえ接続できれば、いつでもどこでも利用することができる。クラウドの特徴として、次の3つがある。

- ・データをサーバ側で管理する
- ・PC にソフトウェアをインストールすることなく利用できる
- ・複数人で情報を共有する機能を持つ

> ・共有する機能を持たない場合もある。

特に、"データをサーバ側で管理する" 点がポイントである。サーバ側でデータを管理することにより、データを持ち歩く必要がなくなる。例えば、自宅でドキュメントを作成してサーバに保存し、大学では、その保存したデータを開き、利用することが可能である。

これらの運用や管理業務は、おもに Google(Google Apps)、Amazon(Amazon EC2/S3)、Microsoft(Windows Azure Platform)などのクラウド型サービスを提供する企業(クラウドサービスプロバイダー)で提供され、現在、急速に増加・普及しつつある。

本節では、Google のサービスを利用して、クラウドコンピューティングを学ぶ。まずは、利用をする前に、クラウドコンピューティングについて考えてみよう。

5.2.1 | 利用するその前に 利用規約の確認とアカウントの取得

(1) 利用規約を確認しよう

> ・あくまで "仮に" だが、Google が預かったデータを自由に公開できるという方針にしていたらどうだろうか？

> ・自分のデータを預けているので、リスクは理解しておく必要がある。

クラウドでは、データをサーバ側に預けることになる。自分のコンピュータ上だけで資料を作成する場合は、自分のコンピュータだけにしかデータがないが、ネットワークを通じて、サーバ上に自分のファイルがある訳である。そのため、預けているデータを、Google がどのような方針で管理しているのか把握することが重要である。

"本章 5.1.2 Google のビジネスモデル" にて、検索結果に広告が表示される例を示したが、検索したキーワードである「コーヒー」に関する広告を表

示することができるので,広告効果は高い(図5.1.1)。つまり,Googleは利用者の情報を利用して,的確な広告を選択して表示しているのである。Googleが利用者のデータを集計に利用していることになる。

　企業秘密に関するような情報や個人の情報を1企業であるGoogleにアップすることはリスクがあるという点を十分に理解して利用する必要がある。また,あくまでGoogleという1企業のビジネスモデルの範疇であり,提供されているサービスが収益につながらないと判断されれば,停止されることもありうるのである。

・サーバに預かったデータの管理方針やサービスの停止に関する説明も利用規約に記載されている。

課題1

Googleの利用規約やプライバシーポリシーを読み,ポイントをまとめてみよう。

■課題1　特に,以下の点について確認しよう。
①サーバに預けたデータの権利はだれが持つか?
②Googleはデータをどのように利用することができるか?
③サービスが停止される場合はどうなるか?
④故障等により,ファイルが失われた場合はどうなるか?
⑤サービスの内容が変更される場合には,どのような手順で変更されるのか?
⑥利用にあたっての制限はあるか?容量制限や利用期限に制限はないか?

＜操作手順＞
① Googleのトップページの下の方にある[プライバシー]をクリックする(図5.2.1)。

図5.2.1　プライバシーを選択

② [プライバシー]をクリックし,表示された内容(脚注図)を読み,ポイントをまとめる。同様の手順で利用規約も確認する。

・② Googleプライバシーポリシー

課題2

Googleに類似したサービスと比較してみよう。

・利用規約
Googleトップページ→[ログイン]→[アカウントを作成]をクリックした後の画面に表示された利用規約をクリックしてもよい。

　例えば,メールサービスであれば,Gmailの他にYahoo!メールやOutlook.com等がある。特に以下の点について比較し,パワーポイントにまとめてみよう。

・Outlook.comは,マイクロソフトが提供している。

・使用できる容量や機能
・連携可能なサービス
・利用規約の内容
・セキュリティ対策

・例えば，グループで作業をしたいという目的があれば，共同作業がやりやすいものがよい。大量のデータを管理するのであれば，容量が大きいサービスがよい。組み合わせて利用する方法もある。

■アカウントを新規に取得する際には，以下の点に注意をすること。
①パスワードを忘れない
②パスワードは他のサービスと同じにしない
③利用規約を確認する

①アカウントを作成

・住所や電話番号などは任意入力の場合も多い。

・**CAPTCHA**は，コンピュータで自動的にアカウントを取得する不正行為を防ぐためである。文字情報だけの場合，自動的にアカウントを作ることが比較的容易に可能だが，読みにくい画像から文字を把握することは難しいためである。

■ 練習 ■

比較した結果を基に，どのサービスがよいかをディスカッションしてみよう。ディスカッションするにあたっては，利用目的を明確にしておくとよい。何を重視して，何を妥協するかを検討するときに，利用目的が明確であると比較しやすい。

(2) Google アカウントの取得

課題3

Google のアカウントを取得しよう。

＜操作手順＞

① Google のトップページにある[ログイン]をクリックする。表示された画面で[アカウントを作成]をクリックする(脚注図)。

② 表示されたページの内容に従い入力する(図5.2.2)。必須の入力項目と任意の入力項目があるので，注意する。また，アカウント登録時には，CAPTCHA(キャプチャ)と呼ばれる画像の文字を読み，入力を促される。少し読みにくくなっているので注意して入力する。

図5.2.2　アカウント情報の入力

5.2.2　Gmail を使ってみよう

Web メールソフトは，ネットカフェ等，どこでもインターネットに接続さえできれば，メールを送受信することができ，現在の主流になりつつある。

Gmail はメール用のデータ領域が非常に大量に提供されているので、読み終わったメールを削除せずに、「アーカイブ」することができる。アーカイブされたメールが必要になった時は、検索して再度メールを閲覧することも可能である。また、メールの内容／種類ごとに「ラベル」を付け、このラベルによってメールを分類することができる。

・他のメールソフトのように、メールをフォルダに分けるのではなく、メールに"ラベル"をつけることにより整理するという発想で考えられている。

■一般的なメールソフトと Web メールの相違

課題4

メールを利用する方法として、メールソフトを使う方法と Web メールを使う方法の違いを、次の5つの観点で比較し、表にまとめてみよう。
・メールデータの保存先　・設定情報の保存先
・利便性　　　　　　　　・ネットワーク接続できない場合
・利用上の注意点

・**代表的なメールソフト**としては Outlook Express, Thunderbird などがある。
・メールソフトはメーラーとも呼ぶ。

ヒント：
Web メールの特徴
サーバでデータや設定情報を管理するため、インターネットに接続できる環境があれば、どこでも利用できるため利便性が高い。逆にネットワークに接続できない場合は、過去に受信したメールも見ることができない。共有 PC を使うときには、ログイン情報を保存しないようにして、使い終わったら必ずログアウトすること。

■メールの送受信／検索

メールを送信するには、画面左側にある「作成」ボタンをクリックする。宛先、件名、本文を入力して「送信」ボタンをクリックするとメールを送信することができる（図 5.2.3）。

・**メールソフトの特徴**
パソコンにデータや設定情報を管理するため、メールソフトをインストールし、設定した PC 上でないと利用できない。受信したメールはパソコンに保存されているので、ネットワークに接続できない状況でも、過去に受信したメールは見ることができる。サーバ側には受信したメールは一定期間しか残っていないので、パソコンが壊れたり、紛失したりすると、データを失うことになる。

図 5.2.3　Gmail　新規メールの作成

メールの検索は，画面上部のテキストボックスにキーワードを入力し，アイコンをクリックして検索する。

詳細な検索条件を指定する場合は，テキストボックス右端の▼をクリックすると，検索オプションの入力画面が表示される（図5.2.4，図5.2.5）。

図5.2.4 検索オプションの表示方法

図5.2.5 検索オプション画面

さらに，高度な機能としては，設定をすることにより，別のアカウントのメールを送受信することもできる。**POP3**，**SMTP**，**IMAP** 等のプロトコルにも対応している。

課題5

ログイン状態の保持を試してみよう。

ログイン状態を保持してログインした場合と，保持せずにログインした場合とでは，Webメールを一度終了させ，再度起動した場合に，Webメールの状態がどのようになっているかを確認してみよう（注を参照のこと）。

Webメールを共有PCで利用する場合は，ログイン状態を保持しないようにする必要がある。ログイン状態を保持するとブラウザを一度終了しても，再度ブラウザを起動した時に，ログイン状態が保持されている。この場合は，他人がログインなしでメールを利用できてしまう。この危険性を回避するためには，ログイン状態を保持せずにログインするか（図5.2.6），又は必ずログアウトしてから（図5.2.7）終了することが重要である。

・**POP3とIMAP**
メール受信には，POP3とIMAPという2つの種類がある。ここでは，POP3というプロトコルでメールを利用するケースで記述している。POP3では，自分のパソコンにメールを保存する。IMAPでは，サーバでメールを保存する。

・**ログイン状態を保持しない場合**には，再度ログインが必要。

・**ログイン状態を保持した場合**には，ログイン不要で利用できる。

ログイン状態を保持せずにログインするには
＜操作手順＞
①Gmailにログインする際に，[ログイン状態を保持する]をチェックを外してログインする（図5.2.6）。
②ブラウザを閉じて，再度Gmailページへアクセスする。

ログイン状態を保持してログインするには
＜操作手順＞
①Gmailにログインする際に，[ログイン状態を保持する]をチェックをしてログインする（図5.2.6）。
②ブラウザを閉じて，再度Gmailページへアクセスする。

図 5.2.6　ログイン状態の保持のチェック欄

図 5.2.7　ログアウト

■ 練習 ■

Gmail の他の機能を使ってみよう。メールの送受信以外にもいろいろな機能がある。次の機能を試してみよう。
・メールの検索
・ラベルの付与や新しいラベルの作成
・メールの振り分け
・迷惑メールへの登録／解除

・ホームページのリンクがあったり（フィッシング詐欺），キーワード等で自動的に迷惑メールと判定される。

5.2.3　Google ドライブを使ってみよう

Google ドライブは，インターネット上で利用できるオフィススイートである（図 5.2.8）。マイクロソフトの MS-Office ほどの豊かさはないが，ほぼ同等の機能をブラウザだけで実現している。

・**Google Chrome**を使用のこと。

・**Google ドライブには**現在，［文書］，［スプレッドシート］，［プレゼンテーション］，［図形描画］，［フォーム］の5つのソフトウェアで構成され，MS-Officeの［Word］，［Excel］，［Power Point］，［ペイント］等に相当するものである。［フォーム］では，アンケート集計がリアルタイムで行うことができる。

・利用できる機能は日々改善されており，今日では，スマートフォンからも利用できるようになっている。

・スマートフォンで文書を作成するのは非効率なので，閲覧と軽微な修正が主な用途である。他の人が作成した文書を，移動中に読むことができる。

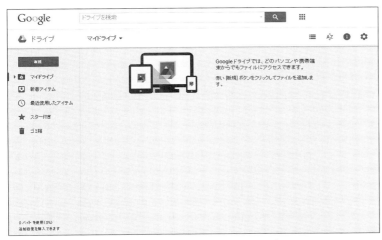
図 5.2.8　Google ドライブのトップ画面

(1) [文書]の利用　文書の作成／書式設定

> **課題6**
>
> Googleドライブの[Googleドキュメント]を使って文書を作成してみよう。ここでは，箇条書きを使った文書を作成する(図5.2.9)。

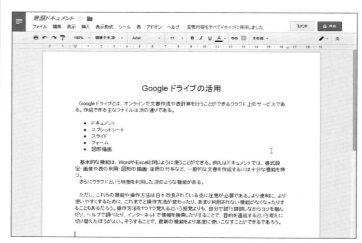

図5.2.9　文書完成イメージ(文字のみ)

＜操作手順＞

① Googleのトップページの上部から[ドライブ]をクリックする(脚注図)。
② Googleドライブのトップ画面で，ID(メールアドレス)とパスワードを入力する。
③ 表示されたドライブの画面(脚注図)の[新規]ボタンをクリックし，表示されたプルダウンメニューから[Googleドキュメント]を選択する。
④ 表示された文書作成画面(図5.2.10)で，「Googleドライブの活用」と入力し，フォントサイズを18，中央揃えに設定する。

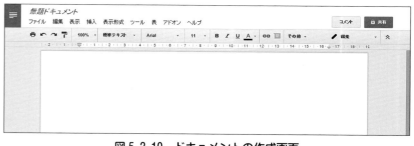

図5.2.10　ドキュメントの作成画面

⑤ 「Googleドライブとは，オンラインで文書作成や表計算を行うことができるクラウドのサービスである。作成できる主なファイルは次の通りである。」と入力する(図5.2.11)。

・① Googleドライブへ移動する

・③ 新規ドキュメントの作成

・⑤⑥文章は，全く同じでなくとも構わない。

⑥ 5つの機能である「ドキュメント,スプレッドシート,スライド,フォーム,図形描画」を1行ごとに入力し,箇条書きに設定する(図5.2.11)。

・⑥**箇条書きにするには**,ツールボックス→[その他]→[箇条書き]をクリックする。

図5.2.11　箇条書きの設定

⑦ 次の文書を入力する。

> 　基本的な機能は,WordやExcelと同じように使うことができる。例えばGoogleドキュメントでは,書式設定・画像や表の利用・図形の描画・注釈の付与など,一般的な文書を作成するには十分な機能を持つ。
> 　さらにクラウドという特徴を利用した次のような機能がある。
>
> 　ただし,これらの機能や操作方法は,日々改良されている点に注意が必要である。より便利に,より使いやすくするために,これまでと操作方法が変わったり,あまり利用されない機能がなくなったりすることもあるだろう。操作方法を1つ1つ覚えるという感覚よりも,自分で試行錯誤しながらコツを掴んだり,ヘルプで調べたり,インターネットで情報を検索したりすることで,目的を達成するという考えに切り替えたほうがよい。そうすることで,最新の機能をより高度に使いこなすことができるであろう。

・この文書と全く同じでなくてもかまわない。自分で考えて文書を作成してよい。

以上で,文書作成の完成である。

(2) 画像や表の挿入

課題7

課題6で作成した文書に画像と表を挿入しよう。

＜操作手順＞

① 画像を,挿入したい位置にドラッグ＆ドロップする(図5.2.12)。メニューから[挿入]→[画像]と選択して,画像を挿入することもできる。

・ここでは,「ただし,これらの機能や操作方法は,日々改良されている点に注意が必要である。」の前に画像を挿入する。

図 5.2.12　画像の挿入

・②[テキストを折り返す]に設定すると,画像を自由な位置に移動することができる。

[テキストを折り返す]に設定

② 挿入した画像をクリックし,[テキストを折り返す]に設定する(脚注図)。設定したら,画像を右端に移動する。

③ 続いて表を挿入する。メニューから[挿入]→[表]→2列×6行のマスまでドラッグする(図5.2.13)。

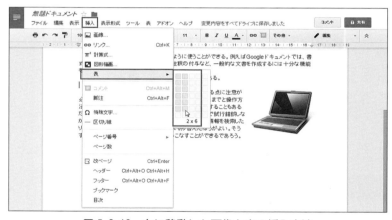

図 5.2.13　右に移動した画像と表の挿入方法

④ 表内の文字を下記を参考に入力する。また,列幅も修正する(図5.2.14)。表タイトルは,太字,中央揃えとし,背景色を灰色に設定する(脚注図)。

・表タイトル部分をマウスで選択した状態で,マウスの右クリックメニューから[表のプロパティ]を選択する。

④表タイトルの背景色の設定

図 5.2.14　表の完成イメージ

以上で，画像と表の挿入の完成である。

(3) 文書の保存―ファイル名の変更

新規作成した文書には，自動的に"無題ドキュメント"という名前になっている。文書を作成しているタブを閉じるとファイル名の一覧が表示され，そこに"無題ドキュメント"が表示されているはずである。ファイルの名前を変更しよう。

課題8

作成した文書のファイル名を変更しよう。

・①ファイル名の変更

＜操作手順＞
① 名前を変えたいファイルを右クリックし，表示されたメニューから[名前を変更]をクリックする(脚注図)。
② 表示されたファイル名入力画面で新しいファイル名を入力する。ここでは「Google ドライブの活用」と入力する。

(4) クラウドならではの機能

ドキュメントの文書作成画面における，クラウドならではの特徴的な機能として，以下のようなものがある。

■**ウェブクリップボード**：コピーした範囲を選択した状態で，メニューから[編集]→[ウェブクリップボード]→[選択範囲をウェブクリップボー

・①ファイルを開いている状態で，右上のファイル名をクリックしてもファイル名の変更ができる。

ドにコピー]と選択する(図5.2.15)。別のパソコンでも,同じアカウントでログインすれば,コピーした内容を利用できる(図5.2.15)。

図5.2.15　ウェブクリップボード

■**翻訳**：メニューから[ツール]→[ドキュメントを翻訳]と選択する。簡単に他の言語に翻訳することができる。

■**リサーチ**：メニューから[ツール]→[リサーチ]と選択する。画面右側にリサーチ用の領域が表示され(図5.2.16),検索した結果を簡単に文書に反映できる。文書内の文字列を選択して,リサーチすることも可能。

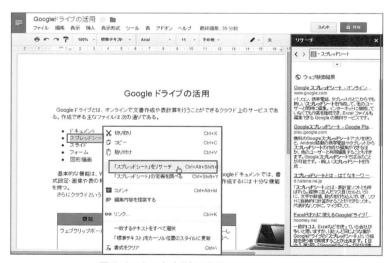

図5.2.16　文字列を選択してリサーチ

・練習2の操作手順
メニューから[ファイル]→[形式を指定してダウンロード]→PDFドキュメント(.pdf)と選択する。

■ 練習 ■

1. 上記ウェブクリップボード,翻訳,リサーチ機能を使ってみよう。
2. 完成した文書をPDF形式で出力しよう。

5.2.4 Google スライド

　Google スライドは，プレゼンテーションにおける発表資料の作成ソフトであり，MS-Office で言えば，PowerPoint に相当するものである。PowerPoint ほどの豊かな機能は装備されていないが，基本的な構造はできている。以下，その作成方法を学ぼう。

課題9

　Google スライドでプレゼンテーション資料を作成しよう。資料には，画像・動画・図形を追加し，次のような5枚のスライドを作成する。

・**画像／動画／図形の挿入**
画像／動画／図形を使えば，自分なりにアレンジしたものを使ってもよい。

図スライド1

図スライド2

図スライド3

図スライド4

図スライド5

図 5.2.17

<操作手順>

① [新規]ボタンをクリックし，表示されたプルダウンメニューから[Google スライド]を選択する（脚注図）。
② 表示された[テーマ選択]のウィンドウから好きなテーマを選択する。また，右下の[スライドのサイズ]で高さと幅の比率を選択し，[OK]ボタンをクリックする（図 5.2.18）。

・①スライドの新規作成

・②ここでは，テーマは[ラベル]・スライドのサイズは，[標準4：3]を選択している。

図 5.2.18　テーマ選択

③ 表示された1枚目のスライドの画面で，次のように入力する（図 5.2.19）。

　　　入力内容　：

| タイトル　　：Google ドライブの活用 |
| サブタイトル：クラウド時代の情報リテラシー |

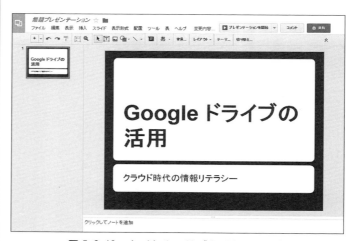

図 5.2.19　タイトル・サブタイトルの入力

④ ➕▼ の▼の部分をクリックし，図 5.2.20 のようにスライドの種類を選んで2枚目のスライドを挿入する。また，➕▼ の＋の部分をクリックすると直前に挿入した種類のスライドを挿入することができる（図5.2.20）。

・ここでは，[タイトルと本文]を挿入している。

・**新しいスライドの挿入**
[スライド]→[新しいスライド]をクリック。または，[挿入]→[新しいスライド]をクリックでもよい。

5.2 Google を利用したクラウドコンピューティング | 295

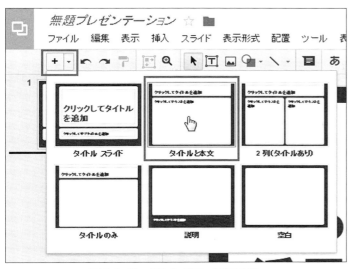

図 5.2.20　新しいスライドの挿入

⑤　2枚目のスライドで図 5.2.21 のように入力する。箇条書きの箇所には，[番号付きリスト] アイコン で番号付きリストを設定し，[インデント増] アイコン でインデント 1 つ分を設定する。

・⑤**箇条書きとインデント**
ツールボックス→[その他]をクリックすると，箇条書きやインデントのアイコンが表示される（図 5.2.11 を参照のこと）。

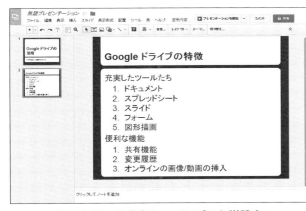

図 5.2.21　箇条書き・インデント増設定

⑥　スピーカーノートに入力する。メニューから [表示]→[スピーカーノート] を選択すると画面下部に [スピーカーノート] 入力欄が表示される（図 5.2.22）。
　　[スピーカーノート]への入力内容：
　　　※日々機能が追加されています
　　　※「共有機能」と「変更履歴」がポイント

・**スピーカーノート**には，発表時に説明するためのメモを書く。

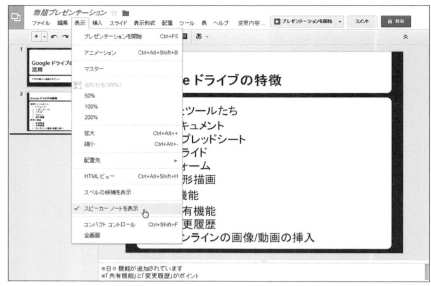

図 5.2.22　スピーカーノートを表示

・画像や動画を利用する際には著作権に気を付けよう。

・画像の挿入方法 1
①ブラウザを立ち上げ, 画像検索などで目的の画像を選ぶ。
②その画像を Google スライドの 3 枚目のスライドにドラッグ＆ドロップする。

・画像の挿入方法 2
①[挿入]→[画像]をクリック。
②表示された画面に目的の画像をドラッグ＆ドロップする。
または, [アップロードする画像を選択]ボタンをクリックして, 目的の画像を指定する。

・挿入する画像
挿入する画像は, jpeg ファイルや gif ファイルなど比較的ファイルサイズの小さいものを指定するとよい。ファイルサイズの大きな画像はアップロードできない場合がある。

⑦ 同様に 3 枚目のスライドと, 4 枚目のスライドを作成する。3 枚目のスライドには画像, 4 枚目のスライドには動画をそれぞれ挿入する。別のブラウザで好きな画像を見つけ, ドラッグ＆ドロップで挿入することもできる。
・3 枚目のスライドの入力内容：
　　画像の挿入もできます
　　ドラッグ＆ドロップでも挿入できます(図 5.2.23)
・4 枚目のスライドの入力内容：
　　動画の挿入もできます(図 5.2.24)

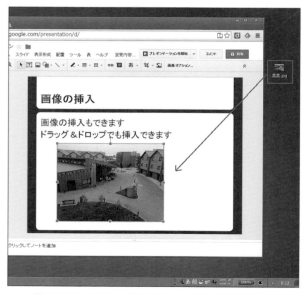

図 5.2.23　ドラッグ＆ドロップでの画像の挿入

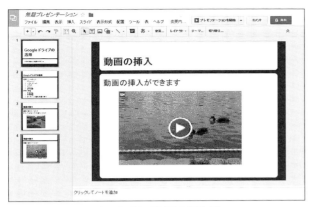

図 5.2.24　動画の挿入後

・動画の挿入方法
①[挿入]→[動画]をクリック。
②表示された画面で,動画検索を行ない選択する。

ワードアートは,メニューから[挿入]→[ワードアート]を選択し作成する。図形は,メニューから[挿入]→[図形]から使いたい画像を選択し作成する。

⑧　5枚目のスライドにワードアートと図形を描画する(図5.2.25)。
　　入力内容　　：ワードアートや図形も簡単です
　　　　　　　　　　Googleドキュメントを使うと…
　　左の長方形：共有機能　変更履歴
　　右の長方形：効率的な共同作業が可能に

・ワードアートの挿入
①メニューから[挿入]タブ→[ワードアート]を選択する。
②表示された[文字入力]ボックスに,文字を入力し,[Enter]キーを押す。

・図形の挿入1
①メニューから[挿入]→[図形]をクリック。
②表示されたメニューから使いたい図形を選択する。
③スライド上にドラッグして作成する。

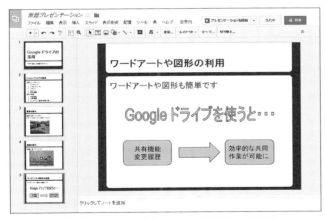

図 5.2.25　ワードアート・図形描画の挿入後

・図形の挿入2
ツールボックスの図形ボタンをクリックする。

⑨　入力が完成したら,メニューの[ファイル]→[名前を変更]をクリックする。表示された入力画面で,「Googleドライブの活用」というファイル名に変更する。

　　以上で,プレゼン資料作成の完成である。

・⑨名前の変更
ファイルを閉じて,ドキュメントの一覧画面に戻り,該当ファイルを選択し,[名前を変更]をクリックし,「Googleドライブの活用」というファイル名に変更してもよい。

298 | 第**5**章 Google を用いた知の情報検索とクラウドコンピューティング

5.3 | Google を利用したインターネット上のファイル共有と共同作業

クラウドコンピューティングでは, コンピュータが扱うデータをサーバ側で管理することにより, ネットワークに接続できる環境であれば, いつでもどこでもサービスを利用することができる。さらに, インターネット上でファイルを共有したり, リアルタイムで共同作業やディスカッションをしたりすることができる。この章では, クラウド時代の情報リテラシーとして, 以下のようなさまざまな使い方を学び, 使いこなす能力を身に付けよう。

- ・資料・情報のインターネット上の共有
- ・オンラインでリアルタイムな共同作業
- ・オンラインでディスカッション
- ・スマートフォンからの利用
- ・知りたい情報をリアルタイムに収集

・これらの機能はスマートフォンからも利用できる。

5.3.1 | 資料や情報をインターネット上で共有しよう

クラウドの大きな特徴の1つであるデータの共有について学ぶ。ここでは, これまでの課題で作成した資料を使って情報共有の設定を行う。また, カレンダーの共有についても学ぶ。

・Google 以外のクラウドサービスでも公開範囲を確認したうえで利用すること。

共有をする場合は, 公開範囲を正しく設定して利用しなければならない。
Google では, 次のような共有の設定がある(表5.3.1)。

・Google の各サービスで多少の相違はあるが基本的な考え方は同様である。

表5.3.1

設定の種類	与える権限の範囲
公開する範囲	Web 上で一般公開, リンクを知っている全員, 限定, 公開, 非公開
与える権限	閲覧のみ, 閲覧のみ(コメント可), 編集可能, 共有の管理権限(オーナー)

・**「リンクを知っている全員」**とは, 非常に長いランダムなアドレスで公開することにより, 公開先のアドレスを知らないとアクセスできないという仕組みである。アクセスすること自体には制限がなくログイン等が不必要である。

・**「共有の管理権限」**は, 信頼できる人にしか与えてはならない。

公開する範囲を「リンク先を知っている全員」に設定した場合, 検索サイトの検索結果に表示される可能性がある。また, 与える権限を「共有の管理権限」にした場合, その権限を与えられたユーザは, 別のユーザに自由に権限を与えることができるので, 権限を与えたくない人物に権限を付与してしまう可能性がある。**公開する範囲や与える権限は, 必要最小限の範囲, 権限に設定する。**必要以上に共有範囲を広くしないように気をつけよう。

5.3 Googleを利用したインターネット上のファイル共有と共同作業 | 299

> **課題1**
> Googleドライブのファイルを，インターネット上で共有しよう。
> ここでは，共同で資料を修正するという目的で共有設定を行う。

・目的によって，公開範囲や与える権限は違ってくる。

・この後の課題で，5.2.3の課題6～8で作成した資料と5.2.4の課題9で作成した資料を共同で修正するので，隣の席の人と共有しあおう。

＜操作手順＞
① 共有したいファイルを開き，画面右上の[共有]ボタンをクリックする（図5.3.1）。

図5.3.1　共有設定：共有ボタン

② 共有するユーザを登録する。共有するユーザの名前またはメールアドレスを入力し，権限を設定する。ここでは，権限は[編集者]にする。また，[メモを追加]の箇所に記述した内容は，共有するユーザに送信されるので，連絡したい内容を入力する。ここでは「ファイルを共有します。」と入力する（図5.3.2）。

・**共有を解除したい場合**は，[詳細設定]（図5.3.2）をクリックし，[共有設定]画面から行う。削除したいユーザの×ボタンをクリックする（下図）。

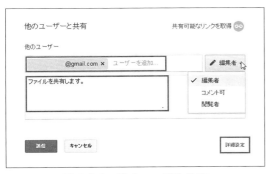

図5.3.2　他のユーザと共有

・[共有設定]画面では，[オーナー]の設定もできる。オーナーに設定すると，共有の管理権限を持つので，他のユーザを追加することができるようになる。

■ファイルのアップロード
共有できるファイルは，Googleドキュメントで作成したものだけではない。Wordなどで作成したファイルをアップロードして，共有することもできる。パソコンで作成した資料をGoogleドライブにアップロードしてみよう。

・**注意**
資料をアップロードする時は，慎重に行おう。秘密情報などはアップしてはならない。仕事上の資料等もアップすることは避ける。

■ 練習 ■
パソコンで作成した資料をGoogleドライブにアップロードしよう。

・①ファイルのアップロード

・Google では，Gmail やドライブだけではなく，以下のような日常生活でも利用できるサービスが提供されている。

■**クラウドで予定の管理**
授業やゼミの予定を Google カレンダーに登録することができる。登録したカレンダーを知人と共有することも可能である。カレンダーは複数作成することができるので，共有したいカレンダーと共有したくないカレンダーを分けることで，公開範囲を適切に設定することができる。

■**フォトで写真の管理**
フォトとは，写真を友達や家族と共有したり，一般公開の写真を探したりすることができるウェブアルバムである。フォトは，Google＋（グーグルプラス）という Google の提供するソーシャルネットワークサービス（SNS）の1つの機能である。クラウドで利用するだけでなく，Picasa というパソコン用のアプリケーションも提供されており，旅行で撮った写真を簡単に管理することができる。デジタルカメラの画像をパソコンに取り込んでサーバにアップしたり，スマートフォンの画像をサーバにアップすれば，いつでもどこでも写真や画像を見ることができる。

・**ブラッシュアップ**とは，いったんドラフト版のような形で概略を作った後，資料を磨き上げる感じで資料の質を上げていくことである。

＜操作方法＞
① Google ドライブの画面(脚注図)左上にある，[新規]→[アップロード]のアイコン をクリックする。
② 表示されたメニューから，[ファイル]を選び，ファイルの保存先のフォルダからファイルを指定してクリックする。

■**カレンダーの共有**

課題2
次の①〜③の目的に沿った，画像やカレンダーを共有してみよう。

① 共有したい情報と共有したくない情報を別々のカレンダーとして作成する。
② 共有する範囲を適切に設定する。"誰でも"に共有するのではなく，指定したユーザにだけ共有するようにする。
③ 権限も適切に設定する。ユーザによって「編集可能」にするか「閲覧のみ」にするかを考えて設定する。

図 5.3.3　共有された予定が表示されたカレンダー

5.3.2　インターネット上の共同作業

クラウドを活用して，共同作業をしてみよう。資料となるファイルをインターネット上で共有するだけでなく，共有した資料にコメントをしたり，他人が修正した変更点を確認しながら，協力して1つの資料を作成する。クラウドコンピューティングを利用すれば，このような共同作業を時間や場所にとらわれることなく行うことができる。

ここでは，前述の課題1「ドキュメントの文書を共有しよう」で，共有設定した資料をブラッシュアップしていく。

5.3 Googleを利用したインターネット上のファイル共有と共同作業 | 301

> **課題3**
>
> 課題1で共有したファイル(ドキュメント)に,インターネット上でコメントしよう。

ここでは,Aさんがオーナー,Bさんが編集者とし,2人1組でコメントを出し合う。以下,手順にはAさん・Bさんと示す。

＜操作手順＞
① **Aさん**:Bさんを編集者として,文書を共有する。
② **Bさん**:共有されたファイルにコメントをする。
　コメントしたい箇所を選択し,メニューから[挿入]→[コメント]をクリックする。[コメント入力]欄にコメント(脚注)を入力(図5.3.4)し,[コメント]ボタンをクリックする。

・②**図5.3.4のコメント**
表と画像を横に並べると,PDFやWord文書に変換した時にレイアウトがくずれるかもしれない。画像を削除してシンプルにまとめたほうがよい。

・コメントしたい箇所を選択し,右クリックメニューから[コメント]でも可能。

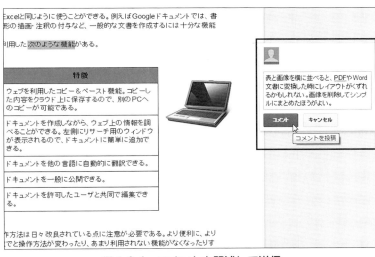

図5.3.4　コメントを記述して送信

③ **Aさん**:Bさんからのコメントを確認する。コメントでは,"シンプルに"ということなので,アドバイスを踏まえて,画像を削除する。削除したらBさんにコメントを返す。Bさんからのコメントをクリックし,[このコメントに返信]欄に「わかりました。修正しました。」と入力する。[返信]ボタンをクリックする(脚注図)。
④ **Bさん**:Aさんからの修正内容とコメントを確認する。適切に修正できていれば,Aさんからのコメントをクリックし,[解決]ボタンを押す。

・③**コメントに答えて返信**

・相手の修正内容を確認する場合に,修正した理由や意図がわからない場合もあるかもしれない。その場合には,疑問が残ったままにしたり,勝手に変更／削除したりせずに,相手に確認して意識をあわせた上で修正しよう。

■ **練習** ■
課題3をAさん,Bさんの役割を逆にしてやってみよう。

■共有したファイル(スライド)の修正履歴

> **課題4**
>
> 課題1で，作成した資料を共同で修正し，相手が修正した修正内容を確認しよう。

<操作手順>

・この課題も，2人1組で行うため，手順にはAさん・Bさんと示している。Aさんがオーナー，Bさんが編集者である。

・この課題も，Aさんと Bさんの役割を変えてやってみよう。

① **Aさん**：Bさんと課題3で使った資料を共有(編集者として)する。
② **Bさん**：共有した資料の最後に1スライド分を追加する。完成したら，コメントで「共同作業についてのスライドを追加しました」と入力する(図5.3.5)。

・②の追加
スライドの追加に関しては，図5.2.24を参考にして作成する。

・②コメントの挿入
コメントの挿入に関しては本章5.3.2課題3を参照のこと。

・コメントやメールでのやり取りでは，なかなか意図が伝わらない場合がある。次章では，Googleハングアウトを使ってディスカッションする方法を学ぶ。

・入力する内容は，図と異なってもよい。自分なりの表現でまとめること。

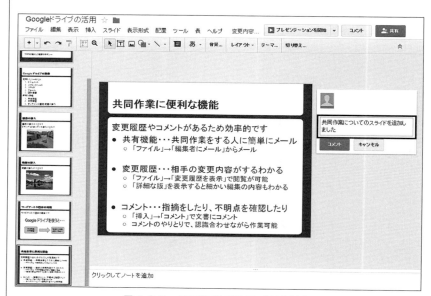

図5.3.5 共同作業のスライドを追加

③ **Aさん**：Bさんが追加したシートとコメントを確認する。履歴を確認して，他の箇所に修正がないことを確認する。メニューから[ファイル]→[変更履歴を表示]をクリック。さらに画面下の 詳細な版を表示 ボタンをクリックすると詳細履歴を見ることができる。ここで各履歴をクリックすると，その時点の内容を見ることができる(図5.3.6)。

・詳細履歴の一覧から，[この版を復元]をクリックすると，その時点のファイルに戻すことができる。

④ **Bさん**：適切に修正できていれば完了とし，コメントの[解決]ボタンをクリックする。

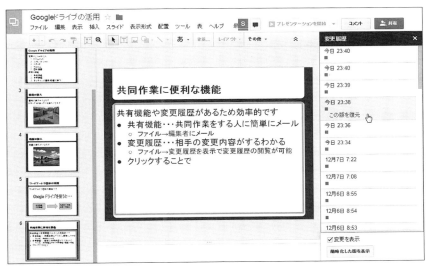

図 5.3.6　詳細履歴を表示した状態

5.3.3 インターネット上でリアルタイムにディスカッションをしよう

　メールやコメントのやり取りだけでは，意図が伝わらなかったり，意識が合わなかったり，アイディアが出なかったりと，作業が停滞することがある。このような時は皆が集まり顔を合わせてディスカッションするとよい。しかし，同じ場所に集まることが難しい場合も多い。そんな時は，**ハングアウト**という機能を使うことにより，インターネットさえ接続できれば遠隔地同士でも表情を見ながら，ディスカッションすることができる。

　ハングアウトとは，**Google+** の機能であり，インターネット上で，音声チャット，ビデオチャット，デスクトップ共有といった高度なコミュニケーションをとる機能を持つ。ここでは，ハングアウトを使って，ディスカッションをしてみよう。なお，ディスカッションをする際には，次の点に気をつけること。

■ディスカッション前
- ・ディスカッションするテーマを事前に決めておく
- ・ディスカッションするテーマについて調べておく
- ・開始時間を守る

■ディスカッション中
- ・積極的に意見を出す
- ・相手の意見に対して賛同か／反対かをはっきり伝える
- ・反対の場合には，できるだけ代替案を提示する
- ・はっきりと発話する
- ・音声だけの場合には，最初の発言時に名乗る

■ディスカッション後
- ・決定した内容をぶり返さない

・**Google+** は，グーグルプラスと読み，Google が提供するソーシャルネットワークサービスである。

・**ビデオチャット**は音声チャットに比べてデータ量が大きいので，通信回線が不安定な場合は，音声だけでディスカッションに参加するケースもある。

・これらの注意点は，普通のディスカッションでも同じ。

・ディスカッション後に重要な点に気がつくこともある。その場合には，後からの意見でもよい。ここでの「ぶり返さない」というのは，気になる点があれば，ディスカッション中に意見を出し，後から言わないという意味である。

課題 5

ハングアウトを用いて遠隔のディスカッションをしてみよう。

・**ハングアウト**を利用するためには,Google+ の設定が必要である。写真の登録などもできるが,必要最低限の情報の登録で利用することも可能である。

・**ハングアウトの利用**
ハングアウトを利用するためには,カメラとマイクが必要である。

誰か1人がハングアウトを開催し,他の人々がディスカッションに参加することになる。

＜操作手順＞

① **開催者**：ハングアウトを開始する。

　Google トップページの[Google アプリ]ボタンをクリックし,表示されたアプリケーション一覧から,[ハングアウト]を選択する(図5.3.7)。表示されたハングアウトの画面で,画面上部のタブの[ビデオハングアウト]→[ビデオハングアウトを開始]と選択する(図5.3.8)。

図 5.3.7　ハングアウト選択時

図 5.3.8　ハングアウトの開始

② **開催者**：表示された[ハングアウトを開始]ウィンドウ(図5.3.9)で,ユーザを招待する。

　・[＋ユーザを追加]をクリックし,ユーザ名やメールアドレスを入力してユーザを追加する。

5.3 Googleを利用したインターネット上のファイル共有と共同作業 | 305

図5.3.9 ユーザの招待

③ **参加者**：招待されているハングアウトに参加する。
④ **開催者**：チャットで発言する。画面左側の 🗨 をクリックし，表示された画面で文字入力することで発言ができる（脚注図）。

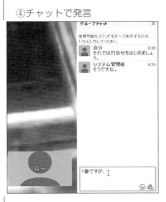

④チャットで発言

■**デスクトップの共有**

ハングアウトでは，デスクトップ画面を共有することができる。画面左側の 📤 をクリックし，共有したい画面を選択することで，自分のパソコンの画像をハングアウト参加者に見せることができる（図5.3.10）。

■ 練習 ■

デスクトップを共有してみよう。

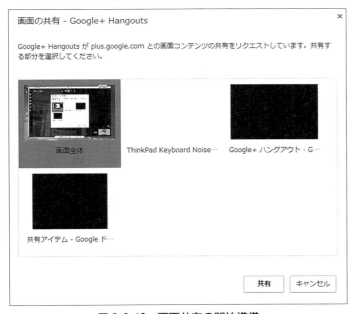

図5.3.10 画面共有の開始準備

5.4 スマートフォンからのGoogle利用とリアルタイムな情報収集

5.4.1 スマートフォンからの利用

　Googleのサービスを利用し，サーバ側にデータを保存すれば，作成した資料をスマートフォンから利用することができる。また，ハングアウトも利用できる。実際にやってみよう。

・スマートフォンだけでなく，家で作成した資料を学校で続きをすることも可能である。

(1) スマートフォンからGoogleを利用する

　スマートフォンから利用するには，専用のアプリケーションをインストールして利用する。Androidであれば Play ストア（図5.4.1），iPhoneであれば App Store（図5.4.2）からダウンロードすることができる。

・データ量は多いので，定額制でない契約の場合はパケット通信料に注意すること。

図5.4.1　Playストア（Android）

図5.4.2　App Store（iPhone）

■ 練習 ■

　スマートフォンや携帯電話からGoogleのページにアクセスし，作成したファイル（ドキュメント）をスマートフォンや携帯電話から利用してみよう。

(2) スマートフォンからハングアウトを利用する

　ハングアウトとは，Googleが提供するグループでコミュニケーションができるメッセンジャーアプリである。文字・写真・動画の送受信だけでな

く，音声通話やビデオチャット（ビデオ通話）をすることができる。

スマートフォンからハングアウトを利用することも可能である。ただし，外出先から参加する場合は，次の点に気をつけよう。

・周囲に迷惑をかけない場所で行う。
・周囲に聞こえて困る内容は公共の場では行わない。

公共の場で使うと，研究や業務上の秘密や個人情報に関する内容などが，他人に聞こえてしまう可能性がある。

Android（脚注図）でも iPhone（脚注図）にもアプリケーションが提供されているので，気軽に利用することができる。パソコンと Android やパソコンと iPhone でも使うことができるので，相手の利用している機器の種類に関わらず利用できる。

5.4.2 リアルタイムな情報収集

リアルタイム検索や Google アラートを活用することで，情報収集も効率的に行うことができる。Google は，大量の情報をサーバ側で保持している。世界中の情報で常に更新されているが，大量の情報の中から必要な情報を素早く入手することも重要になっている。ここでは，リアルタイム検索を紹介する。

■リアルタイム検索

＜操作手順＞
① 検索結果のすぐ上に表示されるメニューで，[検索ツール]をクリック。
② 表示された条件指定の中の[期間限定無し]をクリックし，条件から，[1時間以内]や[24時間以内]を選択し，検索結果を確認する（図 5.4.3）。

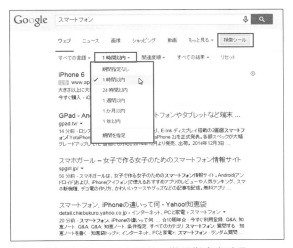

図 5.4.3　もっと見る→期間指定をする

・ビデオチャット
スマートフォンに自分撮り用のカメラが付いているとビデオチャットができる。

・ビデオチャットは音声チャットに比べて通信データ量が大きいので，通信回線が不安定な場合は，音声だけでディスカッションに参加するケースもある。

・ハングアウト（Android）

・ハングアウト（iPhone）

・Twitter などのサービスを利用して情報を収集することも可能である。

総合練習問題

1 「Google ドキュメント」または「OneDrive や Office Online」を活用し，以下の要領で共同でプレゼン資料を作成し発表しなさい。

（1） プレゼンテーション資料を作成する。

　・グループの人数は，5 名前後とする

　・テーマを 1 つ決定し，スライドの全体の流れと各スライドのタイトルを決定する。

　・スライドの枚数は，人数以上とし，1 人 1～2 ページに分担する。

　・1 人が代表して，タイトルだけ入力したスライドを作成し Google ドキュメントで共有する。

（2） 分担したスライドの内容を作成し，ディスカッションをする。

　・スライド作成では，図形や画像を 1 か所以上挿入すること。

　・資料を引用する場合は，出典を明記すること。

　・スライドには，チームメンバの名前・日付・ページ番号を入れること。

　・担当したスライドが完成したら，そのスライドの説明をして他の人からコメントや意見をもらう。

　・さらに，ハングアウト等を活用してディスカッションし資料をブラッシュアップする。

（3） 作成したプレゼンテーション資料を基に，発表しなさい。

　・発表者は，グループで各自分担して行うこと。自分で作成したスライドは自分で発表することが望ましい。

　・時間は，発表 10 分／質疑応答 5 分とする。

　・発表者は，以下の点に注意すること。

　　①発表を「これから○○についての発表をはじめます」等で始める。

　　②堂々とハキハキと話すこと。

　　③発表終了には，「以上です。ありがとうございました」等で結ぶ。

　・聴講者は，以下の点に注意すること。

　　①静かに聴く。私語厳禁。

　　②発表終了時には，拍手をする。

　　③質問や意見等があれば，発表後に挙手して述べる。

索　引

記号

176, 177
#DIV/0! 176, 177
#N/A 176
#NAME? 176, 177
#NULL! 176
#NUM! 176
#REF! 176
#VALUE! 176
* 206
? 206
¥マーク付き数字 139
[,]ボタン 139
Σ 145
Σ値 208, 210
％付き数字(％スタイル) 139, 161
[%]ボタン 139

数字

1ページ当たりのスライド枚数 269
2-D 縦棒 179
3-D 円グラフ 189
3D 回転 190
7-Zip 53

A

Amazon 282
Amazon EC2/S3 282
Android 44, 279
AND 関数 152, 164
「AND」条件 10
App Store 306
Apple 279
AVERAGEIF 関数 170
AVERAGE 関数 152, 154

B

BCC 30
Big Table 279
Bing 132
Bing イメージ検索 35, 90, 244, 247
BMI 169
bmp 52
BOOKPLUS 5

C

CAPTCHA 284
CC 30
CC ライセンス 35

C (右段つづき)

Chrome 7, 46
COUNTA 関数 152, 174
COUNTIF 関数 170, 172
COUNT 関数 152, 174
csv 形式 133
CUI 45

D

docx 53
DRM 34

E

Edge 7
EICAR 26
Excel 文書形式 53

F

[F4]キー 159
Facebook 32
FALSE 152
Firefox 7, 46

G

GDP 193
GDP デフレータ 193
GFS 279
gif 52
GIF 形式 52
Gmail 280, 283, 284
Google 132, 279, 282
　Google Apps 282
　Google Chrome 280
　Google Earth 16
　Google File System 279
　Google+ 280
　GoogleDocs 46
　Google アカウント 284
　Google アラート 280
　Google カレンダー 280
　Google スライド 293
　Google ドライブ 280, 287
　Google ニュース 280
　Google の起こした情報革命 278
　Google の歴史 279
　Google マップ 13, 280
GUI 44

I

IBM 279

IE　7, 46
IF 関数　152, 157
IMAP　286
IME　46
Instagram　32
Internet Explorer　7, 46
INT 関数　152
iOS　44
iPhone　44
IP アドレス　32

J
JapanKnowlegde+　6
JPEG 形式　52
jpg　52
JUST Suite　46

L
Lacha　53
LhaPlus　53
Linux　44
lzh　53
LZH 形式　53

M
Mac　44
MAX 関数　152, 155
Microsoft　279, 282
　Microsoft Edge　7, 46
　Microsoft Office　46
　Microsoft アカウント　18
MIN 関数　152, 155
mixi　32

N
NDL-OPAC　6

O
Office.com　226
OneDrive　18, 137, 264
OneDrive アカウント　18
Online Public Access Catalog　5
OPAC　5
OpenOffice　46
OR 関数　152, 164
「OR」条件　10
OS　43
Outlook Express　285
Outlook.com　283

P
pdf　53
PDF　13
　PDF 形式　53
　PDF ファイル　133, 149

PHONETIC 関数　152
Picasa　280
Play ストア　306
png　52
PNG 形式　52
POP3　286
PowerPoint 文書形式　53
pptx　53

R
R-2 乗値　196
RANK.EQ 関数　152, 156

S
Safari　7, 46
SmartArt　94, 239, 240
　SmartArt グラフィック　240
　SmartArt ツール　241
SMTP　286
SSL 通信　37
SUMIF 関数　170
SUM 関数　152, 153

T
Tab　233, 234, 235
Tab キー　77
Thunderbird　285
TO　30
TODAY 関数　152, 175
TRUE　152
TSL　37
Twitter　31, 32
txt　52

U
URL　29

V
VLOOKUP 関数　170, 174

W
Webcat plus　5
Web 検索　132
Web メール　285
Wikipedia　9
Windows　44
　Windows Azure Platform　282
　Windows Live ID の取得　264
　Windows Power Shell　45
Word Online　20
Word 文書形式　53

X
xlsx　53

索　引 **311**

Y

Yahoo! メール　283
Yahoo ! Japan　7, 132
YouTube　246, 280

Z

zip　53
ZIP 形式　53

あ

アーカイブ　285
アート効果　98, 243
アイディアツリー　23
アウトライン機能　230, 268
アウトライン作成　23
アウトライン表示　261
アカウント　38
アクセスログ　32
アクティブセル　134, 136
朝日新聞 DB 聞蔵Ⅱビジュアル　5
値フィールド　208
　値フィールドの設定　217
　[値フィールドの設定]ダイアログボックス　217
与える権限　298
圧縮　53
アップル　44
アニメーションウインドウ　255, 257, 258
アニメーション開始の順序　257
アニメーションの軌跡　258
アニメーションの効果　256
アニメーションの実行順序の変更　257
アニメーションの設定　255
アニメーションの追加　258
アプリ　43
アプリケーションソフト　43
アメーバブログ　32
アンインストール　42
アンカー　89
暗号化　37

い

一次資料　4
位置情報　13, 34
イノベーション　280
インクの色　266
印刷　144, 269
　印刷イメージの確認　67
　印刷機能　149
　印刷設定画面　149
　印刷の向き　68
　印刷範囲　67, 150, 269
　印刷範囲の設定　150
　印刷部数　67, 269
　印刷プレビュー　67, 151, 272
　印刷ボタン　151, 269

印刷用紙　67
色で並べ替え　202
色フィルター　202
インスタグラム　32
インストール　42
インターネット検索　3
インターネット上の共同作業　300
インタフェース　44
インデント　231, 295
　1 行目のインデント　75
　インデントの設定　77
　インデントマーカー　75
　インデントを増やす　75, 233, 234, 235
　インデントを減らす　75, 234
引用　34

う

ウイルス感染　26
ウイルススキャン　28
ウイルス対策　28
ウイルス対策ソフト　27
ウェブクリップボード　291
後ろに図形を追加　241
上書き保存　65, 225
[上書き保存]ボタン　137

え

エイカー　26
英数文字に変換　55
衛星写真　16
エクスプローラ　48, 50
閲覧　21
閲覧表示　225, 261
エラー　176
エラーチェックオプションボタン　177
円グラフ　24, 187

お

応用ソフトウェア　43
オーディオ　244
　オーディオツール　245
　オーディオの挿入　244, 245
オート SUM　145
オートシェイプ　91
オートシェイプの活用　93
オートフィルオプション　158
オートフィル機能　143
オートフィルターオプション　205
おすすめグラフ　179
お勧めのテンプレート　228
帯グラフ　24
オフィススイート　46
オフィスソフト　46
オペレーティングシステム　43
折り返し　87

索引

折れ線グラフ　24, 179, 191
卸売物価指数　133
音声検索　17
音声チャット　303
音声通話　307
オンライン画像　244
オンライン画像の挿入　90
オンラインストレージ　18
オンラインデータベース　3, 4, 132
オンラインテンプレート　63, 227, 228
オンラインプレゼンテーション　264, 265

か
開架式　4
回帰直線　197
階層構造　48, 165
回転　87
解凍　53
外部データ　133
拡大　87
拡大・縮小　149
[拡大縮小なし]ボタン　151
拡張子　52
家計調査　133
囲み線　72
飾り枠　103
箇条書き　231, 232, 295
下線　71
画像検索　10, 41
画像の挿入　87, 244, 289
カタカナに変換　55
片面／両面印刷　269
かな入力　54
紙詰まり　68
画面切り替え　259, 260
カレンダーの共有　300
漢字への変換方法　54
関数　152, 170
関数の検索　153
関数のネスト　162, 165
関数の引数　153, 155, 156
[関数ライブラリ]グループ　152
間接データ　132
カンマ付き数字　139

き
キーワード　90
キーワード型　7
記憶装置　48
記号に変換　55
既存のファイルを読み込む　64
起動　62
偽の場合　158
基本操作画面（Excel)　134
基本ソフトウェア　43

基本的な検索　10
脚注　114, 118
脚注の挿入　118
キャラクタユーザインタフェース　45
境界線を引く　82
共同作業　298
行　136
　行の削除　141, 250
　行の挿入　141
　行の高さの調整　141
　行の高さや列の幅を揃える　102
　行番号　134
　行や列の挿入／削除　101
　[行／列の切り替え]　186
　行を選択　101
行頭文字　231, 232, 233, 275
行頭文字の追加　241
行内　89
共有設定　299
共有の管理権限　298
共有を解除　299
行ラベルフィールド　208
許諾　35
近似曲線　195
近似曲線の書式設定　196
均等割り付け　77

く
クイックアクセスツールバー　62, 134, 135
クイックスタイル　238
クイック分析　180
クイックレイアウト　108
グーグルプラス　280
区切り文字　188
組み文字　72
クラウド　278
クラウドコンピューティング　278, 282
グラデーション　93, 181
グラフ　178
　グラフエリア　181
　[グラフ]グループ　178
　グラフ書式コントロール　183
　グラフスタイル　254
　[グラフスタイル]ボタン　183
　グラフタイトル　181
　グラフツール　108, 253
　[グラフツール]　180
　グラフの作成と編集　106
　[グラフのレイアウト]グループ　182
　グラフの用途・特徴　24
　グラフフィルタ　254
　[グラフフィルター]ボタン　183
　グラフ要素　181, 254
　[グラフ要素]ボタン　183
　グラフリテラシー　178

グラフィカルユーザインタフェース　44
クリエイティブ・コモンズ　35
グループ化　215, 238, 239
グループの解除　239
グレースケール　270
クレジット　35
クローラ　278
クロス集計　208

け

京　41
景気動向指数　132
蛍光ペン　72, 266
計算の種類　217
計算の順序　140
罫線　249
[罫線]ボタン　145
罫線の色と太さを調整　105
罫線の利用　103
結合　251
[現在のスライドから]　265, 267
検索
　検索エンジン　7
　検索機能　83
　検索結果　84
　検索サイト　132
　検索値　175
　検索方法　175
　検索ボタン　83

こ

校閲タブ　63
効果　249
公開範囲　298
航空写真　14
合計点を求める　153
広告　283
降順　156
構成比　161
高度な検索　86
高度な検索方法　10
互換性　46
国立国会図書館　6
ゴシック体　71
個人情報　32
個人情報の投稿　32
個人情報の漏えい　34
個人特定　32
コマンドプロンプト　44, 50
ごみ箱　49
コメント　301
コメント機能　22
コンテンツ　34
コンピュータ　41, 49
コンピュータウイルス　26

さ

サービス　34
サービスパック　47
[最初から]　265
最高点を求める　155
最低点を求める　155
サインイン　138
サウンド　244
[サウンド]アイコン　245
差し込み文書タブ　63
サブタイトル　230
産業財産権　34
参考資料タブ　63
算術演算子　140, 169
散布図　24, 195

し

シート　136
　シートの移動　146
　シートの切り替え　146
　シートのコピー　146
　シートの削除　146
　シートの挿入　146
　シートの追加　146
　シート見出し　134, 136
　シート名の変更　145
シェア　8
ジェイペグ　52
四角形　89
軸のオプション　184
軸の書式設定　184
シグマ　145
軸ラベルの書式設定　108
軸ラベルを削除　108
自己解凍方式　53
下からのフッター位置　80
質的なデータ　133
自動プレゼンテーション　267
ジフ　52
シマンティック・ウェブサイトセキュリティ　37
写真の管理　300
ジャストシステム　46
斜体　71
就業構造基本調査　133
集合縦棒グラフ　185
修正履歴　302
縮小　87
順位を求める　156
上下中央揃え　250
条件付き書式　147
条件分岐　157, 165
昇順　156
[昇順]ボタン　198
小数点以下の数字の桁数指定　140
小数点の表示桁数の調整　218

肖像権　34
消費者物価指数　133
情報
　　情報キャッシュ　33
　　情報の加工　133
　　情報の収集　132
　　情報の新鮮さ　9
　　情報の信憑性　9
　　情報の表現　133
　　情報の流出　31
情報発信　31
情報倫理　26
ショートカットキー　142
初期パスワード　39
書式　71
　　書式のクリア　72
　　書式のコピー／貼り付け　71, 73
書式設定　71, 288
書式設定の基本的な操作　71
書籍検索　10, 11, 12
白黒印刷　270
新 SNA　132
新規作成　293
真の場合　158

す

[数学／三角] 関数ボタン　152, 153
数式　140
　　[数式] タブ　152
　　[数式の検証] ダイアログボックス　177
　　数式バー　134, 136
数値フィルター　203
スーパーコンピュータ　41
ズームスライダー　62, 134, 225, 262
スクロールバー　62, 134
図形　91
　　図形の移動　87
　　図形のグループ化　239
　　図形のコピー　92
　　図形の順序　91
　　図形の書式設定　93, 96
　　図形のスタイル　93
　　図形の挿入　297
　　図形の追加　95, 240, 241
　　図形描画　287
スタイル　110
　　スタイルの変更　113
　　スタイルを設定　93, 112
スタイルセット　110
ステータスバー　62
図と表の番号の位置　114
ストリートビュー　13
図のスタイル　98
スパークライン　178
スパコン　41

スパムメール　26
スピーカーノート　295
図表番号の挿入　114, 117
スプレッドシート　287
スポンサーリンク　279
スマートフォンから Google を利用する　306
スマートフォンでの閲覧・編集　22
スライサー　213
スライド
　　スライド一覧　225, 261, 262
　　スライド一覧とジャンプ　267
　　スライド切り替え　267
　　スライドショー　225, 262, 265, 266, 267, 271
　　スライドショーの終了　265
　　スライド操作メニュー　267
　　スライドの画面合わせ　262
　　スライドのサイズ指定　272
　　スライドのサイズ設定　272
　　スライドのサムネイル　225
　　スライドのジャンプ　267
　　スライドの部分拡大　267
　　スライド番号　272
　　スライドマスター　229
　　スライドレイアウトの設定　232, 234

せ

正の相関　195
絶対参照　159, 160
セル　136
　　セル内の文字の配置　102
　　セルの移動　141
　　セルの色の指定　145
　　[セルの強調表示ルール]　147
　　セルの結合　102, 251
　　セルのコピー　141
　　セルの参照　140
　　セルの書式設定　142, 144
　　セルの選択　101
　　セルの分割　102, 251
　　セルの列幅の調整　141

そ

相関　195
相関関係　195
相関係数　195
相関係数 R の算出方法　196
操作アシスト　62
相対参照　159, 160
相対度数　161
挿入タブ　63
[挿入] タブ　135, 178
促音の入力　54
組織図　94
ソフトウェア　42

た

ダイアログボックス　137, 142, 154
大規模データベース　279
対象となる範囲　153
タイトル　230
タイトルバー　62, 134, 135, 225
[第2軸]　191
タイピング　57
タイムライン　213
ダウンロード　49
達成率　161
タッチタイピング　57
縦(値)軸　181
縦(値)軸ラベル　181
[縦軸／横軸グラフの挿入]ボタン　179
ダミーウイルス　26
段区切り　82
段組みの詳細設定　82, 118
段組みを組む　81, 118
段落書式　74
段落ダイアログボックス　75
段落番号　233, 234

ち

遅延の設定　259
置換機能　85
地図検索　10
知的活動　2
知的財産権　34
中央揃え　75, 250
調整　98
直接データ　132
著作権　34, 35

つ

ツイッター　32
[通貨]　139
積み上げ縦棒グラフ　211

て

定義ファイル　27
定型句　78
ディスカッション　303
定性的なデータ　133
定量的なデータ　133
ディレクトリ型　7
データ
　[データ]タブ　198, 199
　データの加工　133
　データの収集　132
　[データの選択]ボタン　186
　データの抽出　202
　データの並べ替え　198
　データの表現　133
　データの編集　107

データ系列の書式設定　182, 185, 193
[データソースの選択]ダイアログボックス　186
データ入力　139
データ入力の表示形式　139
データバー　148
データベース　198, 208
データラベルの書式設定　188
データラベルの追加　187
手書き入力　56
テキストエディタ　50
テキスト形式　52
テキストの追加　91
テキストファイル　50, 133
テキストフィルター　203
テキストボックス　230, 231
テキストボックスの追加　119
デザイン　226
[デザイン]タブ　63, 182
デスクトップ　49
デスクトップの共有　303, 305
デフォルト　135, 149
デュアルディスプレイモード　271
電子メール　29
電子メールの注意点　31
電卓　50
添付ファイル　29
テンプレート　63

と

動画検索　10
同期処理　19
[統計]　154
統計データ　132
等幅フォント　72
ドーナツグラフ　24, 187
ドキュメント　49
特殊記号の入力　56
特殊な検索方法　12
特殊文字　86
匿名性　32
図書館　3
「とは」検索　10
ドライブレター　49
取り消し線　71
トリミング　243
トレンド検索　10

な

ナビゲーションウィンドウ　62, 83, 119
名前の変更　297
名前ボックス　134, 136
名前を付けて保存　64, 225
並べ替えのキー　200
[並べ替え]ボタン　199

索引

に

二次資料　4
日経新聞 DB 日経テレコン 21　5
日本銀行公定歩合　132
日本十進分類法　3, 4
ニュース検索　10, 11
入力支援／変換　46
[入力]モード　139
人形マーク　14
認証　38

ぬ

塗りつぶし　249

ね

ネットショッピング　37
ネットワーク　49
ネットワークドライブ　50

の

ノート　261, 271
ノートペイン　225, 271

は

バージョン情報　46
パーソナルコンピュータ　41
ハードウェア　42
ハードディスク　48
配置ボタン　92
バイナリファイル　50
白紙の文書　62, 63
箱ひげ図　24
パスワード　38, 39
パソコン　41
バックステージビュー　63, 135
パッチ　47
半角に変換　55
ハングアウト　303, 306
汎用機　41
凡例　181

ひ

比較演算子　157
ビジネスメール　30
ビジネスモデル　279
左インデント　75
左揃え　75
左余白　75
日付と時刻　271
日付の自動更新　272
日付の挿入　80
日付の入力　140
ビットマップ形式　52
ビデオチャット　303, 307
ビデオツール　247

ビデオ通話　307
ビデオファイル　246
ピボットグラフ　211
ピボットテーブル　208
　[ピボットテーブル]ボタン　208
　ピボットテーブルツール　210, 211, 213
　[ピボットテーブルのフィールド]作業ウインドウ
　　210
百科事典データベース　6
表　198, 208
　表全体を選択　101
　表とリスト　198, 208
　表ツール　248, 250
　表の削除　250
　表の作成　144
　表の作成と編集　99
　表のスタイル　100, 249
　表の挿入　99, 104, 289
　表のレイアウト　102
表示タブ　63
表示モードの切り替え　134
評定を求める　157
ひらがなに変換　55

ふ

ファイル　137
　ファイル共有　298
　ファイルタブ　62, 225
　[ファイル]タブ　134, 135
　ファイルのアップロード　299
　ファイルの管理　38, 40
　ファイルの共有　21, 138
　ファイルの新規作成　137
　ファイルの保存　64, 137
　ファイル名の変更　51, 291
　ファイルを開く　63, 137
ファイルホスティング　18
フィールド　198
フィールドのグループ化　216
フィッシング　29
フィルターのクリア　203
[フィルター]ボタン　202
[フィルター]マーク　202
フィルハンドル　143
フェイスブック　32
フォーム　287
フォト　300
フォルダ　48
フォルダ構成　48
フォント　231
　フォントグループ　71
　フォントサイズ　71
　フォントの色　72
　フォントの詳細設定　73
　フォントのリスト　71

複合グラフ（組み合わせグラフ）　191
複合参照　159, 161
複数セルを選択　101
複数のオブジェクトの選択　258
ブック　136
フッター　271
　フッターに移動　79
　フッターの挿入　79
太字　71
負の相関　195
プライバシーポリシー　283
ブラウザ　7, 8, 45
ぶら下げインデント　75
ブラッシュアップ　281, 300
フリー素材　35
ブリタニカ・オンライン　6
プリンタ選択　269
プリンタドライバ　67
プリンタプロパティ　269
フルページサイズのスライド　271
プレースホルダ　225, 230, 231
プレゼンテーション　224, 230, 287
プレゼンテーション資料の作成　25
ブログ　31
ブログ検索　10
プロットエリア　181
プロットエリアの書式設定　181
プロポーショナルフォント　72
文書　287
　文書の作成　288
　文書の保存　291
[分析]タブ　211

へ

閉架式　4
平均点を求める　154
ペイント　50, 91
ページ設定　70, 74, 272
ページ設定ダイアログ　70, 74
ページ番号　80, 271
ページランク　278
[ページレイアウト]タブ　150
ヘッダーとフッター　78
　ヘッダーとフッターの挿入　271, 272
　ヘッダーとフッターの編集　271
ヘッダーの位置　79
ヘッダーの挿入　78
ペン　266
変換　54
[編集]モード　139
ベン図　94

ほ

ボイスレコーダー　50
ポインタオプション　266

ポインタオプションの設定　267
貿易統計　133
棒グラフ　24, 178
棒グラフの幅を調整　193
ポータルサイト　278
ホームタブ　62
[ホーム]タブ　141
ホームポジション　57
ボタン　135
翻訳　292
翻訳検索　17

ま

マイクロコンピュータ　41
マイクロソフト　44, 46
マイコン　41
マウスオーバー　141

み

右から左ボタン　95
右揃え　75, 76
ミクシー　32
見出し　120
ミニツールバー　101
明朝体　71

め

迷惑メール　28
メインフレーム　41
メールソフト　285
メールの検索　285
メールの送受信　285
メモ帳　50
メモリ　48

も

目次
　目次の検討　119
　目次の更新　70, 111
　目次の作成と利用　111
　目次の編集　23
　目次の見出しの折りたたみと展開　120
　目次を挿入　113
[目的別スライドショー]　265
文字
　文字以外の情報を使った検索　13
　文字入力　54, 57
　文字の網掛け　72
　文字の色の指定　144
　文字の効果　97
　文字の効果と体裁　97
　文字の配置　144
　文字列の折り返し　88
　文字列の配置　74
元に戻すボタン　71

索引

ゆ

ユーザー設定の余白　69, 116
ユーザー設定リスト　143
優先されるキー　199

よ

拗音の入力　54
用紙サイズ　68, 149
横 (項目) 軸　181
横 (項目) 軸ラベル　181
予定の管理　300
余白　68, 149
[余白の表示] ボタン　151
読売新聞 DB ヨミダス歴史館　5

ら

ラベル　116, 285
ラベルオプション　188

り

リアルタイム検索　307
リサーチ　292
リスト　198, 208
リボン　62, 134, 135, 225
　リボンを折りたたむ　63
　リボンを非表示にする　135
利用規約　282, 283
量的なデータ　133
リンクを知っている全員　298

る

ルート検索　15
ルーラー　62, 75, 233
ルーラーの表示　75
[ルールのクリア]　148
ルビ　72

れ

レイアウトオプション　87

（右列）

レイアウトタブ　63
レイアウトの設定　229
レーザーポインター　266, 267
レーダーチャート　24, 197
レコード　198
列
　列集計に対する比率　217
　列の削除　141, 250
　列の挿入　141
　列番号　134
　列ラベルフィールド　208
　列を選択　101
レベル上げ　235
レベル下げ　235
レベルの追加　199
レポートフィルター　208
レポートフィルターによるリストの絞り込み　212
レポートフィルターフィールド　208
連続データ　143
連番機能　143

ろ

ローマ字入力　54
ログイン　286
ロボット型　7
論文検索　10, 11
論理式　157, 158
[論理] ボタン　157, 162

わ

ワードアート　97, 236, 237, 255
　ワードアートの挿入　297
　ワードアートの利用　241
ワードパッド　50
ワープロ検定　57
ワイルドカード　86
ワイルドカード文字　206
割付印刷　68

Memorandum

Memorandum

Memorandum

＜編著者紹介＞

■森 園子（もり そのこ）
津田塾大学数学科卒業（1976 年）
同大学大学院理学研究科数学専攻博士前期課程修了（1978 年）
立教大学大学院理学研究科数学専攻博士後期課程満期退学（1984 年）
現在 拓殖大学政経学部教授，理学修士（津田塾大学 1978 年）
専門分野 情報科学・数学および情報教育，データ分析論

■池田 修（いけだ おさむ）
東京工業大学卒業（1970 年）
同大学大学院博士後期課程修了（1976 年）
元 拓殖大学工学部教授，工学博士（東京工業大学 1976 年）
専門分野 マルチメディア処理，人工知能処理

■谷口 厚子（たにぐち あつこ）
早稲田大学第一文学部卒業（1977 年）
東京経済大学短期大学部講師，亜細亜大学短期大学部講師を経て，
現在 拓殖大学商学部講師
専門分野 情報教育

■永田 大（ながた だい）
駿河台大学文化情報学部卒業（1999 年）
情報セキュリティ大学院大学情報セキュリティ研究科博士前期課程修了（2011 年）
現在 ㈱管理工学研究所勤務，情報学修士（情報セキュリティ大学 2011 年）
専門分野 システム開発に従事

■守屋 康正（もりや やすまさ）
中央大学理工学部卒業（1972 年）
関東学院大学大学院経済学研究科博士前期課程修了（2002 年）
横浜市立大学大学院経営学研究科博士後期課程満期退学（2006 年）
富士ゼロックス㈱勤務を経て，
現在 拓殖大学政経学部講師，経営学修士（関東学院大学 2002 年）
専門分野 計算機科学，経営情報システム，情報セキュリティ

大学生の知の情報スキル	編著者	森　園子　ⓒ 2017	
──Windows 10・Office 2016 対応──	著　者	池田　修・谷口厚子	
ICT Skills for Academic Study		永田　大・守屋康正	
	発行者	南條光章	
2017 年 11 月 25 日　初版 1 刷発行	発　行	**共立出版株式会社**	
2021 年　1 月 20 日　初版 8 刷発行		東京都文京区小日向 4-6-19（〒112-0006）	
		電話　03-3947-2511（代表）	
		振替口座　00110-2-57035	
		www.kyoritsu-pub.co.jp	
	印　刷	星野精版印刷	
	製　本		

一般社団法人
自然科学書協会
会　員

検印廃止
NDC007
ISBN 978-4-320-12425-7

Printed in Japan

JCOPY ＜出版者著作権管理機構委託出版物＞

本書の無断複製は著作権法上での例外を除き禁じられています．複製される場合は，そのつど事前に，出版者著作権管理機構（ＴＥＬ：03-5244-5088，ＦＡＸ：03-5244-5089，e-mail：info@jcopy.or.jp）の許諾を得てください．

編集委員：白鳥則郎（編集委員長）・水野忠則・高橋　修・岡田謙一

未来へつなぐ デジタルシリーズ

21世紀のデジタル社会をより良く生きるための"知恵と知識とテーマ"を結集し，今後ますますデジタル化していく社会を支える人材育成に向けた「新・教科書シリーズ」。

❶ インターネットビジネス概論 第2版
　　片岡信弘・工藤　司他著‥‥‥‥208頁・本体2700円

❷ 情報セキュリティの基礎
　　佐々木良一監修／手塚　悟編著‥244頁・本体2800円

❸ 情報ネットワーク
　　白鳥則郎監修／宇田隆哉他著‥‥208頁・本体2600円

❹ 品質・信頼性技術
　　松本平八・松本雅俊他著‥‥‥‥216頁・本体2800円

❺ オートマトン・言語理論入門
　　大川　知・広瀬貞樹他著‥‥‥‥176頁・本体2400円

❻ プロジェクトマネジメント
　　江崎和博・高根宏士他著‥‥‥‥256頁・本体2800円

❼ 半導体LSI技術
　　牧野博之・益子洋治他著‥‥‥‥302頁・本体2800円

❽ ソフトコンピューティングの基礎と応用
　　馬場則夫・田中雅博他著‥‥‥‥192頁・本体2600円

❾ デジタル技術とマイクロプロセッサ
　　小島正典・深瀬政秋他著‥‥‥‥230頁・本体2800円

❿ アルゴリズムとデータ構造
　　西尾章治郎監修／原　隆浩他著160頁・本体2400円

⓫ データマイニングと集合知　基礎からWeb,ソーシャルメディアまで
　　石川　博・新美礼彦他著‥‥‥‥254頁・本体2800円

⓬ メディアとICTの知的財産権 第2版
　　菅野政孝・大谷卓史他著‥‥‥‥276頁・本体2900円

⓭ ソフトウェア工学の基礎
　　神長裕明・郷　健太郎他著‥‥‥202頁・本体2600円

⓮ グラフ理論の基礎と応用
　　舩曵信生・渡邉敏正他著‥‥‥‥168頁・本体2400円

⓯ Java言語によるオブジェクト指向プログラミング
　　吉田幸二・増田英孝他著‥‥‥‥232頁・本体2800円

⓰ ネットワークソフトウェア
　　角田良明編著／水野　修他著‥‥192頁・本体2600円

⓱ コンピュータ概論
　　白鳥則郎監修／山崎克之他著‥‥276頁・本体2400円

⓲ シミュレーション
　　白鳥則郎監修／佐藤文明他著‥‥260頁・本体2800円

⓳ Webシステムの開発技術と活用方法
　　速水治夫編著／服部　哲他著‥‥238頁・本体2800円

⓴ 組込みシステム
　　水野忠則監修／中條直也他著‥‥252頁・本体2800円

㉑ 情報システムの開発法：基礎と実践
　　村田嘉利編著／大場みち子他著‥200頁・本体2800円

㉒ ソフトウェアシステム工学入門
　　五月女健治・工藤　司他著‥‥‥180頁・本体2600円

㉓ アイデア発想法と協同作業支援
　　宗森　純・由井薗隆也他著‥‥‥216頁・本体2800円

㉔ コンパイラ
　　佐渡一広・寺島美昭他著‥‥‥‥174頁・本体2600円

㉕ オペレーティングシステム
　　菱田隆彰・寺西裕一他著‥‥‥‥208頁・本体2600円

㉖ データベース ビッグデータ時代の基礎
　　白鳥則郎監修／三石　大他編著‥280頁・本体2800円

㉗ コンピュータネットワーク概論
　　水野忠則監修／奥田隆史他著‥‥288頁・本体2800円

㉘ 画像処理
　　白鳥則郎監修／大町真一郎他著‥224頁・本体2800円

㉙ 待ち行列理論の基礎と応用
　　川島幸之助監修／塩田茂雄他著‥272頁・本体3000円

㉚ C言語
　　白鳥則郎監修／今野将編集幹事・著 192頁・本体2600円

㉛ 分散システム 第2版
　　水野忠則監修／石田賢治他著‥‥268頁・本体2900円

㉜ Web制作の技術 企画から実装，運営まで
　　松本早野香編著／服部　哲他著‥208頁・本体2600円

㉝ モバイルネットワーク
　　水野忠則・内藤克浩監修‥‥‥‥276頁・本体3000円

㉞ データベース応用 データモデリングから実装まで
　　片岡信弘・宇田川佳久他著‥‥‥284頁・本体3200円

㉟ アドバンストリテラシー ドキュメント作成の考え方から実践まで
　　奥田隆史・山崎敦子他著‥‥‥‥248頁・本体2600円

㊱ ネットワークセキュリティ
　　高橋　修監修／関　良明他著‥‥272頁・本体2800円

㊲ コンピュータビジョン 広がる要素技術と応用
　　米谷　竜・斎藤英雄編著‥‥‥‥264頁・本体2800円

㊳ 情報マネジメント
　　神沼靖子・大場みち子他著‥‥‥232頁・本体2800円

㊴ 情報とデザイン
　　久野　靖・小池星多他著‥‥‥‥248頁・本体3000円

続刊書名

㊵ コンピュータグラフィックスの基礎と実践

㊶ 可視化

（価格，続刊署名は変更される場合がございます）

【各巻】B5判・並製本・税別本体価格

共立出版　　www.kyoritsu-pub.co.jp